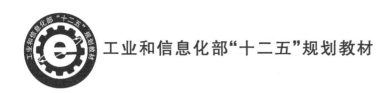

工业和信息化部"十二五"规划教材

现代电子对抗导论

（第 2 版）

司伟建　刘睿智　吴迪　高靖涵　编

U0245816

北京航空航天大学出版社

内 容 简 介

本书论述了信息化战争和信息战的定义与来历以及电子战的概念、内涵、定义、主要内容以及原理、数学公式推导、计算方法、实现的技术措施与方法等。电子战包括：电子进攻、电子防护、电子支援。电子进攻包括：反辐射武器攻击、定向能攻击、电磁欺骗、电磁干扰；电子防护既包括对敌方进行电子进攻时，己方的电子防护，又包括己方、友方在使用电子进攻时，己方的电子防护；电子支援包括对敌方辐射源的探测、信号分析、识别、参数提取、定位和报警。与市场上的同类书相比，本书增加了己方与友方进行电子攻击时，己方的电子防护以及数字信道化测频、数字接收机等新方法、新技术。

本书既可作为高等院校电子对抗类专业的教材，也可作为工程技术人员的参考书。

图书在版编目(CIP)数据

现代电子对抗导论 / 司伟建等编. -- 2 版. -- 北京：北京航空航天大学出版社，2024.8

ISBN 978 - 7 - 5124 - 4315 - 0

Ⅰ. ①现… Ⅱ. ①司… Ⅲ. ①电子对抗－研究 Ⅳ.
①TN97

中国国家版本馆 CIP 数据核字(2024)第 025510 号

现代电子对抗导论(第 2 版)

司伟建　刘睿智　吴迪　高靖涵　编

责任编辑　董　瑞

*

北京航空航天大学出版社出版发行

北京市海淀区学院路 37 号(邮编 100191)　http://www.buaapress.com.cn

发行部电话：(010)82317024　传真：(010)82328026

读者信箱：goodtextbook@126.com　邮购电话：(010)82316936

北京凌奇印刷有限责任公司印装　各地书店经销

*

开本：787×1 092　1/16　印张：16　字数：410 千字

2024 年 8 月第 2 版　2024 年 8 月第 1 次印刷　印数：1 000 册

ISBN 978 - 7 - 5124 - 4315 - 0　定价：66.00 元

前　言

本书是在 2016 年出版的《现代电子对抗导论》的基础上修编而成的。

电子对抗是信息化战争的主要内容,也是信息化战争的主要技术支撑。信息化战争是电子对抗发展的必然。因此,要驾驭信息化战争,就必须掌握电子对抗理论、技术与方法。

本书以信息化战争和电子对抗理论为核心展开。本书共 9 章,第 1 章介绍了信息化战争的定义与来历以及信息战的定义与来历。第 2 章介绍了电子战的概念、电子战的作战思想、电子战的信号环境、电子战的发展、电子战的体系、信息化条件下的电子战、电子战及相关术语的演变。第 3 章首先给出了反辐射导弹的分类,然后分别介绍了反辐射导弹、反辐射无人机、反辐射炸弹以及新型反辐射导弹导引头的工作原理及系统典型指标。第 4 章首先对定向能武器的概念及特征进行了概述,给出了定向能武器的分类,然后分别对高功率微波武器、激光武器、粒子束武器以及等离子体武器的工作原理及杀伤效应进行了详细的论述。第 5 章概述了电子干扰,首先介绍了电子干扰的分类和干扰机的组成及原理框图,然后对遮盖性干扰、射频噪声干扰以及噪声调频干扰这三种主要的电子干扰形式进行了详细介绍。第 6 章首先介绍了欺骗性干扰的优缺点、分类和效果度量,然后详细介绍了多种跟踪系统的欺骗方式。第 7 章主要介绍了电子防护,给出电子防护的定义及内涵,然后对电子战隐身技术进行了论述。第 8 章主要介绍了电子支援,给出了电子支援的基本概念、电子支援接收机的主要技术指标、电子支援接收机灵敏度通用计算公式以及动态范围。第 9 章阐述了辐射源的频率测量方法,详细介绍了分频率搜索接收机测频、比相瞬时测频接收机以及信道化接收机。

本书内容全面新颖、角度专业,可满足电子对抗专业的教学需求,同时本书也可作为工程技术人员的参考书。

参与本教材编写的人员有司伟建(第 1 章、第 2 章、第 6 章、第 7 章)、刘睿智(第 4 章、第 5 章)、吴迪(第 3 章、第 9 章)以及高婧涵(第 8 章并参与第 1 章),本书的习题由吴迪和高婧涵编写。

由于编者水平有限,书中的错误或不妥之处,恳请广大读者批评指正。

编　者
2024 年 1 月

目　　录

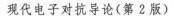

第1章　信息化战争与信息战

　　信息化战争是扩大了的电子对抗；信息战是扩大了的电子战。信息化战争、电子对抗是我国学者提出的，而信息战、电子战是美国学者提出的。电子对抗、电子战是现代高技术战争乃至信息化战争（信息战）的主要组成部分，电子战是战争永恒的主题。

　　现代社会正步入信息时代，信息时代社会在飞速发展，与此同时军事领域也经历着一场革命，即军队信息化，武器信息化，在这个时代里主要战争模式是信息化战争（信息战）。

　　现代正处于高技术战争时代，也就是由工业战争时代向信息化战时代过渡的时期，既有高技术的战争形式，还有工业的战争形式。

1.1　概　述

1.1.1　信息化战争和信息战的时代背景

　　现代世界正处于第三次革命浪潮，正步入高速发展的信息时代。在信息时代，从政治、经济、文化、军事等多个方面，从政府、社会、团体到个人，不管是开展正常的活动还是去参加竞争，都必须依赖信息。信息已被看作是赢得未来的关键因素。

　　第三次革命浪潮，实质上就是信息革命。而信息革命的支柱是信息技术、通信技术和计算机网络技术。正是这些技术的现代化，使人们对信息的依赖性增强，同时也增加了系统的脆弱性，可用信息武器攻击的战略目标将大量地增加。

　　信息基础设施（综合信息电子系统）的发展是以容易使用和存取为前提的。软件强调友好，趋向公开，但这样使信息系统更加脆弱。随着计算机技术和网络技术的发展，计算机通信网络（如 Internet）逐渐在世界各国普及，而对计算机和网络进行攻击的事件也不断增加。为了应对这种威胁，各国的专家指出：信息和网络的安全是 21 世纪的重大安全挑战，完全有必要制定一项国家信息战政策来处理这种威胁和挑战。这是提出信息化战争理论的社会背景。

1.1.2　信息化战争和信息战的军事背景

　　随着军事技术革命的不断深入，部队结构从面向武器系统而进行组织的战斗集体，正转变为面向信息系统而组织的战斗集体。面向信息系统而组织的战斗集体具有规模小、快速反应能力高、机动性强、开始使用精确制导武器、加大纵深打击的特点。所有这一切必然对信息有非常严格的要求，因此必须建立一套符合上述要求的最佳情报系统。

1.2　信息化战争

1.2.1　信息化战争的来历

　　信息化战争这一军语概念是著名科学家钱学森提出的。1995 年钱学森在原国防科委首届科技术交流大会上的书面发言中提出:"现阶段和即将到来的战争形式为核威慑下的信息化战争。"这是首次开创性地提出"信息化战争"。这一概念的提出不仅顺应了我国我军研究世界新军事革命的潮流,而且具有巨大的启迪和模范作用,使人们意识到人类面临的下一个战争形态将是信息化战争。

1.2.2 信息化战争的定义及要点

1. 定 义[1]

信息化战争是信息时代的基本战争形态,是由信息化军队在陆、海、空、天、信(息)五维战略空间进行的,以信息和知识为主要作战力量的,将附带杀伤破坏减到最低限度的战争。

2. 信息化战争的五个基本点

① 在信息时代有多种战争,但信息化战争是最基本、最主要的战争形态,就像工业时代机械化战争是最基本的战争形态一样。

② 交战双方至少一方是信息化军队(机械化军队或半信息化军队打不了信息化战争)。近期的高技术局部战争之所以算不上信息化战争,就是因迄今世界上任何国家都没有建成信息化军队。

③ 要在五维空间进行,特别是外层空间(太空)、信息空间进行的战争要占相当的比例,不能像现在这种外层空间系统只起支援作用。

④ 在物质、能量、信息等构成作战力量的诸要素中,信息起主导作用,信息能可严格控制在战争中表现为火力和机动力的物质和能量。

⑤ 战争中的必要破坏和"流血暴力"依然存在,但附带破坏(与达成战争目的无关的不必要的杀伤破坏)应降低到最低限度甚至趋于零。

根据这五条标准判断,迄今为止发生的所有战争都不是信息化战争。

1.2.3 信息化战争的特点

1. 信息化战争的基本特点[1]

① 信息化战争的主战兵器是利用新物理原理、以超级数据处理支援的精确制导武器,其基本特征体现在精度和速度上。信息化战争追求精确的信息、精确的指挥控制、精确的打击和近实时的侦察、近实时的指示、近实时的打击。以往的战争是不断增加破坏力的战争,战争中杀伤力的增大是通过增大破坏力来实现的,而核武器使这种趋势达到了顶峰。精确制导武器打破了杀伤力与破坏力之间的正比关系,从而使战争的附带损伤大为减少,火力的运用由打面目标转向打点目标。

② 信息化战争的主战场转向空中和空间,地面部队作用逐渐减小,空军、海军部队的作用更加突出;空间平台将成为实施连续侦察、指挥、控制与通信、导弹攻击预警、天气预报、导航和电子战的基地,成为打击敌战区设施和目标的主要作战平台;地面部队、海军和空军的指挥与控制将由机载或天基指挥所担任。进攻性航空航天战贯穿战争的始终。电子战由支援活动变为独立的战术、战役和战略行动样式。防空作战的主要任务是打击无人驾驶飞行器,并主要依赖大量的短程、中程、远程和洲际精确制导武器。庞大的陆军装甲部队不再决定战争的结局。

③ 信息化战争在军事力量运用的方式方法上将发生重大变革。随着武器的威力、精度、

反应速度和军队机动能力的不断提高,信息化战争已使过去大规模正规战争(诸如火力准备、突破前沿、纵深攻击和绵密堑壕式的、支撑点式的、纵深梯次配置式的防御等)趋于过时。战争的前后方界线正在消失,战场是"非线式"的、"多维"的、"流动"的;军队将在"扩大的战场"条件下分散独立行动,大兵团建制不仅无用武之地,还将成为对方"合适的靶子"。兵力集中这一古老军事原则含义将更新,集中的内容是火力而不是兵力;集中的范围是战役级而不是战术级,瘫痪战、远战、电子战、信息战、全维战等新的战法和新的作战理论应运而生。由于种种原因,核生化武器很难根除,信息时代发生核生化战争的危险依然存在。

2. 信息化战争的作战特点

信息化战争的作战特点主要包括以下几项:

① 全维作战　信息技术拓展了作战空间,信息化战争将在陆、海、空、天、电、网上全面展开,未来的作战将是诸兵种的联合作战。

② 信息作战　制高权、制空权、制海权、制天权、制电磁权、制网络权,其关键是制信息权。以获取信息优势为目的信息作战将贯穿战争的始终。

③ 精确作战　信息与能量相结合,使精确打击点状目标的能力提高。在信息化战争中,各军兵种都具备了进行导弹战的条件,导弹的精确化、智能化都得到了很大的提升。精确制导加上遥感侦察,可以实施超视距打击(非接触作战)。只要能发现目标,不管目标在什么地方,都具备将其消灭的可能性。"点穴法"已成为新的作战方法,是专门用于打击指挥控制中心的"神经瘫痪战法"。"钻地打击法"是用于打击地下设施的作战方法。精确制导炸弹与遥感技术、电子压制技术相结合,形成新的突击方式,用于空中、海上、地面作战。侦察卫星、导航定位卫星使打击的精度更有保障。这种突击方式将带来一系列作战方法的变革(如纵深同时打击)。

④ 机动作战　兵力的战略投送和机动作战在信息化战争中尤其重要,而且由于信息网络的作用,机动作战具有空前的组织严密性和行动快速性,使信息化条件下的兵力把握机动作战不同于以往。在机动作战疗法上,实际上已经出现了空中突击和加油技术相结合的洲际空中奔袭战;地面装甲部队在航空兵、直升机支援下的空地一体的机动战,与运输直升机相结合的"蛙跳"战,在战役纵深实施中以多种直升机为主的空中突击遮断战法;采用空中和地面输送方法的大规模转移战区战场兵力的行动。远战火力、空中投送、战场的快速机动,航空兵和直升机的伞降、机降作战,这些作战方式在战术上更多地采用穿插分割,包围迂回战术,非线性作战越来越多。

⑤ 夜间作战　各种夜视信息设备使夜间成为达成作战目的可利用的时机。夜战成为信息化战争的一种必然形式,各种夜视器材的装备、部署和应用对夜战至关重要。夜战中的精神因素以及对地形的了解和利用、对夜战仍起重要影响,但是夜战的优势已倾向于拥有夜视探测能力和夜间打击能力的一方。

⑥ 突袭作战　信息技术缩短了信息获取和采取行动的时间,信息传递和处理的快速性加快了战争和作战的节奏,使战争和作战的突然性和快速性的条件更加完备。一场战争准备的时间也许较长,而实施的时间有时却很短。

3. 积极做好应对非对称战的准备

由于世界各国的经济实力、军事实力差别很大,非对称战是信息化战争的一般规律。众所周知,国防现代化建设需要人才、技术、经费和时间。我们在军队机械化和信息化方面赶上发达国家需要有一个过程,但战争不会等我们消除了与发达国家的差距之后才发生。战争准备思想中一条重要原则就是立足于最困难、最复杂的情况。在我军尚未完成现代化建设的情况下,强敌把战争强加在我们头上时,我们应当一手抓国防现代化的建设,一手抓非对称战的准备。

为应对非对称战,我们要以民为本,扬长避短,因地制宜,以软补硬,以智取胜。我应当贯彻人民战争、积极防御的战略战术;充分利用反侵略自卫战争的优势,争取国际支援和同情,孤立敌人;发挥国土作战的人民、阵地和信息设施的优势,以不完全信息化迎战完全信息化的敌人,避免丧失制信息权,进而转为掌握战场的制信息权;适应信息化战争的要求,运用多种多样的土洋结合的信息作战手段,力避被动,力争主动;防止和破坏敌人以电子压制和精确制导导弹以及隐身飞机等航空兵器相结合的空中突击,以防防止和破坏敌人空地一体的大纵深立体机动作战;组织特种作战和破袭战,主要打击敌人的指挥控制系统和供应线;提倡顽强作战精神,在失去联络的情况下,能根据总的意图独立作战,宁死不屈,与敌人死打硬拼;善于创造和利用战机,反击歼灭敌人。这样,如若我们在信息化装备处于劣势的情况下,综合制胜敌人完全是完全有可能的。

信息化战争不同于机械化战争的一个重要方面是在战争准备和动员上,在信息时代进行非对称战,应当特别重视技术人才和信息基础设施的准备和动员。应当培养和储备信息化战争需要的军地两用技术人才,研究战时民用信息基础设施的动员和运用,从广大人民群众中挖掘巨大的信息化战争潜力。

需要强调的是,非对称战准备得越充分,在信息化战争中越主动;信息化和机械化程越高,在信息化战争中的损失就会越小,非对称战胜利的把握就越大。所以国防现代化和非对称战准备两者不可偏废,缺一不可。

1.2.4 信息化战争与高技术战争

从工业时代的机械化战争到信息时代的信息化战争,要经过一个战争形态从量变到质变、从部分质变到整体质变的漫长过程。在这个过程中,战争形态一部分是机械化战争,另一部分是信息化战争。而且,随着时间的推移,其机械化战争的成分越来越小,信息化战争的成分越来越大。对这种两者兼而有之的混合型战争形态,不妨将其称为高技术战争。高技术战争是在工业社会向信息社会的过渡时期产生的,是既有工业时代机械化战争的性质又有信息时代信息化战争的特点的、大量使用信息化武器装备(即高技术兵器)的、在构成作战力量诸要素中信息的作用日益凸显的混合型或过渡性战争形态。

高技术战争与机械化战争相比,主要有以下 6 个特点:

① 可控性强。对战争的目标、规模、手段都严加控制,使战争行动严格限制在政治目的许可的范围内;和谁打,什么时间打和使用什么手段打,打多长时间和打到什么程度,如何结束战争,这些都有明确的限定。战争可控性增强的原因是:现代国家或政治集团实现战略目的的手段增多;世界经济一体化格局有巨大约束力;新闻媒体和公众舆论的制约力增强;战争耗费大。

② 电子战发展为信息战,信息空间的斗争逐渐展开,信息在构成作战力量诸要素中的作用日趋突出。

③ 信息优势作用凸显。从 20 世纪 80 年代以来发生的各场高技术局部战争可以看出,优势一方之所以有优势,主要是因为有信息优势。有了信息优势,就可以拥有制空权、制海权、拥

有全部战场主动权,使敌方永远处于被动挨打的地位。

④ 精确打击崭露头角。精确打击是指使用精确制导武器或弹药对目标实施的攻击行动。随着各国军队信息化程度的不断提高,在高技术战争中使用的精确武器的比例也越来越大。美军在海湾战争中使用的精确弹药占弹药总量的 8%,在科索沃战争中占 35%,在阿富汗战争中又上升到 56%(共投弹 12 041 枚,其中 6 732 枚是精确制导炸弹)。使用精确弹药进行精确打击,其作战效能极高。据统计,一架 F－117A"夜鹰"战斗机携带 2 000 磅(约 907 千克)激光制导炸弹所达到的作战效果,相当于 10 名飞行员驾驶的 B－17 重型轰炸机飞行 4 500 架次投掷 9 000 枚炸弹的效果。

⑤ 持续时间短。高技术战争的持续时间之所以大大缩短,主要是因战争目的有限、作战效率提高和作战节奏加快。

⑥ 耗资巨大。由于大量使用高技术兵器,而这些武器价格昂贵,高技术战争耗资极大。

一般认为,高技术战争始于 1982 年的英阿马岛战争,因为在这场战争中使用了较多的高技术兵器和综合电子信息系统。那么,高技术战争的终点在哪? 它何时才能过渡到信息化战争? 对此要做出较为准确的预测,必须认清打信息化战争应具备的最基本条件。

从 20 世纪 80 年代初到 21 世纪中叶的 70 年间,高技术战争将经历三个发展阶段,即初级高技术战争、中级高技术战争和高级高技术战争。初级高技术战争阶段为从 1982 年的马岛战争至 1991 年的海湾战争。在这一时期的战争中,电子战发展成指挥控制战,信息的作用崭露头角;远程精确打击兵器开始使用,使导弹战、精确战、非接触作战等新作战样式不断涌现;战略、战役和战术级信息系统投入使用,战场信息的获取、处理、传输和使用大大加快。从 20 世纪 90 年代初的海湾战争到 21 世纪 20 年代末的约 30 年间,将是中级高技术战争阶段。在这一阶段,由于各国军队的信息化程度有很大提高,战争的信息化、一体化水平也将达到相当高的程度,其主要表现为:预警探测系统与指挥控制系统实现无缝隙连接,C4ISR 系统与各种武器系统开始连通;精确弹药将大量使用,外科手术式的精确打击成为普通作战样式,扁平的网络式指挥控制体制开始形成,信息得以近实时地采集、处理、传输和利用;争夺制信息权的斗争将非常激烈,网络战将成为决定战争结局的重要作战样式,虚拟现实战开始出现。从 21 世纪 20 年代末到该世纪中叶的高级高技术战争中,由于一些国家的军事组织结构很快就要过渡到信息时代的军事体制,接近于建成信息化军队,信息能得到实时利用,信息将主宰战场上的物质和能量,控制部队的机动和火力,成为决定战争胜负的主导要素。

1.3　信息战

1.3.1　信息战一词的来历

信息战一词最早是由美国海军电子系统司令部副司令小阿尔贝特·加洛塔少将提出的。他于 1985 年 3 月在"电子防御杂志上"发表了"电子战与信息战"一文,文中指出,随着电子战的范畴越来越广,电子战的目的已不再是简单地干扰和阻断敌方的通信或干扰和破坏敌方雷达等,已逐步扩展到攻击敌方的决策能力,同时阻止敌方攻击我方的决策能力。因此,他建议使用"信息战"这个术语表示这一新的发展。

随着信息战这个术语的发展又出现了第二个术语,即"战争中的信息芯片技术",这种技术从根本上改变了武器研制的方式,改变了在传统战争中,特别是在战场上运用信息的方法。芯片技术推进了机动性的通信、情报的收集和发放以及与人员、计划、后勤、医疗要求的和其他现代系统有关的大量数据的处理技术的发展。

1.3.2　信息战的定义

信息战的定义多种多样,但比较权威的,而用得最多的是美国国防部在信息战条令中的定义:通过影响敌方信息、基于信息处理的过程和信息系统,以及基于计算机网络的系统,同时保护己方的信息、基于信息处理的过程和信息系统,以及基于计算机网络的系统,从而获得信息优势的行动。

信息战的目的是取得信息优势,使自己的信息流畅通,阻断敌人的信息流。使己方及时决策,使敌人难以决策或作出错误的决策。

1.3.3　信息战的主要内容

1. 信息战要素

信息战主要包括 5 大要素:作战保密、军事欺骗、心理战、电子战和精确打击。

2. 信息战的主要内容

(1) 情报战(Intelligence Branch Warfare,IBW)

情报战是运用技术手段进行的侦察与反侦察、获取与反获取,窃听与反窃听,破译与反破译的斗争。在这个定义上的信息战便可以扩展到社会、政治、经济和军事的各个领域,并且无时无刻不在进行着。

信息战这个术语中"信息"二字从作战手段来看是指信息技术和信息武器,但从作战目的来看是指夺取"制信息权",而"制信息权"按美国军事理论家约翰·阿奎拉的定义就是了解对方的一切情况,同时阻止对方了解我方的大量信息。从这个意义上讲,信息战就是争夺情报的斗争。情报在打击敌方信息系统和保护己方信息系统中具有决定性的作用。信息战要求增强战场透明度,对战场了如指掌,不仅指挥决策需要大量随时更新的情报,信息武器系统对情报的要求更高,特别是智能化的精确制导武器的运用少不了大量的动态变化的环境信息和目标数据。

在信息战中,情报的重要性必然引起战争双方对情报的激烈争夺,诱发强烈的情报对抗,围绕情报的获取、传递和利用采取各种行动。所以在信息战中情报战的地位非常重要。

信号情报(SIGINT)包含 3 个部分:

① 无线电波段的通信情报(COMINT):指非指定接收者从外部通信中获得的技术信息和情报;

② 雷达波段的电子情报(ELINT):指从国外非通信电磁辐射源(核爆炸和放射源除外)的辐射中获取的技术和定位信息;

③ 测量和特征情报(MASINT):指通过对来源于特定技术传感器的数据(长度、角度、空间、波长、时间关系、调制、等离子体和水磁等)进行定性和定量分析获得的科技情报,获取该情报的目的是识别与目标源、辐射源相关的任何明显特征或者对同型设备的发射机进行测量(被检测的特征既可为直射也可为反射)。

（2）指挥控制战（Comand Cotrol Warfare，C^2W）

指挥控制战是指在情报的相互支援下,综合运用作战保密、军事欺骗、心理战（PSYOP）、电子战（EW）和实体摧毁,阻止敌方获得信息,影响、削弱或摧毁敌方指挥与控制能力,同时保护己方指挥与控制能力免受同类行动的影响。指挥控制战适用于作战联合统一体和一切级别的战斗。指挥控制战包括进攻和防御两个方面。在作为进攻战略时为反C^2,而在作战为防御战略时为C^2防护。每一种战略都用于支援指挥员的任务和作战理论,单独使用或综合使$C2W$的各要素以实现对敌方或己方C^2组织机械的预计影响。

1）反C^2（Counter – C^2）

反C^2是指通过不让敌方获得信息,以影响、削弱和摧毁敌方指挥与控制系统,阻止敌方指挥与控制其部队。

2）C^2防护（C^2 – Protection）

C^2防护是将优势转向己方,或使敌方企图阻止己方获得信息从而影响、削弱或摧毁己方指挥与控制系统的行动变为无效,保持对己方部队的有效指挥和控制。

（3）电子战（Electronic Warfare，EW）

电子战是指使用电磁能和定向能控制电磁频谱或攻击敌军的任何军事行动。电子战包括3个主要部分:电子进攻、电子防护和电子战支援。

1）电子进攻（Electronic Attack，EA）

通过使用电磁能或定向能攻击敌军的人员、设施或装备,以削弱、抵消或摧毁敌方战斗能力。

2）电子防护（Electronic Prevention，EP）

为保护己方人员、设施和装备而实施的电子战或当敌方运用电子战削弱、抵消或摧毁己方战斗能力时而采取的各种行动,以保证己方不受其任何影响。

3）电子支援（Electronic Support Measure，ESM）

由指挥官分派或在其直接控制下,搜索、截获、识别和定位有意或无意电磁能辐射源,以达到立即辨认敌军的目的而采取的各种行动。因此,电子战支援是为立即决策提供所需信息。这些立即决策包括电子战行动、威胁规避、目标确定和其他战术行动。

（4）心理战（Psychological Warfre，Psych W）

心理战是C^2W的组成部分,其定义为"为影响外国观（听）众的情感、动机、客观推理并最终影响外国政府、组织、团体和个人的行动,向其传递经过选择的信息和指示物的有计划的行动"。

心理战是心理保障的一个重要组成部分。实施心理战有助于以有限的兵力、最小的伤亡和最小的物质消耗达成预想的军事、政治目标。美军在格林纳达、巴拿马和海湾地区实施的心理战表明:危机时期实施心理战,一方面,可涣散和降低敌军和当地居民的精神心理稳定性,使敌方在战斗行动开始之前就丧失抵抗意志;另一方面,有助于己方达成一定的进攻突然性,从而大大提高部队行动的效果。

心理战按等级分为战略心理战、战役心理战和战术心理战。

① 战略心理战的目的:实施战略心理战是为了达成长远的目标,即为实施战斗行动创造有利的心理态势（通常带有全球性）。无论是平时还是战时,战略心理战都是由国家一级的政府机关实施的。

② 战役心理战的目的:实施战役心理战是为了支援战局或大型战役,为军队行动创造最有利的形势。战役心理战由军队心理战部队在战备时及战时实施。心理战部队对当前作战地区的军民施加心理影响。

③ 战术心理战的目的:战术心理战是战术作战计划的一个组成部分,其目的是削弱或动摇敌军全体人员进行抵抗的决心,防止当地居民采取对立行动。

（5）经济信息战(Expence Intellgence Warfar,EIW)

像心理战一样,经济信息战的作用影响较慢,且效果有限。信息封锁的目的是防止敌人利用国际数据网来获取数据并为其所用,作为发生现金转移的产物输出(出口)数据也可以作为心理战的一种形式。事实上,这种技术不太可能比传统的经济封锁更有效。经由通信卫星与目标国家之间来往的信息流动,可以在信息战攻击者的控制下,通过对地面通信设施的干扰和摧毁阻断所有地面战之间的联系。由于不同政治结盟的国家和集团普遍拥有通信卫星,故要中断通信卫星的信息传输几乎不太可能。

（6）通信战(Communication Warfare,Cyber W)

通信战也称通信电子战、通信对抗或无线电通信对抗,通信战的定义:"是军事上为削弱、破坏敌方通信系统的使用效能和保护己方通信系统的有效使用所采取的措施和行动的总称"。通信战是电子战的重要组成部分。通信战是在通信领域展开的电子战,其实质是在通信领域特别是无线电通信领域为争夺电磁频谱的控制权和使用权而展开的电磁波斗争。通信战向目标通信系统释放能量或从中提取能量来攻击其信息系统,这样,有用的信息传输就会被截获,或被破坏,或两种目的同时达到。通信战包括侦察或攻击敌方通信系统,以及保护己方通信不被敌方破坏。实际应用的通信战系统包括:

① 无线电侦察系统:探测目标辐射源的无线电通信信号。

② 无线电截获系统:解调、解码目标辐射源的无线通信信号。

③ 无线电测向系统:对目标辐射源进行测向,精度可达 $2°$。

④ 无线电干扰系统:破坏敌方的正常通信。

（7）计算机战(Cyber Warfare,Cyber W)

计算机战涉及的范围很广,几乎渗透信息战的各个方面。有人称信息战为以"计算机为基础的战争"或者"计算机控制的战争"。实际上确实如此,任何信息系统和信息武器系统都离不开计算机。军事领域的各个方面和所有先进的武器装备和武器平台都离不开计算机。国家信息基础设施和国民经济的各个重要领域也都离不开计算机,由此就不难想象计算机战在信息战中的重要地位了。计算机战包括黑客战、病毒战、网络战、硬摧毁等。

（8）导弹战(精确打击)(Missile Warfar,MW)

导弹战也可称为实体摧毁战或精确战,通过各种精确制导武器,摧毁敌人的信息或信息系统。制导炸弹、制导炮弹、制导子母弹、巡航导弹、末制导导弹、反辐射导弹等均可获取和利用被攻击目标的位置信息并修正自己的弹道以准确命中目标。这些武器具有一定的智能,可以在敌方火力网外发射,自主地识别、攻击目标。体现其命中精度的圆概率误差将趋于零。海湾战争已经证明,精确制导武器是高技术战争与信息化战争中的基本火力。随着导弹发展,出现了拦截导弹的导弹系统(即反导系统),以拦截导弹,防止导弹的攻击。

精确战分为进攻性精确战和防御性精确战。

1）进攻性精确战

① 点穴战（也称"外科手术作战"）　它是高层指挥，使用导弹部队或小型特种部队，打击有限要害目标的一种快速作战样式。它与一般作战样式有着质区别，即其作战意图直接出于攻击对方的最高决策层，选择的目标往往是对方具有战略意义的要害处（如：指挥中心、通信枢纽、雷达站、供电设施等；核基地、导弹基地、核（生、化）武器库、机场、港口等）。一旦攻击成功，就可迅速改变国家间的政治与军事态势。"点穴战"作战的时机、规模、手段和持续时间都有严格的限制。不允许超过预期目的所需的兵力兵器，避免袭击与目的无关的目标或触犯第三国利益，以防战争升级。这种作战样式，战略目的有限，行动发起突然，战斗进程短促，战斗手段干脆利落，是一种使用兵力小，指挥级别高，集战斗、战役于一身的特殊形式的局部战争。

② 瞬时战（也称"闪电战"）　瞬时战是以闪电般开始且转瞬间结束，依靠具有机动性和攻击距离远、飞行速度快、命中精度高的武器系统与快速反应部队，集中全维各种情报、侦察、通信、导航等支援力量，运用谋略达到"时间差"，以意想不到的时间、意想不到的地点和意想不到的隐蔽方式发动闪电般的攻击，对敌方全纵深要害目标实施远距离、短时间的高强度突击和精确毁伤；然后迅速脱离战斗，免遭报复，把损失减到最低限度的一种新型作战样式。由于这种作战样式先兆少，预测难度大，作战进程短，战争损失小，达成目标快，将成为未来的一种战略选择。

③ 瘫痪战（也称"结构战"）　瘫痪战是使用高技术武器装备（主要是精确制导武器），集中打击敌方 C^3（指挥、控制、通信）系统、侦察预警系统、电子对抗系统、后勤补给系统、信息化武器系统，以及机场、港口、交通枢纽等重要的"关节点"，使其各系统运行失调、力量结构失衡和整体运行失灵，从而使对方作战力量瘫痪。它是现代有限战争中的一种重要作战样式。

"瘫痪战"最显著的特点是：作战目标不是消灭对方全部军事力量和占领对方全部领土，不求危及对方整个国家和民族生存，只求敌人"瘫痪"而无还手之力，使之屈从于自己。因此，"瘫痪战"的打击方式主要通过远战兵器（如导弹）打击对方纵深要害目标的关节点。"瘫痪战"是基于破坏敌方军事机构以达到解除敌人武装的目的。而解除敌人的武装较之通过艰苦战斗消灭敌人更迅速、更经济，所以"战略家应从瘫痪的角度，而不是从消灭的角度来考虑问题"的观点，已得到越来越多发达国家的认同。

2）防御性精确战

防御性精确战也称作精确制导武器对抗。精确制导武器对抗通常采用以下 3 种对抗手段：

① 摧毁　这是积极的、进攻性的对抗手段。反导弹系统就属于这种对抗手段。摧毁的目标有三类：一是敌方精确制导武器的发射系统；二是敌方精确制导武器的侦察预警系统、指挥控制系统；三是敌方已发射的精确制导武器。

② 干扰　干扰精确制导武器的制导系统：针对雷达制导系统，可发射干扰辐射，施放箔条干扰弹、诱饵弹，设置假目标等；针对红外制导系统，可施放红外诱饵弹、红外干扰烟幕，发射强红外干扰辐射等；针对激光制导系统，可发射激光束使来袭导弹偏离攻击方向，或施放能干扰激光束的宽波段烟幕气溶胶。人们把制导反制导称为"制导战"，把 GPS 反 GPS 称为"导航战"。

③ 防护　防御的主要目的是降低己方目标被敌侦察发现的概率，提高己方生存能力。主要方法有：利用地形地貌将重要目标（如导弹发射架等）隐蔽在侦察死角（如山坡背面、山沟里

或较厚的植被下面);采用伪装手段(如伪装网等);电波"静默",控制雷达开机和无线电通信;采用隐身措施(如减小雷达反射截面、减少红外辐射特征、涂敷雷达波吸波涂层、红外隐身涂料和低激光反射涂料等);利用不良气候条件;施放烟幕;利用装甲、构造工事和掩体等方法对目标进行加固;提高目标机动能力(如行军状态和战斗状态互相转换的速度、越野能力、行驶速度、最大行程等)。

以上是一般原则,对不同类型的精确制导武器应采取不同的对策和对抗方法。对抗巡航导弹,可采取下列措施:加强侦察,弄清敌巡航导弹发射平台的部署情况和可能的攻击目标;建立探测网(探测网通常由预警卫星、预警飞机及无人驾驶预警飞机、飞艇等装载的雷达、各种地基雷达、战场低空探测雷达和目标观测哨等构成),尽早预警;实时指挥控制,在统帅部战略意图指导下,明确分工,联合作战,截击来袭巡航导弹;多层联合拦截,由于巡航导弹难于发现,而且几乎在任何地方可实施跃升或俯冲,因此必须采取分层防御,诸军种联合实施纵深作战,利用火炮、导弹、激光武器等直接分层拦截。对抗地地战术导弹等,则需采用反战术弹道导弹武器系统,这些系统有共同的特点:在战术弹道导弹飞行的中后端或末端,用地基拦截弹进行拦截;系统主要由预警雷达、指挥控制通信中心和拦截导弹武器构成;分层防御、拦截、摧毁。对抗战略弹道导弹采用反弹道导弹防御系统(简称"反导防御系统")。该系统主要由反弹道导弹,目标搜索、识别、跟踪系统,引导系统和指挥控制等组成。美、俄等国已经成功研制出多种平台的动能武器反导系统和激光武器反导系统。

(9) 导航战(Navigation Warfare,NW)

1) 导航战的起因

导航战是指美军针对全球定位系统在使用时一定会遭到敌军干扰的情况而提出的"在复杂电子环境中,使己方部队有效地利用卫星导航系统,同时阻止敌军使用该系统"的理论。施行导航战计划的目的是在未来战争中确保自己及盟国不受干扰地使用卫星导航系统。美国之所以提出"制导航权"和"导航战"的概念,其根本原因在于目前先进的电子干扰技术已经对GPS脆弱的抗干扰性构成了直接威胁。

2) 美军导航的原则、目标与全球打击能力

① 导航战的提出与导航战原则 为了确保GPS系统在敌方干扰环境下仍能够保持优良的性能,1994年,美军提出导航战的概念。美军的导航战原则是在责任区(AOR)内,保护美军及其盟军的GPS系统正常工作,且防止敌方使用GPS系统,最大限度地降低对民用服务的影响。导航战的目标是使GPS系统只在地球规定的区域内失效,而对地球其他区域的用户仍然有效,这可通过调整导航卫星的发射频率和采用干扰技术来实现。1995年4月27日,美国宣布GPS系统已具备全球运行能力,同时美国防部表明了GPS系统军用用户优先的态度,提出"在提高自身生存能力的同时,采取措施防止敌方使用GPS系统"。美军对导航战的全面研究始于1996年8月,由波音公司联合罗克·柯林斯公司、诺思罗普·格鲁门公司、洛克希德·马丁公司的联邦系统部、休斯飞机公司的光电系统部共同发起。

② 导航战的目标与全球打击能力 按照美军导航战的计划和部署,GPS系统要对陆地、海面、岛屿,对机场、海军基地、导弹发射场、指挥通信中心等军事要地,对战区、战区前沿的军事部署和行动进行精确测量、定位和监视;为轰炸机、运输机、预警机、电子干扰飞机、舰艇、潜艇、弹道导弹、巡航导航、空空导弹、空地导弹、反辐射导弹、反舰导弹、精确制导炸弹,以及搜索、救援等行动导航锁定目标。

为实现美军全球打击能力,GPS 系统能使美军发现、选择、跟踪和瞄准地球表面的任何移动目标。在高空侦察、空中加油等行动中,GPS 系统能提供精确的目标地理位置、时间和速度信息。GPS 系统不仅能为轰炸机、运输机和空中加油机的远程飞行、远程作战提供导航数据,进行导弹跟踪监测,还能为精确打击武器提供 GPS 制导,提高命中精度。目前,美军作战部队配备的单兵 GPS 定位仪,定位精度已达 1～3 m,装甲车辆、固定或可移动作战装备配备的应用差分技术的 GPS 接收机,定位精度可达厘米级。美军武器系统的 GPS 接收机需要有解码装置方可使用,美军士兵的 GPS 定位仪,每天更换密码方可接收军用定位服务。

3）美军导航战的手段与措施

目前,美军的导航战研究主要集中在防止敌方使用 GPS 系统和 GPS 系统反干扰手段与措施上。美军曾多次在军事演习中实施导航战,一方面为了提高 P(Y)码接收机的抗干扰性能,另一方面是为了研究 C/A 码接收机的抗干扰技术。

① 防止敌方使用 GPS 系统所采取的主要措施。

➢ 使用独立、加密、抗干扰能力强的等效 C/A 码　目前大多数 GPS 接收机 P 码和 C/A 码共用 L1 频段,而且 P 码是在 C/A 码基础上接收 P 码。因此,一旦 C/A 码受到干扰,GPS 接收机就很难接收到 P 码。为防止敌方干扰 C/A 码信号,军用服务单独使用 L2 频段,在作战环境下,GPS 信号采用独立、加密、抗干扰能力强的等效 C/A 码信号。

➢ 研制直接接收 P 码的 GPS 接收机　由于导航卫星距地球 17 700 km,信号达到地面时 GPS 接收机接收的信号强度甚至比 1 W 低功率干扰机产生的信号强度还要弱。所以,GPS 系统的信号非常容易被干扰,当接收信号被锁定在 P 码时,就不容易受到干扰。

➢ 研制直接接收新码的 GPS 接收机　为使 GPS 系统对抗干扰,最有效的办法是避开干扰机的辐射能量。目前,正在研究的 GPS 接收机避开干扰机辐射能量的技术有:自适应频率跟踪技术、自适应波束成形技术、后相关波束技术、后相关波束置零技术等。

② 提高 GPS 系统抗干扰能力的措施。

要提高导航战能力,首先要提高 GPS 系统的抗干扰能力,为此采取了如下措施:

➢ 改进 GPS 接收机的自适应天线,使抗干扰能力提高 30 dB 以上;对卫星数量进行调整,将 GPS 信号的发射功率提高到 500 W 以上,这样不仅可提供足够的抗干扰能力,还能使目前的 GPS 接收机有更大的兼容性。

为了对抗对 GPS/INS 制导武器的干扰,美空军实验室开发了以下反干扰技术:

采用自适应 GPS 滤波器/天线技术,用"插入式"天线单元采集 GPS 信号和采样干扰机的能量,然后利用这些信息控制天线的零点指向,采用时空反干扰技术将 GPS 接收机与 GPS/INS 制导武器的测量装置结合,形成一个反干扰型的 GPS/INS 制导系统。

另外,美军还研制了一种能自动显示干扰机方位的 GPS 接收机,可以有针对性地避开干扰机的辐射能量,甚至可以对干扰机实施打击。诺思罗普·格鲁门公司正在研制可减少 30～40 dB 干扰信号进入 GPS 系统的反干扰接收机,该接收机由惯性导航和 GPS 接收机在载波相位级进行全耦合来实现。洛克希德·马丁公司和罗克·柯林斯公司联合为 JASSM 空对地导弹研制了 G-STAR 高级反干扰型 GPS 接收机。该接收机采用调零和六元天线阵操纵波束的技术,其先进的数字波束成形器能减少干扰机方向的增益,同时增加卫星方向的增益;数字信号处理装置可通过动态调零来抵消噪声,提高增益。当探测到威胁信号时,接收机便将其调零,同时将接收机朝向调向卫星。

➤ 发射具有新型信号结构和频段的导航卫星,在设计中增加备份电源,以使原有电源在间歇期间提供 500 W 以上的额外电源。美国防部预研计划局(DARPA)正在研究一种新的抗干扰措施——采用伪卫星星座进行导航,即 GPS 信号发射机安装在无人机或地面装置上,代替 GPS 卫星进行导航,其发射信号的功率超过敌方干扰信号的功率,由 4 架"猎人"无人机产生的 GPS 星座,可覆盖 300 km² 的战区空域,但导航定位误差将增加 20%。

➤ 在导航卫星上增加一个可控的窄波束天线,通过提高天线增益和发射功率,使卫星信号增加 20 dB,4 颗卫星的波束信号指向地球的某一区域,而其他区域接收信号的强度不会明显降低。这样就迫使敌方提高干扰机的信号功率,干扰功率的增加,势必导致干扰机尺寸的增加和干扰信号频率特征明显,这样干扰机就容易被探测,并受到反辐射导弹的攻击。

一般来说,卫星信号增加 20 dB,可增加固定式干扰机的非隐蔽性,当信号增加 40 dB 时,固定式干扰机容易暴露,从而大大提高 GPS 系统的生存能力。波音公司的技术专家称,在 2020 年之前,通过合理部署卫星数量、采用自适应天线以及更新 GPS 接收机等措施,可使卫星信号功率提高 60 dB。

(10) 太空战(Space Warfare)

20 世纪 50 年代末,世界上第一颗人造地球卫星升空,开始了人类对太空的开发,并相继出现了人类对太空的争夺。几十年来的太空角逐,使太空战成为人们普遍关注的战争形式。

太空战也称"空间战"或"天战"。目前,人们对空间战有两种认识:一种是空间战是在太空进行的作战。按照这种认识,当今空间战尚未发生,仅有航天兵器的对抗;另一种是空间战是以空间武器为攻防对象的作战,按照这种认识,现今针对卫星和弹道导弹的对抗是空间战的一种作战样式。

空间战的武器系统大多位于距离地球 100 km 以上的太空。该空间具有以下特点:

① 浩瀚无垠,为任何高速高效的武器系统提供了用武之地。

② 无遮无挡,无风无浪,不受气候和地形的影响,可以全天候、全天时、全方位作业。

③ 位于陆、海、空域之上,可以一览下层空间的目标,可以居高临下地发挥火力的作用。

④ 具有无限的资源和奥秘,如:据科学家测算,若用航天飞机从月球上运回 20 吨液化氦-3,就足够向全世界提供几百年的动力;又如,据理论计算,在地球与月球之间存在五个"拉格朗日点",物体处在这样的点上,受到地球与月球的引力相互抵消故相对于地球基本保持稳定状态,这些点在空间站中是理想的"空间兵战"和太空作战平台。

⑤ 没有划界,无国境限制,驰骋自由,不会引起侵犯领空的争议。

空间战的作战空间,除上述空间外,也包括 100 km 以下的空间。当前空间战的作战空间主要是指从地面到 800 km 高的空间。

未来战争是"全维战争"。全维作战是"在整个战争区域实施在太空作战支援下的统一的空中、地面、海上和特种作战"。由此可见,在未来战争中,制天权比制空权、制海权、制高权更重要。有人预言,在未来战争中,谁控制了太空,谁就控制了地球;谁在太空中处于优势,谁就掌握了战争的主动权。

空间战武器系统,可以按照作战运用将其分为 3 类,即空间支援系统、空间防御系统和空间攻击系统。空间支援系统包括各种航天武器的太空平台(如航天飞机、空天飞机、航天母舰、载人飞船和空间站等)和各类卫星(如侦察预警卫星、军事通信卫星、军事导航卫星、军事气象卫星和军事测地卫星等)。空间防御系统包括防天系统(如反卫星侦察、反弹道导弹攻击系统等)和天防系统(如地基武器攻击系统、防天基武器攻击系统等)。空间攻击系统包括"摧毁型"攻击系统(如定向能武器、动能武器、太空雷、轨道轰炸机、载人太空攻击系统等)和"干扰型"攻击系统(如卫星干扰系统、导弹干扰系统等)。

未来的空间战以宇宙空间为主要战场、以空间部队为主要作战力量、以太空武器为主要作战手段。空间战,按照作战区域可分为:

①"天-地"对抗战,即使用航天兵器突击敌方的地面目标(也称此类空间战为"地球战");或使用地基激光武器、粒子束武器、微波武器、动能武器截击敌方的战略导弹和航天器。

②"天-天"对抗战,利用反卫星卫星、反卫星导弹、天基截击导弹以及宇航员在太空基地直接操纵武器或装置,摧毁或捕获敌航天器。

③"天-地"一体战,即在陆战、海战、空战的配合下,以太空为主要战场,以争夺制天权为主要目的的全维作战。

空间战是一种新的作战样式。空间战理论一方面与空间武器系统的发展水平相适应,一方面牵引和推动空间武器系统的发展。

习　题

1. 简述信息化战争和高技术战争有哪些特点。
2. 简述息化战争、非对称战和高技术战争的背景有什么不同。
3. 简述我国信息化战争定义与美国信息战定义的共同点和不同点。
4. 简述信息战的内容和要素分别有哪些。
5. 简述信息化战争、非对称战和高技术战争的背景有什么不同。

第 2 章　电子对抗概况

电子战是信息化战争的主要内容,也是信息化战争的技术支撑,信息化战争是扩大了的电子战。因此,电子战是现代高技术战争乃至信息化战争的主要组成部分,电子战是战争永恒的主题。

现代电子控制、引导及指令控制武器的激增引起了一个科学领域的迅猛发展,这个领域通常被称为电子战。电子战的基本理论是,在整个电磁频谱范围内,利用敌方的电磁发射,提供有关敌方战斗序列、作战意图和作战能力的情报,采用对抗措施和硬摧毁,阻止敌方有效地运用通信和武器系统,并同时保护己方有效地使用同一频谱。一条已被普遍接受的军事原则是:任何一场未来战争的胜利,必将属于能最有效地控制电磁频谱的一方。

电子战是一个动态变化的领域,它必须对不断变化的威胁做出响应。这一点反映在它从第二次世界大战中的早期应用到现在的演变中。这里,我们将详细论述现代电子战理论,它是军事战略不可缺少的基本要素,当与其他军事设施协同使用时,它将提供一种削弱敌方力量(战斗力倍减效应)而同时加强己方力量(战斗力倍增效应)的方法。

依据现代战争理论,电子战是整个军事战略的重要组成部分,它集中力量压制敌方指挥和控制系统(即 C^3I 系统或 C^4ISR 系统或 C^4I^2WSR 系统),同时保持己方系统(即 C^3I 系统或 C^4ISR 系统或 C^4I^2WSR 系统)的工作能力。为了理解这一战略,在此我们先离开主题,简单说明一下指挥和控制系统的必要性及其功能。其基本理论是,仅干扰或摧毁一部雷达或一个通信系统,也许对敌方武器系统的工作不会产生多大影响,尤其是当被干扰或被摧毁的对象是备用网的组成部分时,影响更小。因此,有必要摧毁敌方武器系统的一个节点。为完成此项任务,仅采用电子战并不是最佳方式。

对指挥和控制系统的需求是随着现代战争的发展而出现的,并由于武器平台的机动性、武器的射程和杀伤力的发展而不断增加。现代战争的发展速度和现状,要求运用电子战手段来控制武器的运用,评价它们的效果,并统管整个武器系统的战斗使用。这样,连接各种传感器、作战指挥所和通信中心的总体结构便组成了指挥和控制系统。指挥官就通过这样一种结构去指挥他的部队,完成指定的作战任务。通信线路、指挥所、传感器和情报/传感器协调中心都是"反指挥和控制系统"作战行动的主要目标。

2.1　电子战的概念

电子战是现代高技术战争和将来信息化战争的重要组成部分,而且发展非常迅猛。由于电子战将直接影响战争的作战能力和效果,因此国内外非常重视电子战技术和战术的研究。

电子战在学科上的定义包括两个相互竞争的方面,即电子对抗(Electronic-Counter Measures,ECM)和电子反对抗(Electronic-Counter-Counter Measures,ECCM)。在军事科学上则包括电子进攻(Electronic Attack,EA)、电子防御(Electronic Protection,EP)、电子支援(Electronic Support,ES)。

2.1.1　我国电子对抗的定义与发展

1982 年出版的《中国人民解放军军语》中将电子对抗定义为:敌对双方利用电子设备或器材进行的电磁斗争,即利用专门的无线电电子设备或器材,对敌方无线电电子设备进行的斗争,用以阻止敌方无线电电子设备获得电磁信息,削弱和破坏敌武器系统的效能和威力,同时保护自己的无线电电子设备及武器系统在敌方干扰条件下仍能正常发挥效能和威力。

1994 年出版的《军事百科全书》上的定义"军事上为削弱破坏敌方电子设备的使用效能,同时保护己方电子设备正常发挥效能而采取的综合措施"中,"综合措施"就涵盖了所有电子对抗手段,其中包括"软"和"硬"两个领域。可以说这对于揭示电子对抗内在本质的规律性有很大作用。

由我国军用标准《电子对抗术语》可知,电子对抗就是电子战,其内容包括侦察、电子干扰、反辐射摧毁、电子防御。按军用标准,在我国无"反电子对抗"一词。我国的电子对抗的内容为

$$
电子对抗
\begin{cases}
电子对抗侦察 \\
电子干扰 \\
反辐射摧毁 \\
电子防御
\begin{cases}
反侦察、抗干扰 \\
反摧毁
\end{cases}
\end{cases}
$$

我国的电子对抗也包含电子对抗支援、电子进攻和电子防御的内容,但无"电子进攻"一词。电子对抗设备包括电子侦察(告警)设备、电子干扰设备、摧毁武器(如反辐射导弹)。电子防御设备包括雷达、通信、导航、C⁴ISR 系统等电子设备。综上所述,各国的电子对抗或电子战的概念基本是一致的,都包含作战双方的电磁相互竞争。

2.1.2　俄、美电子战定义

苏联军队把电子对抗(电子战)称为"无线电电子斗争",并定义为"对敌方无线电电子器材和系统实施侦察,并随之进行无线电电子压制,以及对己方无线电电子器材和系统进行无线电电子防御的综合措施"。无线电电子斗争包含无线电电子压制、无线电电子防护和电子斗争保障措施,包含电子进攻性和电子防御性两方面。

美国的电子战定义为:"利用电磁能和定向以控制电磁频谱或攻击敌人的任何军事行动"。其中包括电子攻击、电子防御和电子战支援。

最新定义的电子战具有下列几个特点:

① 更加强调了电子战的进攻性,除反辐射武器外,还把定向能武器也列入了电子攻击手段的范畴。

② 电子攻击的目的不仅是降低敌方电子装备的性能,而且是削弱、抵消或摧毁敌方的战斗力;电子攻击的目标不仅是设施或装备,而且还包括操纵这些设施和装备的人员。

③ 电子防护不仅包括防护敌方电子战活动对己方装备、人员的影响,而且包括防护己方电子战活动对己方装备、人员的影响。

由此可见,最新定义的电子战大大扩展了其内涵和作用范畴。

美国对电子战的定义仅局限于作战使用过程,实际上电子战不仅在战争时期进行,而且在战争后及和平时期仍然广泛应用,其内容更广,范畴更大。为此,在本书中应用"电子侦察"来代替美军电子战定义中的"电子战支援",以便把信号情报也包括在内。

电子战内涵和定义的几经变迁,总是与电子战作战活动的发展(第一次世界大战:通信对

抗;第二次世界大战;预警雷达对抗;越南战争;制导雷达对抗;中东战争;反辐射攻击;海湾战争;综合电子战)密切相关,而且总是电子战技术、装备和使用战术的发展推动了电子战定义的更新和扩展。随着电子战范畴的不断扩大,电子战的目的已不仅是干扰和阻断敌方的通信,干扰和破坏敌方雷达等简单目标,而且还逐步扩展到攻击敌方的决策能力,同时阻止敌方攻击己方的决策能力。因此,应该用"信息战"这个术语来表达这一新的发展概念。同时,最近国内外正在兴起的信息战概念研究和实践,也必将会在新的条件下推动电子战内涵的发展。

2.1.3　电子战的分类

根据电子战的最新定义,列出电子战的分类如图 2.1 所示。

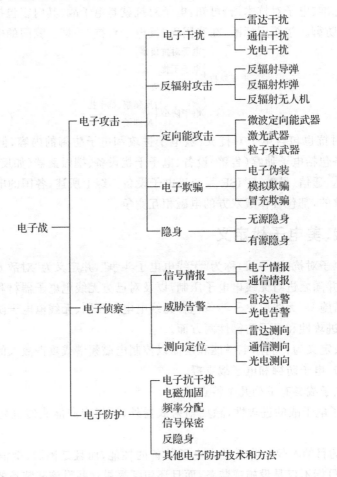

图 2.1　电子战的分类

1. 电子攻击

电子攻击是电子战的进攻性部分,用于阻止敌方有效地利用电磁频谱,使敌方不能有效地获取、传输和利用电子信息,影响、延缓或破坏其指挥决策过程和精确制导武器的运用。电子攻击包含自卫性电子战和进攻性电子战两大部分。自卫性电子战是应用自卫电子干扰、电子欺骗和隐身技术,以保护作战平台或军事目标免遭敌精确制导武器的攻击;进攻性电子战是应用支援电子干扰、反辐射武器和定向能武器,攻击敌方的防御体系,以保证己方的安全突防。

电子干扰用于发射或反射特定的电子信号,以扰乱或破坏敌方军用电子设备的工作,它包含雷达干扰、通信干扰、光电干扰和对其他电子装备的干扰措施(如计算机病毒干扰、导航干扰、引信干扰、敌我识别干扰等)。

反辐射武器用于截获、跟踪、摧毁电磁辐射源目标,它包含反辐射导弹、反辐射炸弹、反辐射无人机以及它们的攻击导引设备。

定向能武器应用定向辐射的大功率能量流(微波、激光、粒子束),在远距离使高灵敏的电磁传感器致盲、致眩,在近距离使武器平台因过热而烧损,它包含微波定向能武器、激光武器、粒子束武器等。

电子欺骗用于辐射或反射特定的电磁信号,向敌方传送错误的电磁信息。它包含电子伪装、模拟欺骗、冒充欺骗。

隐身用于降低目标的可检测性,减小雷达、红外探测器的作用距离。它包含无源隐身和有源隐身。

2. 电子侦察

电子侦察用于获取战略、战术电磁情报和战斗情报,它是实施电子攻击和电子防护的基础和前提,并为指挥员提供战场态势分析所需的情报支援。它包含信号情报、威胁告警和测向定位三部分。

① 信号情报:包含电子情报和通信情报两部分。电子情报用于收集除通信、核爆炸以外的敌方电磁辐射信号,并进行测量和处理,以获得辐射源的技术参数及方向、位置等信息。通信情报用于收集通信信号,并进行测量和处理,以获得通信电台的技术参数及方向、位置、通信内容等信息。

② 威胁告警:包含雷达告警和光电告警,用于实时收集、测量、处理对作战平台有直接威胁的雷达制导武器和光电制导武器辐射的信号,并向驾驶员发出威胁警报,以便采取对抗措施。

③ 测向定位:包含雷达测向定位、通信测向定位和光电测向定位,用于支援电子干扰的角度引导和反辐射攻击引导。

3. 电子防护

电子防护的目的是保证己方电子设备有效地利用电磁频谱,以保障己方作战指挥和武器运用不受敌方电子攻击活动的影响。它包含电子抗干扰、电磁加固、频率分配、信号保密、反隐身及其他电子防护技术和方法。

电子抗干扰包含雷达、通信等各类军事电子设备专用的抗干扰技术和方法,如超低副瓣天线、旁瓣对消、自适应天线调零、频率捷变、直接序列扩谱等,用于减小或降低各类电子干扰措施对己方电子设备工作的影响。

电磁加固是采用电磁屏蔽或大功率保护等措施来防止高能微波脉冲、高能激光信号等耦合至军用电子设备内部产生干扰或烧毁高灵敏度的芯片,从而防止或削弱超级干扰机、高能微波武器、高能激光武器对电子装备工作的影响。

频率分配是协调己方电子设备和电子战设备的工作频率,以防止己方电子战设备干扰己方电子设备,并防止不同电子设备之间的相互干扰。

信号保密是应用扩谱、跳频、加密等措施来防止传输信号被敌方侦收、分析、解密,并应用电磁屏蔽措施防止己方信号泄露、辐射及被敌方侦收。

反隐身是针对隐身目标的特点,采用低波段雷达、多基地雷达、无源探测、大功率微波武器等多种手段,探测隐身目标或烧蚀其吸波材料。

其他电子防护技术和方法有:应用雷达诱饵吸引反辐射武器攻击,保护真雷达的安全;应用无线电静默措施反侦察;应用组网技术反点源干扰;隐蔽关键电子设备以及战时突发工作等战术、技术措施。

电子战按技术领域分类,包括雷达对抗、通信对抗、光电对抗、计算机对抗等,以及雷达、通信、光电、计算机等装备的反对抗。其中的雷达对抗、通信对抗、光电对抗等将在以下各章节详细介绍,并重点介绍雷达电子战。

2.2 电子战的作战思想

2.2.1 概　述

军队在许多应用方面依赖于电磁频谱,包括(但不限于)通信、探测、识别和目标定位。在支援任务中,电子战的有效运用对于发现、确定、跟踪、瞄准并与对手交战的能力以及遏制对手的上述能力都是十分重要的。参与军队电子战的计划人员、操作人员、采办人员以及其他人员必须了解威胁系统的技术进展与延伸,以便运用电磁频谱保护己方军队。

若要使电子战发挥作用,必须运用控制、利用和增强三原则。电子战的三个要素(电子攻击、电子防御和电子战支援)都运用了这三个原则。正确运用这些要素能在不同程度上达到探测、阻止、扰乱、欺骗和摧毁敌人的目的,进而保证整个任务的完成。

2.2.2 电子战的原则

美国电子战的原则可以概括为控制、利用和增强。

1. 控　制

控制指直接或间接地控制电磁频谱,从而使己方部队能够使用电磁频谱,并利用其攻击敌军以保护己方频谱不被利用或遭受攻击。电子战通常具有进攻和防御两方面的作用,应当协同使其用以支持任务的完成。空中优势可以使己方部队自由攻击、自由机动,电子战的合理协调运用可以使己方部队使用电磁频谱。例如,可以通过干扰攻击敌军指挥控制网络扰乱敌军部署部队的能力。合理运用电子防御可以使己方雷达即使在敌军干扰的情况下也能继续工作。

2. 利　用

利用就是运用电磁频谱加强己方部队的优势。己方部队可通过不同程度的探测、阻止、扰乱、欺骗和摧毁手段阻碍敌军的决策环路。例如,可使用电磁欺骗发送误导敌军的信息,也可通过敌军的电磁辐射对其进行定位和识别。在第二次世界大战期间,美国就曾通过日本海军的无线电通信对其舰船进行跟踪。由于无线电报务员手法各不相同,因此通过跟踪无线电通信,美国海军情报部门就能知道日本每艘舰船所处的位置。同样,己方飞机可以使用雷达告警接收机来定位和识别敌军的地空导弹威胁。

3. 增　强

增强就是将电子战作为力量增强器。将电子战综合到航空航天行动中,可以在不同程度
上探测、阻止、扰乱、欺骗或摧毁敌军部队,增强整个作战任务的效果。通过控制和利用电磁频
谱,电子战具有力量增强器的作用,可提高任务成功的可能性。在"波斯尼亚"行动的第一天夜
晚,敌军的地空导弹系统因受机载干扰机和反辐射导弹的影响而不能发挥作用,致使北约飞机
没有障碍地到达要打击的首要目标。

2.2.3　电子战三要素

电子战的三个主要要素是电子攻击、电子防御和电子战支援,如图 2.2 所示。

图 2.2　在军事行动中应当综合运用电子战三要素

1. 电子攻击

电子攻击包括防区外干扰、高速反辐射武器、箔条、曳光弹、自卫干扰和定向能等。

电子攻击是指利用电磁能、定向能或反辐射武器攻击敌军人员、设施或设备,以达到降低、
削弱或摧毁敌军战斗力的目的。它还能阻止或削弱敌军使用电磁频谱。电子攻击通过探测、
阻止、扰乱、欺骗和摧毁来实现,其中最主要的是探测。电子攻击包括用高速反辐射武器直接
攻击和主动使用箔条、曳光弹、噪声干扰、欺骗干扰和一次性使用的小型干扰诱饵以及电磁能
或定向能武器(激光、射频武器、粒子束等)。电子辐射控制和低可观测技术则属于电子攻击的
被动运用。电子攻击以往称为电子对抗措施(ECM)。

电磁干扰和对敌防空压制(SEAD)也属电子攻击的范畴。

电磁干扰是以阻止或削弱敌军有效使用电磁频谱为目的的电磁能有意辐射、再辐射或反
射,其意图是削弱敌军的战斗力。早期的电子战工作主要是对敌军雷达进行电子干扰,以掩藏
己方飞机的数量和位置,并降低敌军雷达控制武器的精度。而现在则是通过干扰敌军传感器
来实现。

2. 电子防御

电子防御包括在敌军使用可以削弱、压制或摧毁己方战斗能力的电子战时为确保己方有
效地使用电磁频谱而采取的各种行动。电子防御包括无线电电台的频率捷变和改变雷达脉冲
重复频率等。电子防御和其他安全措施的综合运用可以防止敌军对己方的探测、阻止、扰乱、
欺骗或摧毁。电子防御是防御性信息对抗的组成部分,需要合理地纳入到信息作战行动中。
己方部队对先进技术的依赖需要电子防御安全措施。合理的频率管制是防止产生对己不利影
响(如干扰己方部队等)的一个关键要素。许多成功的电子防御措施产生于装备的设计和采办
期间。电子防御以往称为电子反对抗措施(ECCM)。

3. 电子战支援

电子战支援包括雷达告警接收机、通信情报和电子情报等。

电子战支援是指对有意和无意辐射源与电磁能进行搜索、截获、识别和定位以实现威胁识别的各种活动。指挥官、机组成员和操作员可通过电子战支援提供近实时信息，以补充来自其他情报源的信息。电子战支援的信息可以同其他情报、监视与侦察的信息进行相关，从而更为准确地提供战场态势信息。这种信息可以成为态势感知的电子战斗序列（EOB），也可以用于研究新的对抗措施。电子战支援数据能够用于产生信号情报，包括通信情报和电子情报。因此，电子战支援能有效阻止敌军使用电磁频谱，同时确保己方使用电磁频谱提供所需要的信息。电子战支援可对电子战作战行动和其他战术行动（如威胁规避、目标瞄准和寻的等）立即做出决策。它具有无源的特点使其在和平时期可以得到有效的运用。电子战支援以往称为电子支援措施（ESM）。

2.2.4　电子战的作用

电子战通过探测、阻止、欺骗、扰乱和摧毁相结合的方式在整个电磁频谱中进行控制和使用。电子战的作战运用并不限于有人驾驶飞机，也适用于从地面到空中的有人驾驶飞行器和无人驾驶飞行器。倘若能合理运用电子战以控制电磁频谱，就可以获得优势，但如果未予以综合考虑错误地使用电子战，则会增加己方部队的危险。比如干扰时间选择不当可能会导致己方把注意力集中到另外一支不相干的部队上或妨碍己方部队使用该频段。错误的或不当的雷达告警接收机可能会导致采取不恰当的回应。只有灵活使用探测、阻止、欺骗、扰乱和摧毁才是合理运用电子战。

1. 探　测

探测是采用有源手段和无源手段对电磁环境（包括雷达/无线电频率、光电/激光和红外等）进行监测的行动，这是电子战的第一步。因为有效描述电磁环境，对于确立准确的电子战斗序列是必不可少的。电子战斗序列对于电子战的决策和使用电磁频谱来实现任务目标是至关重要的。各种探测手段包括机载接收机、天基系统、无人航空器（LAV）、人工情报（HUMINT）和情报监视与侦察系统。探测能支持电子攻击、电子防御和电子战支援并规避已知敌对系统。无法规避时，阻止、欺骗、扰乱或摧毁敌军电子系统也都要用到探测。

2. 阻　止

阻止即控制敌军或敌方接收信息，防止敌军获取准确的己方信息。阻止可以通过传统的噪声干扰技术阻塞敌军通信系统信道或雷达显示来实现，也可以通过更为先进的电子欺骗技术或摧毁性措施来实现。

3. 欺　骗

欺骗就是对敌军进行扰乱或误导。电子战的一个目标是通过电磁频谱切入敌军的决策环路，使其难以辨别真伪。若敌军依赖电磁传感器收集情报，就可以向这些系统注入欺骗性的信息，使其产生误导或混乱。欺骗性干扰应尽可能多地模仿敌军信息源，以达到理想的目的。多传感器欺骗可以增加敌军对那些感觉上"似是而非"的欺骗行动的信任度。电子欺骗行动由军事欺骗军官协调，在欺骗计划、信息作战行动计划和整个战役计划的全过程中都要考虑电子欺骗的问题。作战保密（OPSEC）对欺骗计划的有效实施极为关键。

电磁欺骗是采用某种方式有意辐射、再辐射、替换、压制、吸收、阻止、增强或反射电磁能，其意图是向敌军或敌军依赖电磁的武器传送错误信息，从而削弱或阻止敌军的战斗能力。欺骗干扰机/发射机能在敌军雷达显示器上产生假目标，或引导敌军雷达错误地测量目标速度、距离或方位。这种干扰机/发射机的工作方式是接收到敌军雷达的能量脉冲后，对其进行替换，再把替换信号传给敌军的雷达。

电磁欺骗的类型有伪装式电磁欺骗、模拟式电磁欺骗和冒充式电磁欺骗。

① 伪装式电磁欺骗：是为避免暴露或向敌军传递假信号而采取的行动。如通过发射模拟的敌军系统信号使敌军传感器接收这些模拟信号，并作为真实情况进行记录，从而误导敌军。低可观测技术是伪装式电磁欺骗的一种无源方式。无源伪装是电磁欺骗的一种无源方式，它通过无源伪装或阻止威胁系统使其无法接收正确的回波脉冲，改变航空航天飞行器的可感知范围。电磁欺骗可以使用通信或非通信信号传递误导敌军的信息，使敌军的情报和电子战部队失去作用。伪装式电磁欺骗可误导敌军的电子战支援和电子攻击资源，从而使己方通信几乎不出现问题。在这种应用场合，伪装式欺骗就是一种电子防御技术。

② 模拟式电磁欺骗：是模拟友军和己军以误导敌军的行动。模拟式电磁欺骗包括采用箔条模拟假目标使敌军产生有大型攻击编队的错觉，或采用干扰机发射欺骗干扰，误导敌军目标跟踪雷达，使其不能发现目标的真实位置。

③ 冒充式电磁欺骗：是将电磁能引入敌军系统，冒充敌军的发射。敌军的任何接收机都可以作为冒充式电磁欺骗的目标。这种欺骗方式可用于掩护己方作战行动。如采用转发式干扰技术冒充敌军雷达脉冲就是这种欺骗的一个例子。敌军跟踪雷达接收到这些脉冲以后，就会把错误的目标信息输入其系统。

该类欺骗的其他例子包括红外特征伪装欺骗和使用反射器、应答器或转发器再辐射的雷达欺骗，以及通过烟雾剂等伪装电磁频谱光区的光学欺骗。这些技术可以单独使用，也可以组合使用。一般情况下由电子战欺骗计划决定使用何种电磁手段来误导敌军，为己方创造优势。

4. 扰　乱

扰乱就是削弱或干扰敌军指挥控制，从而限制敌军战斗能力。扰乱可以通过电子干扰、电子欺骗、电子入侵和摧毁来实现。这些手段将增强对敌军的攻击能力，发挥兵力增强器的作用。

5. 摧　毁

摧毁在电子战领域里是指消除敌军部分或全部电子防御能力。摧毁是最为有效的对抗措施。目标跟踪雷达和指挥控制设施都是引人注目的目标，因为摧毁目标跟踪雷达和指挥控制设施可大幅削弱敌军的战斗效能。摧毁需要确定目标的准确位置，可以通过有效应用电子战支援措施来实现。机载接收机和测向设备可以确定目标的位置。敌军电磁系统可以通过各种武器和技术进行摧毁，包括从常规弹药的炸弹到强辐射和高能粒子束等。对敌军电磁设备的摧毁也许是阻止敌军使用电磁频谱最为有效的手段。电子战摧毁的一个例子就是采用高速反辐射导弹对付敌军雷达。

2.2.5　其他因素

1. 电子战中的定向能

定向能是一束集中的电磁能、原子粒子束或亚原子粒子束。定向能战（DEW）是指利用定向能武器、装置或对抗措施直接损伤或摧毁敌军装备、设施和人员，或通过损伤、扰乱及摧毁来确定、利用、削弱或阻止敌军使用电磁频谱的军事行动。定向能战还包括为保护己方装备、设施和人员、己方使用电磁频谱而采取的行动。定向能的应用包括激光、射频和粒子束。定向能可用于实施电子攻击、电子战支援或电子防御。例如：设计用来致盲或扰乱光学传感器的激光属电子攻击；设计用于探测和分析激光信号的告警接收机属电子战支援；设计用于对激光有害波长进行过滤的装置则属电子防御。

2. 敌军能力

指挥官必须了解己方的电子战能力和潜在敌军的电子战能力。任务计划的制订依赖于准确的信息。新技术武器系统的数量每年都在增加。潜在敌军认识到美国对电子化的通信和武器系统有极强的依赖性。因此，一些潜在敌军在组织上做好了攻击美军关键武器系统控制功能和相关通信节点的准备。许多国家已通过各种途径购买了功能强大的现代武器系统，而恐怖分子也许获得了杀伤力极高的高端武器。为了应对这种情况，指挥官及参谋人员应当熟悉所有潜在敌人这类武器的部署和电子战能力。

3. 作战要求

电子战参与的等级总是取决于任务的具体要求，应根据任务进行调整。作战目标、战术态势、作战系统的效能和可用性以及当前国内和国际政治气候，都决定着军事资源的合理运用。制订电子战计划并不是简单地为某项任务自动增加干扰吊舱或护卫设备。为达到预期目标，每项任务都可能对电子战提出特殊要求。指挥官及参谋人员必须将威胁和可用于支持电子战的资源进行综合考虑。

4. 情报、监视与侦察

军事行动成功的关键在于军事指挥官通过对近实时信息与某一阶段收集的长期作战、科学和技术情报信息的汇总，透彻了解敌军的能力。必须了解敌军规划内的军事能力以避免措手不及，了解己方能力对有效地制订计划同样非常重要。判定敌军意图需要准确的情报，这种情报必须及时传递给用户。众多监视和侦察系统正在为各种电子数据库收集数据，这是有效运用电子战所必需的。人工介入管理监督的先进处理与运用系统可将数据转换成可用情报，而能经得住核袭击的通信栅格会把情报传给用户。电子战与所有军事行动一样，对情报要求的规定和管理至关重要。

5. 环境条件

自然环境也影响着电磁频谱的使用，并且在整个频谱上都会受到影响。多云、高湿度和灰尘可以降低工作在红外和光学波段内的各种系统的性能，大气条件可以使雷达信号产生畸变，导致跟踪误差，加大探测距离或在雷达覆盖范围内形成"无信号区"。大雨也会影响微波的传输。甚至太阳和大气层外的扰动都会在雷达和卫星链路中产生射频干扰。对环境条件进行预测的技术人员可以利用或避免这些影响，以形成己方对敌方的优势。

电子战可通过有效运用探测、阻止、欺骗、扰乱、摧毁并及时提供情报，通过在关键时刻扰乱敌军使用电磁频谱以增强己方的作战能力，同时确保己方对电磁频谱的持续使用。各种电子战技术的协同运用能够严重扰乱敌军的一体化防空系统、武器系统和指挥控制系统。干扰、箔条和诱饵能削弱敌军发现、确定、跟踪、瞄准和交战的能力，而幸存下来的雷达制导武器系统将在电子战环境下丧失部分效能。总之，合理运用电子战可以大大提高作战成功率，系统限制敌军获取已方兵力调动和部署的信息,引起敌军混乱。对敌指挥控制系统进行干扰可以削弱敌军的决策和部署过程。敌军集中控制与使用其兵力则为电子攻击提供了机会。

对敌防空压制(SEAD)是指利用摧毁性和/或扰乱性手段压制、摧毁或暂时降低敌军地基防空能力的活动。对敌防空压制作战行动的目的是使已方战术部队有效地执行其任务而为其提供一个不受敌防空系统电磁影响的环境。在联合出版物条令中,对敌防空压制并不属于电子战中的一部分,它是一个涵盖面更宽泛,甚至包含电子战运用的术语。在空军条令中,对敌防空压制是反航空兵作战任务的一部分,并直接有利于夺取空中优势。对敌防空压制可使用电磁辐射来压制、削弱、扰乱、延缓或摧毁敌军一体化防空系统(IADS)中使用的相关电磁频谱。在敌对期间,敌军防空系统很可能对已方的空中作战行动构成威胁。这时就需要使用对敌防空压制武器系统对敌军的机载和地基辐射源进行定位、削弱、压制或摧毁。对敌防空压制的目标一般包括预警/地面控制截获、捕获、地空导弹和高炮威胁雷达。通过运用对敌防空压制作战行动可以加强空军的功能。

2.3　电子战的信号环境

2.3.1　电子战的领域与扩大

电子战是一个技术分支很多、范围很广的技术领域。

从电子战的对象来分,有通信战、雷达战、导航战、制导战、计算机战、对敌我识别系统的对抗、对无线电引信的干扰以及对 C^2(C^2 是指挥、控制二词英文缩写词头)系统的对抗等。信息化战争概念出现之后,将导航战、制导战(导弹战)与计算机战归纳到信息化战中。C^2 系统是20 世纪 90 年代发展起来的指挥、控制结合在一起的新系统。

从电子战的频域上分,有射频战、光学战和声学战三个领域,而且在每个领域上,电子战的范围都在扩展。

1. 射频战

射频是通信、导航、雷达、制导等设备工作的主要频段。其中雷达工作频段跨米波、分米波、厘米波和毫米波四个波段。雷达工作的频段也是雷达战的频段。

2. 光电战

光电战包括红外战、电视战和激光战等分支,主要用以对付红外探测、夜视设备和激光雷达,以及用红外、电视、激光制导的武器系统。

光波也是电磁波,光电战实质上是射频对抗向着更高的电磁频段的发展。光电战是近年来发展最快的电子战领域。

3. 声学战

声学战也称水声战,是指海下的电子战。在辽阔的海洋里,潜艇、舰船或新型鱼雷主要靠声学探测设备来发现目标和跟踪目标。水声战则是专门用来对声学探测设备(声呐)进行侦察和干扰的措施。声学战还包括对潜艇、舰船航行时所发出的噪声的侦听和跟踪以及对其航迹的探测。水声战是现代海军极其重要的电子战领域。

4. 新概念武器的对抗

新概念武器包括远定向能高速动能武器、高超声速武器、计算机病毒、基因等武器。定向能中的高能激光与高能电磁波武器、计算机病毒已用于战场，并取得了良好的效果。新概念武器是现代高技术战争与未来信息化战争的主要武器之一，是发展方向。

5. 太空电子战

太空将是电子战的主要战场，是电子战的制高点。

6. 导航电子战

导航对抗属于太空电子战范畴，它以卫星的导航战为主要内容。

从空间范围来看，电子战不仅在地面、海上、空中、水下经常性、大规模地进行，而且卫星、反卫星、洲际导弹和反导弹的斗争，促使了空间电子战迅速发展成为太空电子战。太空是未来的主要战场。

目前，卫星已经广泛地担负着战略通信、精确导航和侦察任务，它不仅是重要的军事情报来源，而且是今后战争中战略通信指挥和武器控制的重要手段。用卫星作为进攻性武器（如卫星轰炸系统等）也正在研究中。在反卫星的斗争中，电子对抗措施可以发挥重要的作用，如干扰卫星的发射，干扰其遥控遥测系统，使其失控、变轨、自爆，并干扰卫星上的信息系统，使之饱和或破坏其正常工作程序等。

对战略导弹突防过程中电子对抗技术的研究业已达到成熟阶段，例如，减小再入体雷达的有效反射面积和改变其目标反射特性的研究，假目标、雷达诱饵及消极干扰丝投放技术的研究，以及在外层空间利用投掷式干扰机以掩护真弹头的技术研究等。

2.3.2　电子战的信号环境概述

电子战的信号频率范围非常广，从超低频 $3\,kHz$ 光谱一直到紫外光，如图 2.3 所示。

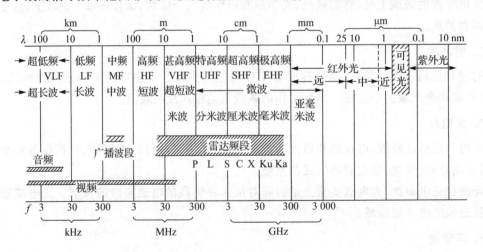

图 2.3　电磁波频谱图

2.3.3　现代电子战环境的特点

电子战的信号环境与雷达的信号环境不同。雷达的信号环境包括目标、环境回波以及人为的有源与无源干扰所产生的信号。雷达工作在窄波束、窄频带工作,它所收到的信号除目标回波外还有环境杂波(如地物杂波、海浪杂波等)、人为的干扰信号以及同频率的雷达信号。雷达是在这些干扰的背景下提取目标回波信号的。电子战的信号环境是由各种辐射源所形成的。电子战设备通常在宽频带和宽空域下工作,要随时截获各个辐射源的信号并进行分析和识别,进而判断所受到的威胁。所以电子战信号环境随着辐射源数量日益增多而日臻复杂。

现代电子战信号环境与过去(20 世纪 50 年代及以前)的电子战信号环境不同。那时,辐射源数量不多,工作频率不变或慢变,工作时间长而且信号波形及参数不变,雷达和通信、导航各在不同频段上工作,信号形式也有明显差异。这样,电子战接收机可以采用窄的波束、窄的频带进行宽范围的搜索,从而对各辐射源的信号分别进行处理。

现代电子战信号环境的特点是:

① 辐射源的数量日益增多,飞机或军舰上的电子战设备可能受到数十甚至上百个辐射源的照射,因而信号密度大(可达百万脉冲数/秒)。

② 辐射源的体制多样,波形复杂多变。

③ 辐射源的工作频段在不断增宽,而且不同辐射源(如通信、导航、雷达、制导系统)的工作频段在越来越宽的范围上重叠。

④ 基于以上原因,信号源在频域上拥挤,在时域上密集而且交叠在一起。

⑤ 制导武器的大量使用使得电子对抗信号环境中潜在的威胁在数量上和严重性上日益增大,要求电子战系统必须快速、不间断、高可靠性地进行信号处理,特别要实时地确定并测知威胁信号。

概括地说,现代电子战信号环境的特点是密集的、复杂的、交错的和多变的。面对这样的信号环境,电子战系统要对每个信号实现 100% 概率的截获,并将每个辐射源的信号分选出来进行分析和识别,的确是十分复杂且艰巨的任务。

2.3.4　电子战信号环境的定量描述和参数范围

设计电子战系统时,其性能指标需要根据现代电子战信号环境来确定;评价一部现有的侦察干扰设备的性能,能否适应今后电子战的信号环境,都需要对信号环境进行定量的描述,以便得出能够表征信号环境特点的参数。

电子战接收机在信号环境中所截获的信号包括两类信息(或情报),一类是电子信息(ELINT),一类是通信信息(COMINT),有时也把两者合起来称为信号信息(SIGINT)。通信信息和电子信息两者在信号形式上以及信号处理技术上都有很大的不同。对通信信号处理的主要目的是得到通信内容,通信信号大多是连续波信号,而且通信系统多是窄带工作,因此常以电台的拥挤程度即频域上的密集程度和调制的多样性来表示信号环境的复杂性。

电子信息是指雷达、导航、制导等系统发射的信号所包含的信息,用于探测、定位和控制。所以电子信息也称为非通信信息。电子信息的信号形式通常是一个接一个的脉冲信号流,这也是雷达对抗要处理的信号形式。

用来定量描述电子信息信号环境的主要参数有信号密度及其分布、辐射源数量、频率范围、信号的形式及其参数范围、威胁等级等。

1. 信号密度及其分布

信号密度是指接收点随机信号流的每秒平均脉冲数。

信号密度这一参数表明信号环境在时域上对电子对抗系统所提出的要求。因此,它对电子战接收机的性能设计(能否接收高密度信号),对信号处理系统的速度和容量的要求来说都是一项重要参数。

造成高密度信号环境的直接原因是辐射源数量的日益增多。辐射源的数量又与所在地区的位置有关。据报道,现代高密度电子战的信号环境,例如中欧地区,大约包含 1 600 个辐射源,它们每秒平均发射 120 万~200 万个脉冲。

空间的信号密度和进入电子战系统的信号密度是有区别的。同样的辐射源构成的信号环境,对于高灵敏度接收系统,由于它可接收各种微弱信号,故进入系统的信号密度就高;对于低灵敏度接收系统,由于它只能接收较强的或较近的信号,故信号密度就低得多。

雷达、制导等系统多工作在微波波段,受地面影响及地球曲率的限制,低空及地面的信号密度小,而高空的信号密度大。因此,地面及舰载电子战系统的信号密度就比机载系统的低得多。

信号密度与接收机灵敏度及高度之间的关系如图 2.4 所示。这是在东、西德交界地区高密度非通信信号环境中进入系统的信号密度与接收机灵敏度、系统的位置高度之间的关系。可以明显地看出,当接收机灵敏度较低(−70~−60 dBm)时,进入接收系统的信号密度随着灵敏度的增高而迅速增高,信号密度主要取决于灵敏度;当接收机的灵敏度范围为−106~−70 dBm 时,进入系统的信号密度既与灵敏度有关,又与高度有关;当接收机灵敏度更高时,则进入系统的信号密度主要与高度有关,也就是说,主要取决于空间的信号密度。从图中还可看出,当高度低于 300 m 时,由于空间的信号密度不高,即使是灵敏度很高的接收系统,进入系统的信号密度也不超过 6×10^4 个脉冲/秒。对于地面系统,其信号密度还会低些,例如只有 $(1 \sim 2) \times 10^4$ 个脉冲/秒的量级。

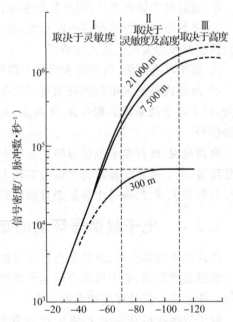

图 2.4 典型的高密度非通信信号环境
(东、西德交界区)

影响进入电子战系统信号密度的另外 3 个主要因素是该系统的频段、频率范围和天线的方向性。进入窄波束系统的信号密度比起全向系统的要低得多。假设来自各个方位的信号基本上是均匀的,则窄波束系统的信号密度要比全向系统的低 $\theta_r/360°$(θ_r 为侦察天线的波束宽度)。同样,窄带系统的信号密度也要比宽带系统的低一个带宽比的量级。

基于以上所述可以认为,信号处理系统所面临的信号密度其典型值为:

① 全频段(0.1~40 GHz)、全向 ESM 系统,信号密度可达 $(50 \sim 200) \times 10^4$ 个脉冲/秒。

② 宽开的天线/接收系统的自卫系统(飞机、舰船自卫)的信号密度为 $(20 \sim 50) \times 10^4$ 个脉冲/秒。

③ 窄带、窄波束的搜索系统,信号密度一般不超过 $(1 \sim 2) \times 10^4$ 个脉冲/秒。

④ 地面的战术侦察系统的信号密度一般不超过(2~3)×10⁴ 个脉冲/秒。

2. 辐射源数量

辐射源数量虽然与信号密度紧密相关,是形成高密度信号环境的直接原因,但人们仍常把辐射源数量作为表征信号环境的一个参量。

辐射源数量在设计电子对抗系统的数据库及确定显示终端的容量时都是应当考虑的指标要求。同时,用辐射源数量直接表示电子战系统所受到的威胁,对指挥员的战斗指挥来说是很直观、方便的。

设一个战区的辐射源数量为 N,则信号密度(按最高值估计)为 $N\bar{F_r}$,$\bar{F_r}$ 为各辐射源平均脉冲重复频率。

雷达的重复频率 F_r 范围一般为 100~10 000 个脉冲/秒。警戒、引导雷达的 F_r 较低,一般为几百个脉冲/秒;跟踪、火控雷达的 F_r 较高,通常为 1 000~2 000 个脉冲/秒;弹上雷达还要更高。所以机载、舰载自卫电子战系统的 F_r 可取 1 000~2 000 个脉冲/秒。这样对于信号密度为 10^5 个脉冲/秒来说,就相当于 50~100 个辐射源的威胁。

辐射源的数量与战区、作战对象以及目标性质有关。据有关资料预测,在机械化的师对师的战斗中,在 1 000 km² 范围内,辐射源数量在 500 MHz 以下频段里的有 485 个,在 1~2 GHz 频段内的则只有 6 个,在 8~20 GHz 内的有 40~50 个。这说明,在战区中雷达频段(1~20 GHz)里的辐射源数量是不多的;但对于高价值目标(例如军舰)来说,它们面临的辐射源(包括反舰导弹)就会很多。

例如:美舰载电子战系统 AN/SLQ - 32 的频率范围为 0.5~18 GHz,全方位,能同时对付 80 部雷达(包括 F_r 很高的弹上雷达)的威胁,可在(8~10)×10⁴ 个脉冲/秒的信号密度下工作;英国 Cutlass 舰载电子战系统的频率范围为 1~18 GHz,全方位,它能工作在 50×10⁴ 个脉冲/秒的信号密度下,能处理连续波、频率捷变、重频抖动等复杂雷达信号,程序库可存 1 000 个辐射源参数,显示器的处理器可存 150 个实时测得的辐射源参数。

3. 频率范围

信号环境的频率范围是电子对抗接收机必须截获的所有辐射源的频率范围。

一个机载自卫的 ESM 系统当前需要面临频率范围为 2~18 GHz 的信号环境。因为它要对付的地面雷达、空中雷达、地空导弹雷达、空空导弹雷达的工作频率基本上都在此频率范围之内。

舰载电子战系统的频率范围应为 1~18 GHz 或 0.4~18 GHz。它要对付舰上、岸上、空中的雷达及舰舰导弹、空舰导弹上的雷达。

随着雷达技术的发展,电子战的频率还应向更宽的范围扩展,目前应在 0.1~40 GHz,而且是瞬时截获的频率范围。这一频段从米波、分米波、厘米波直到毫米波段。

4. 信号形式及参数范围

现代电子战信号环境的另一重要特点是其信号形式的复杂性。能否处理复杂信号是一个电子对抗系统性能优劣的重要标志。

电子战信号环境中信号形式的复杂性来源于雷达技术的发展和体制的增多。电子对抗对信号形式的分类主要着眼于所截获的信号在信号处理过程中的特点,而不是以雷达自身的特点来分类的。通常,将电子战信号形式分为常规信号和复杂信号两类。

常规信号指的是频率、脉冲宽度、重复频率都不变的脉冲群信号。这里所说的频率不变是指在信号处理的取样时间里同一雷达的各脉冲频率不变,所以机械跳频的雷达信号就可看作为频率不变的信号。不同体制的雷达,例如圆周扫描的警戒雷达,扇扫的测高雷达,圆锥扫描、单脉冲制的跟踪雷达,边扫描边跟踪雷达,只要其信号参数不变,都属于常规信号。它们的不同之处只表现在脉冲参数及天线调制上。

以下是一些常见的信号类型:

① 重复周期(PRI)变化的脉冲信号(包括规律变化和随机跳变)。

② PRI 参差的信号(有固定关系的几个重复使用的脉冲列)。

③ 脉码、脉冲串信号。

④ 频率捷变(脉间跳频)。

⑤ 组间频率跳变(每一脉冲组频率相同,并在脉冲组间进行周期性、多频率的跳变)。

⑥ 脉内调频(脉冲压缩信号,线性或非线性调频)。

⑦ 脉内调相(脉冲压缩信号,在宽脉冲内改变每个子脉冲的相位)。

⑧ 频率分集(脉冲参数不变,同时多频率)。

⑨ 频谱扩展信号(信号占据很宽频谱而幅度很小)。

⑩ 非正弦载波信号(噪声雷达、沃尔什波形雷达、冲击脉冲波雷达等)。

复杂信号增加了电子战信号处理的复杂性和难度,对处理系统的精度、速率以及处理机的字长、容量都将提出很高的要求。

主要信号参数范围如下:

① 脉冲宽度(PW):$0.2 \sim 300\ \mu s$。精密跟踪雷达常采用很窄的脉冲,脉冲压缩雷达的脉冲很宽,由几十微秒到几百微秒。

② 脉冲重频(PRF):$100 \sim 100\ 000$ 个脉冲数/秒。远程警戒雷达 PRF 低,脉冲多普勒雷达常取几十至几百千赫的脉冲重复频率。

③ 频率捷变的跳变量为中心频率的 $5\% \sim 15\%$,其绝对跳变频率量为 $200 \sim 500\ \text{MHz}$,捷变速度可达 $1\ \text{MHz/ns}$。

5. 威胁的紧迫性(威胁等级及响应时间)

威胁的紧迫性是现代电子战信号环境的另一重要特点,它对电子战系统信号处理速度和识别的可信度提出了更高的要求。

现代火控系统、导弹大大提高了其速度和杀伤威力,要求电子战信号处理系统必须具有很快的响应速度和很高的识别可信度。

响应速度(响应时间)是指电子战系统在信号密度高、复杂性强、具有大量威胁的环境中快速确定各个辐射源的属性和威胁等级所需要的时间。目前,对电子战系统的响应速度的要求为 $1 \sim 2\ s$。响应时间应根据电子战系统要应对的武器系统的战术技术性能经计算来确定,例如舰载电子战系统就应根据反舰导弹的最终末段威胁来计算。

2.3.5　随机信号流的统计特性

对电子战信号环境,除了要研究它的数字表征及参数范围,以便确定电子战系统的战术技术指标,还需要研究随机信号流的统计特性,以便进而研究电子对抗信号处理的过程,确定信号处理系统应具有的性能和构成。

随机信号流是很多雷达信号随机叠加的结果。一部做圆周扫描的警戒雷达在侦察接收机输出端的信号流是以雷达天线扫描周期为间隔的规则脉冲群,如图 2.5(a)所示。多部雷达的信号在侦察接收机输出端的信号流如图 2.5(b)所示,这是各雷达的规则脉冲列波随机叠加的结果。

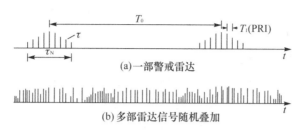

(a)一部警戒雷达

(b)多部雷达信号随机叠加

图 2.5　侦察接收机输出端的信号流

由排队论可知,只要随机信号流是平稳的、普通的和无后效的,这种随机信号流便称为最简单流,即泊松(Poisson)流。

实际上,当有 4~5 部非同步的规则脉冲列叠加起来,就可足够准确地形成一个最简单的信号流。这种信号流的平均信号密度与时间无关(即为平稳流),在一个小的时间间隔内同时到达两个及两个以上信号脉冲的概率比只到达一个脉冲的概率低很多,可以忽略不计(即普通性)。在不相重叠的时间段内,是否有信号脉冲到达是无关的(即无后效性)。

最简单流在指定的时间内信号到达的概率服从泊松分布,即在时间 τ 内到达 n 个脉冲概率 $P_n(\tau)$ 为

$$P_n(\tau) = \frac{(\lambda\tau)^n}{n!} \mathrm{e}^{-\lambda\tau}$$

式中:λ 为信号密度,即单位时间内的平均脉冲数。

2.4　电子战运用与装备发展趋势

第二次世界大战后,随着电子技术、光电子技术、航空航天技术、导弹技术以及火控技术和计算机技术的飞速发展,以光电和雷达控制的精确制导武器开始投入战场使用,C^3ISR 系统成为统率战场上一切活动的"神经中枢",促使战争形式发生重大变化。由于这些高新技术在战争中显示出巨大的威力,促进了电子战的全面发展,电子战从第二次世界大战的战役、战斗保障手段,逐步发展成为现代高技术战争的一种攻防兼备的双刃"杀手锏",这已经为几场局部战争所证实。

2.4.1　电子战运用

1. 越南战争中电子战运用

在 20 世纪 60 年代的越南战场上,美空军电子战进入了一个新高潮。美国空军电子战的发展有下列几个重要特点:

① 重点加强作战飞机的自卫电子战能力;

② 大力发展专用电子干扰飞机;

③ 光电对抗的兴起扩大了电子战新领域;

④ 反辐射导弹开始成为电子战领域中的一支生力军。

越南战争表明,执行空袭的飞机,如果没有一种有效的对敌防空压制系统,就难以完成突防任务。为此美空军研制出 AGM－45"百舌鸟"反辐射导弹,并组建了特种航空兵部队,专门用反辐射导弹为其他战斗、轰炸机群提供掩护,也可以直接攻击带辐射源的目标。这种导弹在越南战争中发挥了突出的作用。

2. 贝卡谷地之战的电子战运用

1982 年 6 月,以色列发动空军袭击叙利亚防空导弹阵地,并与叙利亚战斗机展开大规模空战,这就是著名的贝卡谷地之战。在这场战争中,以色列运用了一套适合于现代战争的新战术,把电子战作为主导战斗力要素,以叙利亚的 C^3I 系统和 SA－6 导弹阵地作为主要的攻击目标,实施强烈电子干扰压制和反辐射导弹攻击,致使叙利亚 19 个地空导弹阵地全部被摧毁,81 架飞机被击落,而以色列作战飞机则无一损失,创造了利用电子战遂行防空压制而获得辉煌战果的成功战例。在这场战争中以色列电子战应用的特点如下:

① 战前组织周密的电子情报侦察;

② 采用巧妙的电子战战术;

③ 采用多种自卫电子战手段。

3. 美、利冲突中电子战运用

1986 年 3 月在美国对利比亚实施的"草原烈火行动"中,电子战更为激烈。美国组织了"美国"号、"珊瑚海"号、和"萨拉托加"号三个航母战斗群,在第 6 舰队司令凯尔索中将指挥下对比利亚进行"外科手术式"的突袭。美国海军空军电子战使用战术的特点如下。

① 建立多层次、全方位的电子战侦察、预警、控制网;

② 综合运用多种电子战手段,使利比亚雷达迷盲、指挥失灵、导弹失控;

③ 利用雷达告警避开利比亚防空导弹的攻击。

4. 海湾战争中电子战

如果说在 2.4.1～2.4.3 小节中所述的几场局部战争中,电子战作为重要作战手段在战争中发挥了突出的作用,那么在 1991 年初爆发的海湾战争中,电子战已发展成为高技术战争的重要组成部分。在这场战争中,电子战运用特点表现如下:

① 以悄声的电子情报战作为战争的先导和序幕;

② 以 C^3I 军事信息系统和精确制导武器为目标实施全面电子进攻;

③ 以隐身飞机担任空中首攻任务;

④ 利用高功微波弹头和计算机病毒干扰、破坏伊拉克的防空系统。

5. 北约对波黑塞族空袭中的电子战运用

1995 年 8 月 30 日至 9 月 14 日,北约对波黑塞族发动了称为"精选力量行动"的空中打击。这次空袭是北约成立以来和继海湾战争之后规模最大的空袭行动。北约共出动各种作战飞机共 3 500 架次,以及美国"诺曼底"巡洋舰发射的"战斧"巡航导弹,攻击选定的共 344 个瞄准点的塞族军事目标(包括雷达站、C^3I 系统、指挥中心、导弹阵地、弹药库、维修中心以及重要的公路、桥梁等),这次空袭行动从作战计划到作战支援和作战协调,均动用了西方国家目前所拥有的最新军事技术和系统,是海湾战争后的又一次带有信息时代战争特点的高技术战争。

在这次空袭中,电子战的应用达到一个新的高度,其作战能力较之海湾战争中的电子战有较大的增强,许多新研制的电子战系统在空袭作战中首次亮相。该电子战的应用特点可以总结如下:

① 组成全方位、多层次、多手段的电子情报侦察网遂行空袭情报保障;

② 用强大的电子进攻力量夺取制空权,支持空袭行动。

6. 伊拉克战争中的电子战运用

2003 年 3 月 20 日打响的伊拉克战争,美英联军以进场不足 10 万人的作战部队——当然还有部署到海湾但未进入伊拉克的 20 多万支援保障部队,仅用 20 多天的时间,就摧毁了伊拉克 20 多万人的作战部队。人类战争从此由工业时代以爆炸威力为主导的动能战正式跨入了知识时代以信息为主导的电子战。其作战手段如下:

① "软制衡"与心理战;

② 电子侦察与情报战;

③ 精确物理摧毁;

④ 军事欺骗;

⑤ 电子战;

⑥ 网络战;

⑦ 特种信息作战。

美伊战争中电子战特点如下:

① 信息优势作用进一步增强;

② 远程精确打击应用更加普遍;

③ 先进 C^3I 系统支持高效联合作战;

④ 数字化部队实战应用;

⑤ 重视心理战应用。

2.4.2　电子战装备发展趋势

随着信息时代的到来,电子信息技术已广泛并将继续应用到各种电子战装备中,从侦察、监视、预警、到通信、指挥、控制,从情报处理到作战决策,等等。未来电子战装备的先进程度将更多地取决于电子信息技术。因此,为了保持军事上的绝对优势,世界各国情报根据本国实际情况,都在调整各自的电子战装备发展战略和发展重点。

1. 大力发展多功能集成电子战装备

现代战争是体系与体系的对抗。随着战场电磁环境的日益复杂,以往的彼此分立、功能单一的电子战装备已无法满足作战的需求。

干扰平台已经或将把雷达干扰、通信干扰和光电干扰集成在一起,从而实现一个平台便可完成对敌方雷达、通信和光电等军用电子装备的干扰,如美军改进的 EA—6B 电子战飞机就是这样一种平台。

许多侦察平台已经把各种传感器集成在一起。如美陆军的情报电子战通用传感器将把通信情报与电子情报侦察模块集成在一起。机载侦察系统将把电子情报和通信情报侦察子系统集成在一起。综合光电告警装备将把可见光、红外光、紫外光和激光告警传感器集成在一起,以弥补单一传感器告警无距离信息的缺陷。

一些作战平台的综合电子战系统将把侦察干扰和反辐射摧毁集成在一起。如美军下一代战斗机的综合电子战系统（INEWS）将把雷达侦察、威胁告警、有源和无源雷达干扰以及光电干扰集成在一起。新一代反雷达飞机 F—6CJ 将把雷达告警装备、有源干扰装备、箔条和闪光弹投放系统、反辐射导弹发射系统集成在一起，从而能完成雷达告警、精确定位、施放干扰及反辐射导弹发射等功能。车载、机载和舰载光电综合防护系统将把光电侦察、告警、干扰系统集成在一起，从而能有效地防御光电制导导弹的攻击。

为适应体系战的要求，世界各国纷纷发展平台综合电子战系统。这种系统将把雷达对抗、通信对抗、光电对抗及其他军用电子装备的对抗系统有机地结合在一起，构成陆、海、空、天一体化，远、中、近和高、中、低空相结合、软杀伤和硬摧毁相结合的区域综合电子战系统。典型的系统如英国马可尼公司研制的多平台综合电子战系统（EWCS），它实质上是一个电子战作战指挥系统，能根据侦察卫星、侦察机、地面侦察站获取的目标信号，在数据库支援下，对威胁目标进行分析、识别、显示与评估，并向有源或无源软杀伤装备和硬摧毁武器下达作战命令。

2．加快发展一次性使用的电子战装备

在隐身对抗环境中，为了避免暴露平台本身，除了尽可能应用小功率雷达干扰机外，还要注重于采用平台外一次性使用有源雷达诱饵，以对付导弹的末制导系统，平台外自卫干扰与平台内的自卫雷达干扰机相配合，既可减轻对平台内雷达干扰机的要求，简化干扰机的结构，又可更有效地提高平台的隐身能力和对抗特殊威胁雷达（如单脉冲雷达）的自卫能力。

目前国外正在研制或装备一次性使用有源雷达诱饵有自由飞行式和拖曳式两类。

自由飞行式有源雷达诱饵有投放式、伞挂式和空中悬停式 3 种形式。投放式有源雷达诱饵，如美国海军研制的"通用一次性使用有源雷达诱饵"Gen－X，由海军战斗机上的标准 AN/ALE－39 和 AN/ALE－47 无源干扰发射器发射到离飞机危险区外一定距离后，按指令搜索雷达目标，如搜索到目标信号，便发射与雷达信号特征非常相似的干扰信号，欺骗雷达制导的导弹。伞挂式有源雷达诱饵，如英国的"海沃"，该诱饵在软件控制下可产生复杂的干扰波形，对导弹末制导雷达实施最佳干扰。空中悬停式有源雷达诱饵，是在截获到来袭反舰导弹的末制导雷达信号后，对信号进行放大，增大功率并转发回去，以欺骗导弹的攻击。

拖曳式雷达诱饵是利用绳缆或光纤等把投放出去的有源雷达诱饵拖曳在离飞机或舰艇一定距离处实施欺骗。典型的机载绳缆拖曳式雷达诱饵如美国 F/A－18 战斗机装备的"先进机载一次性使用诱饵"ALE－50，主要用于对抗地空导弹和控制高炮的单脉冲及脉冲多普勒雷达威胁。机载光纤拖曳式诱饵（FOTD），如美国大功率有源雷达诱饵 ALE－55，该诱饵用于空、海军正在联合研制的"综合防御电子对抗系统"的射频对抗子系统，它不仅能转发威胁雷达的信号，而且能利用飞机上的各种干扰技术发生器产生欺骗信号来诱骗威胁导弹。

3．全面发展无人机电子战平台

进入 21 世纪以来，由于无人机在战场上的诸多优势，其军事价值已为各国军方所公认，发展势头日趋强劲。无人机已从最初的侦察型逐步发展为电子干扰型、反辐射攻击型、战场目标毁伤效果评估型以及集多种电子战功能于一身的多用途电子战无人机。

（1）战场侦察、监视无人机

这类无人机通常可装备雷达侦察设备、通信侦察设备、雷达成像侦察设备以及红外侦察设

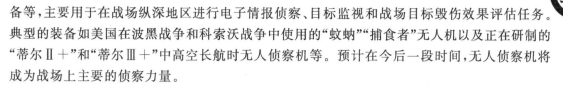

备等,主要用于在战场纵深地区进行电子情报侦察、目标监视和战场目标毁伤效果评估任务。典型的装备如美国在波黑战争和科索沃战争中使用的"蚊蚋""捕食者"无人机以及正在研制的"蒂尔Ⅱ＋"和"蒂尔Ⅲ＋"中高空长航时无人侦察机等。预计在今后一段时间,无人侦察机将成为战场上主要的侦察力量。

（2）电子干扰型无人机

这类无人机主要装备雷达对抗、通信对抗和光电对抗等电子战设备,飞临目标区上空对敌方雷达、通信、光电等军用电子设备执行近距离压制性或欺骗性干扰任务,以掩护己方攻击机群的安全突防。干扰型无人机将成为 21 世纪信息化战场上实施先期防空压制,掩护攻击机群安全突防的重要手段之一。

（3）诱饵型无人机

这类无人机通常在战区前沿利用有源雷达转发器或无源箔条,角反射体等模拟攻击飞机或机群,发挥以下作用:

① 引诱敌方雷达开机和发射导弹,为己方情报搜集、确认已查明的雷达辐射源的位置和配置情况,发现潜在的新威胁雷达辐射源等提供目标指示;

② 模拟大型机群或舰艇编队佯攻,以迷惑敌人,使其防空雷达无法判明敌情;

③ 在攻击机群到达之前,撒放大量无源干扰箔条,使作战空域饱和,干扰和压制敌防空系统。

因此在未来高密度电磁信号环境中,诱饵无人机在支援攻击机群安全突防中有十分重要的作用。

（4）反辐射无人机

反辐射无人机用于对敌防空电子系统进行先期攻击,以压制敌防空,掩护己方攻击机群实施空中打击。反辐射无人机主要由无人机平台、高灵敏度无源探测导引头、飞行控制设备和引信战斗部等组成。典型的反辐射无人机有美国的"默虹"和"勇敢者"200 及德国的"达尔"以及以色列的"哈比"等。

4. 发展空间电子战装备

空间已成为现代高技术战争的一个新的制高点,许多国家纷纷将空间电子战装备列入优先发展重点。

空间优势的争夺将围绕利用空间和控制空间两条主线展开。为了获得制天权,许多国家都在研制反卫星武器,其中美国的"卫星通信干扰系统"已试验成功,并正在加紧研制动能反卫星武器和定向能反卫星武器。空间将由此变为一个新的重要战场。

5. 加强新概念武器的研究

当前,由于军事技术的飞速发展,使军事武器系统产生了革命性的变革,积极进行特殊功能武器的技术开发,探讨能适应未来高技术战争的新概念武器,成为各国电子战建设发展的一个重要内容。从目前发展情况看,正在研制或已经研制还在不断发展完善的电子战新概念武器主要有以下几种类型。

（1）高能激光武器

高能激光武器是指利用高能量密度的激光束毁伤目标的一种新型武器,它具有以光速攻击、反应快、射击精确、隐蔽性好、自动化程度高的优点。为了应对未来高技术局部战争,美国陆海空三军及国防部弹道导弹防御局都在大力发展战区激光反导武器和战术激光防空武器。其正在研制的高能激光武器主要有以下几种：陆军的区域防御综合反导系统、海军的舰载高能激光武器、空军的战区防御机载激光反导武器、弹道导弹防御局的天基"阿尔法"化学激光器。目前，高能激光武器仍处于研制发展之中，尚有许多技术问题或工程问题需要解决，离实战要求还有一段距离。

（2）高功率微波武器

高功率微波指频率范围在1～30 GHz内，发射功率在吉瓦量级以上的微波辐射。高功率微波武器是通过发射高能微波束来毁伤敌方电子设备，用于烧毁武器结构和杀伤作战人员的一类新机理武器系统。到目前为止，各国对高功率微波武器的研制日趋成熟，其主要研制领域是高功率微波定向发射系统和中功率"超级干扰机"。俄罗斯与美国已经研制出了高功率微波发射系统的相关装置，超级干扰机正处在实验室研制阶段，部分装备已开始在现代高技术局部战争中应用。可以预计，高功率微波武器必将成为一种集软硬杀伤和多种作战功能于一身的新型电子战武器。

（3）粒子束武器

粒子束武器是指利用接近光速的原子、电子、质子、离子等高能粒子流毁伤目标的一种定向能武器。高能粒子束武器可击毁高速飞行的导弹，特别适用于应对带核弹头的洲际弹道导弹，能把导弹击毁在外层空间。中性粒子束武器则被认为是未来对付敌方军用卫星的最有效武器。这类武器基本的研制工作仍处于机理探索研究阶段，目前的研制和实验研究也只是原理性的或原型机样，还需要解决许多具体问题，特别是束流控制、点火、定向、传输等。尽管如此，随着当代高技术的迅速发展，在21世纪的战场上粒子束武器可能成为一种高效的防御武器。

习　题

1. 简述电子战、电子对抗的定义的异同。
2. 简述电子战信号环境的定量描述和参数范围。
3. 简述目前世界各国对电子战的运用与电子战发展状况。
4. 简述信息化条件下电子战的主要形式有哪些。
5. 简述网络中心战的弱点。
6. 简述实施信息化战争的需要哪些条件。
7. 假设一个战区部署有跟踪、火控雷达、警戒和引导雷达，思考在区域内哪类雷达数量较多时，该战区的脉冲密度较高？
8. 在某地区上空约6 km高度上有一电子战系统，3部是空管雷达（共155个脉冲/s）、3部气象雷达（9个脉冲/s）和8部港口监视和船舶雷达（共28个脉冲/s）的信号可进入到该电子战系统，请计算进入该电子战系统的信号密度，并分析影响进入电子战系统信号密度的因素。
9. 简述在隐身对抗环境中，为了避免暴露平台本身，可以采取哪些措施来对抗来袭导弹。

第3章　电子进攻之反辐射武器

3.1　概　述

3.1.1　电子进攻的定义

电子进攻(Electronic Attack,EA)是利用电磁能或定向能攻击敌方人员、设施或设备,旨在降低、削弱或摧毁敌方的战斗力。

它是电子战中进攻性作战手段,它应用反辐射武器、定向能武器、电子干扰设备、电子欺骗设备等手段,破坏、摧毁和蒙骗敌方的武器装备、设施和人员,达到降低、抑制和摧毁敌方战斗力的目的。电子进攻丰富和发展了传统电子战中电子干扰的内容,突出了使用反辐射武器、定向能武器对敌方武器装备永久性摧毁的内容,因而电子攻击更具有进攻性。

3.1.2　电子进攻的主要内容

电子进攻包括:反辐射武器(反辐射导弹、反辐射无人机、反辐射炸弹、反辐射炮弹)、定向能武器(高能微波武器、高能激光武器、粒子束武器、等离子武器)、电磁欺骗、电磁干扰,如图 3.1 所示。

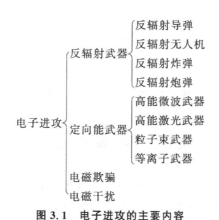

图 3.1　电子进攻的主要内容

3.2　反辐射武器系统的分类

反辐射武器系统分为反辐射无人机武器系统、反辐射导弹武器系统、反辐射炸弹和炮弹武器系统,相对应的反辐射武器分为反辐射导弹、反辐射无人机、反辐射炸弹和反辐射炮弹。其分类如图 3.2 所示。

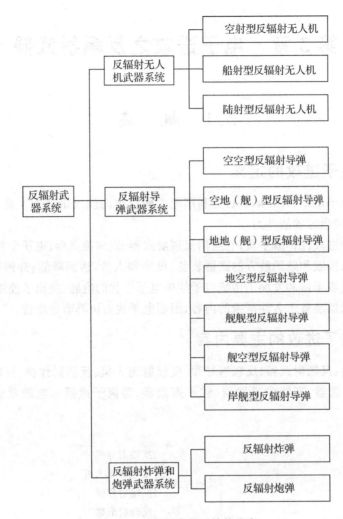

图 3.2 反辐射武器系统的分类

3.3 反辐射导弹

反辐射武器最先产生和发展的是反辐射导弹,因此在论述反辐射武器时,首先论述反辐射导弹的产生与发展,前三代反辐射导弹称为传统的反辐射导弹,它只能攻击传统的雷达。而第四代称为新型的反辐射导弹,之所以称为新型主要是采用新型的宽频带被动雷达导引头,它可攻击新型的 LPI 雷达或脉间波形变换的雷达,可以攻击配有诱饵系统的雷达。

反辐射导弹(Anti-Radiation Missile,ARM)是以敌方的辐射源(雷达)辐射的电磁波信号为制导信息,由被动雷达导引头(Passive Radar Seeker,PRS)将导弹导引到精确末制导的作用距离和跟踪角范围内,由精确末制导精密跟踪,直至命中并摧毁目标辐射源(雷达与载体)的导弹。它是高技术战争乃至将来的信息化战争的主要信息弹药之一,是战争的光导武器。

反辐射导弹的首要部件或关键技术是其导引头,它的性能决定了反辐射导弹的性能,这是因为反辐射导弹依靠导引头实现突防和精确打击。

3.3.1 反辐射导弹的发展与现状

1. 防空武器系统的发展导致 ARM 的产生

自 20 世纪 40 年代初发展地空导弹武器系统到 60 年代仅过去 20 多年,美、苏、英三国就完成了空域上比较完整的防空导弹体系,既可以进行国土和要地防空,又可以进行野战防空和完成海上的点、面防御,给空袭造成巨大的威胁,使敌方难以发挥空中的优势,战斗难以向纵深发展。

实践证明,防空体系的作战效果取决于武器系统中雷达的性能。现代防空火力网中,无论是导弹还是高炮都离不开雷达,雷达是系统中的中枢,是火力网的"眼睛"。雷达担负着对空警戒、搜索发现目标,测试并提供目标参数数据,制导导弹或指挥火炮攻击目标的任务。因此,任何防空武器系统,一旦雷达失去作用,系统得不到任何目标数据,防空火力就失去威力。

因此,破坏防空系统,只要摧毁系统中的雷达便可奏效。破坏雷达有两种手段,一种是使用电子干扰,称为软手段;另一种就是用 ARM 摧毁雷达,称为硬杀伤,它可以在一次战争中永久性地摧毁雷达。ARM 是压制防空系统的最有效的武器。它可以摧毁所谓"水泄不通"的防空体系。所以防空武器的发展,必然导致有效对抗武器——ARM 的产生。

2. ARM 的产生

早在 20 世纪 50 年代,美国就开始研制"乌鸦座"反辐射导弹,但性能很差,很快就停止了研制。

20 世纪 60 年代初,"古巴危机"中,美国为对付苏联设置在古巴的地对空导弹,急需一种专门攻击地对空导弹制导雷达的武器。1961 年 7 月开始研制"百舌鸟"反辐射导弹。它是在"麻雀Ⅲ"空空导弹基础上改进而成的,主要是把制导方式由半主动雷达跟踪改成被动雷达寻的;链条式战斗部改为破片杀伤战斗部;液压轮机改为燃气轮机;半主动式无线电引信和压电引信改为被动式无线电引信,尾翼由三角形改为缺三角。1963 年年初研制成功,随后立即投入生产,1965 年首次用于越南战场。

3. ARM 的发展过程与现状

自 1961 年美国开始研制"百舌鸟"ARM,至今已有近 50 年的历史,大致经历了三个时期:

① 1961—1980 年为迅速发展的时期,在这个时期世界各国都很重视而且大力发展反辐射导弹,但都是研制被动雷达导引头,装配到现有的导弹上,构成反辐射导弹;

② 1981—1992 年为发展先进的反辐射导弹时期,研究、研制专用的先进的反辐射导弹;

③ 1992 年至今为发展新型的反辐射导弹时期,主要是研究、研制新型的多模复合制导的导引头,对付现代的新型雷达和雷达诱饵系统,充分发挥 ARM 在高技术战争乃至信息化战争中的威力。

ARM 已由第一代发展到第四代,下面分别进行介绍。

(1)第一代,20 世纪 60 年代

以美国的"百舌鸟"AGM-45A/B 为代表。由于导引头的覆盖频域窄(由 14 种导引头覆盖整个频段),灵敏度低,测角精度低,命中率低,可靠性差,而且只能对付特定的目标雷达,因此已被淘汰。

（2）第二代，20 世纪 60 年代中后期至 70 年代末

这个时期是 ARM 大发展的时期，由于美国在越南战场使用"百舌鸟"ARM 取得了辉煌的成果，引起了各国军事家和有关学者们的重视，美、英、德、意、苏等国都积极开展了 ARM 的研制，由空地 ARM 发展到地空、地地、空空、舰舰 ARM，在短短的十几年里就研制了 30 多个型号的 ARM。第二代以美国改进的"百舌鸟""标准"ARM 和苏联的"鲑鱼"（AS‐6）ARM 为代表，除了改进的"百舌鸟"以外，它们虽然克服了第一代的某些缺点，即具有较宽的覆盖频域，较高的灵敏度，射程比较远，而且有一定的记忆功能，即有一定的抗雷达关机的能力，并且可以攻击多种地（舰）面防空雷达，但结构十分复杂，体积大，比较笨重，只能装备于大型机种，而且在单个飞机其装备的数量也比较少。因此，到 20 世纪 70 年代末即停止了生产，"标准"ARM 也只是在第三、四次中东战争中用过。

（3）第三代，20 世纪 80 年代至 90 年代初

这个时期是 ARM 继续迅速发展的年代，伴随着 ARM 的发展，出现了反辐射无人机、反辐射炸弹和反辐射炮弹，它们统称为反辐射武器（Anti‐Radiation Weapon，ARW）。

第三代反辐射武器，基本上可分为四类：

第一类，中近程 ARM，以美国的"哈姆"AGM‐88A/B/C/D、"阿拉姆"空射反雷达导弹以及法国的"阿玛特"（Armad）、"星"（Star）为代表。它们的共同特点是：

① 装有超宽频带导引头，其覆盖频域可达 0.4～20 GHz，包含了迄今 95% 以上的防空雷达的工作频段。

② 导引头的灵敏度比较高，对于脉冲信号其灵敏度为−70 dBmW；对于连续波信号其灵敏度为−90 dBmW，而且具有大动态范围和快速（或瞬时）自动增益控制（AGC）。因此使 ARM 可攻击多种雷达和从多个方向进行攻击：既可以攻击波束相对稳定的导弹制导或炮描雷达，又可攻击波束环扫或扇扫的警戒雷达或引导雷达；既能攻击脉冲信号雷达，又能攻击连续波雷达；既能从雷达的主波束进行攻击，又能从雷达的背瓣、旁瓣进行攻击。

③ 导引头分选选择目标能力强。导引头内设置信号分选与选择装置，它采用门阵列、相关联比较器和高速处理器及相应的算法软件，实现了在复杂电磁环境中的实时信号预分选、分选与单一目标的选择。

④ 采用微机控制，即在导弹上装有威胁雷达的数据库和弹道控制软件。因此，具有自主截获跟踪目标的能力和自主控制的能力。一旦在战斗中发现有新的雷达目标出现，只须修改软件就可适应。弹道控制软件与相应的控制、接口电路，可实现导弹或载机不必对准目标就可以发射导弹去攻击各方向上的目标，即可使发射角达到 180°靠导引头转动 180°而自动跟踪目标；还实现了自卫、随机、预编程三种工作方式，大幅度地提高了 ARM 的攻击能力和发射载机本身的生存能力。

⑤ 采用无烟火箭发动机，减弱了导弹的红外特征，不易遭受红外制导型地空和空空导弹的拦截。

⑥ 高弹速。ARM 的速度达到 $3Ma$ 甚至 $4Ma$，增强了突防能力。

⑦ 采用复合制导。采用被动雷达寻的与惯性导航复合制导或被动雷达寻的复合毫米波主动、红外成像或激光制导，提高跟踪精度和提高抗干扰能力及命中率。

第二类，远程 ARM，以俄罗斯的"AS‐12"、美国的"波马克"、瑞典的"机器人"（RB‐04）为代表。它们的突出特点是：

① 高灵敏度。灵敏度在 −90 dBmW 以上,因此作用距离远,即作用距离在 150 km 以上。

② 高测角精度。可以做到 0.5 (°)/σ 以内,因而命中率高。

③ 采用冲压式发动机。导弹速度高,作用距离远。

俄罗斯的 AS − 12 被动雷达导引头采用最多 1 个倍频程的带宽,针对性很强,它不同于美国的设计思想,美国是采用超宽频带,而且近程,作用距离在 70 km 以下。

第三类,无人驾驶的反辐射飞行器——反辐射无人机。以美国的"默虹""勇敢者200",德国的 DAR,南非的"雷达杀手",以色列的"哈佩"(Happy)为代表。它们的特点是巡航速度慢、亚声速,其他性能特别是被动雷达导引头的性能与近程 ARM 相同。反辐射无人机与近程 ARM 并驾齐驱,互为补充,充分发挥反辐射武器的作用。

第四类,反辐射炸弹(或炮弹)。20 世纪 70 年代末期和 80 年代初期,将 ARM 的思想应用于炸弹(或炮弹),即在炸弹(或炮弹)上安装上比较简易、体积比较小的被动雷达导引头,导引炸弹(或炮弹)攻击目标。以南非的"巴尔布"反雷达制导炸弹为代表。反辐射炮弹以美国正在研制的 81 mm 反辐射迫击炮弹为代表。

(4) 第四代,20 世纪 90 年代中期至 21 世纪初期

这个时期是新型的反辐射导弹的发展时期,它的新型之处就是装配新型的导引头。

新型的反辐射导弹导引头不再是单一的宽频带被动雷达导引头制导模式,而是多模复合制导的导引头。除了具备第三代近程 ARM 的特点以外,新型多模复合制导导引头的突出特点是:

① 具有四超即超高灵敏度(≤−85 dBmW),超高测角精度(0.2 (°)/3σ),超分辨(分辨角≤5°),超宽频带。

② 大动态范围。

③ 实现 ARM 的五抗:ⓐ 抗 LPI 和脉间波形变换的雷达(即与 LPI 和脉间波形变换雷达信号匹配);ⓑ 抗辐射源关机;ⓒ 抗雷达诱饵系统、雷达网、闪烁干扰的诱偏和干扰;ⓓ 抗连续杂波干扰;ⓔ 抗高激光、高能微波烧毁。

这种新型的导引头使 ARM 的命中精度 CEP≤3 m。

第四代以美国的"哈姆"的改进型 AARGM ARM 为代表。它是 INS/GPS、宽带被动、毫米被主动(或红外成像)多模制导。

远程制导运用 INS/GPS 寻的,中程制导采用宽频被动反辐射寻的器,末制导采用精确末制导如主动毫米波雷达寻的器、红外成像寻的器。宽频带被动反辐射寻的器装有宽频带天线阵、微波前端、数字接收机、信号处理器,能自动探测、识别、跟踪目标并对目标进行定位测距,其视场、灵敏度、频率、测向精度和处理能力均好于第三代的"哈姆"AGM − A/B/C/D,而且不需要独立的瞄准系统。主动毫米波雷达寻的器用于末段目标搜索、跟踪、制导和起爆,可攻击的目标集超过"哈姆"导弹。

AARGM 的高速曲线航迹能迅速得到雷达的无线电方位,以便迅速确定雷达的相对位置。此外,AARGM 还能利用毫米波雷达寻的器测量自身高度,用于确定敌方雷达的垂直角,从而可确定敌方雷达的附加坐标位置。在飞行末段 AARGM 的毫米波雷达寻的器利用自动目标识别算法,攻击防空导弹的指挥车,而不是攻击天线(天线距指挥车通常有一段距离)。若敌方雷达关机,则 AARGM 在接近目标位置时启动毫米波雷达寻的器进行搜索,可搜索到敌雷达天线和防空导弹发射架发出的强回波。

AARGM 可进行完全隐蔽的航迹飞行,先按坐标飞行,然后转为辐射源寻的制导,最后以主动方式飞向目标。大西洋研究公司为其研究的固体火箭/冲压发动机将使导弹的速度达到 $4Ma$。该导弹还可作为自卫武器,当载机被敌雷达锁定时可迅速反击。AARGM 能与现代雷达较短的辐射时间抗衡,可迅速反应发射或先发制人发射。导弹可在飞行中自主瞄准,因而发射飞机能立即发射导弹,无须先收集目标数据。

AARGM 导弹的交战时间表如图 3.3 所示,导引头如图 3.4 所示。

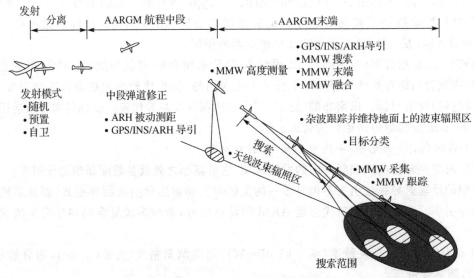

AARGM—先进的反辐射导引导弹;ARH—反辐射自导引;GPS—全球定位系统;
INS—惯性导航系统;MMW—毫米波(雷达)

图 3.3　AARGM 交战时间表

INS/GPS导航系统的综合精度:提供中段制导及支持传感器融合/自动测距

现役的宽频带毫米波末制导导引头:完成末端目标的捕获、跟踪、导引和融合;在哈姆弹性能基础上发现并打击其他雷达目标

宽频带被动反辐射自导引(AEH)导引头:宽带被动共形天线;自动检测目标、识别、跟踪和定位测距;视角、灵敏度、频率、测向精度均超越目前哈姆的性能且不需要独立的寻的系统

任务:验证存在一种有效且负担得起的致命杀伤武器,它可以有效地压制敌方防空,其性能可以对抗机动的、可再定位的或者是固定的雷达制导防空威胁,甚至在威胁关机及在有其他对抗反辐射导弹时都可以正常工作

图 3.4　AARGM 导引头

AARGM 的特点如下：

① 多模复合精确末制导。

② 采用方位测向,以屏蔽俯仰上的多路径干扰,以主动毫米波测高。

③ 共形天线,比幅或比相测向,比幅比相测向。

④ 无源定位。

3.3.2　反辐射导弹在战斗中的作用和使用方式

ARM 在战斗中的作用主要是压制 C^4ISR 系统使敌失去制信权、压制敌方防空,己方取得制空权,具体说就是摧毁 C^4ISR 系统中的雷达,摧毁地空导弹系统近程防御系统中的雷达和拦截导弹的导弹(AMM)系统中的雷达,摧毁太空战中的雷达,摧毁网络中的雷达、通信台、数据链,发挥己方的信息优势,取得制信权、制空权,发挥突防能力,取得高技术战争乃至信息化战争的胜利。

1. ARM 在战斗中的作用

(1) 摧毁 C^4ISR 系统中的通信、数据链与雷达设备

利用通信频段的反辐射导弹摧毁 C^4ISR 系统中信息脉络即通信设施与数据链,用微波频段的反辐射武器摧毁 C^4ISR 系统中的信息中枢雷达,使敌方失去制信权和指挥控制能力,发挥己方的信息优势。

(2) 清理突防走廊

实战时防空(地空)导弹采取多层次的纵深梯次配置,可首先用 ARM 摧毁各层次防空体系中的雷达,使防空体系失去攻击能力,为攻击机扫清空中通道,开辟一条空中走廊。

(3) 压制防空

地空导弹(或高炮)对飞机威胁最大,首先用 ARM 摧毁敌方防空武器系统中的雷达,使敌方失去防空能力,从而发挥己方后续的空中优势。

(4) 空中自卫

攻击性的飞机携带 ARM,用来攻击并摧毁威胁武器系统中的雷达,使之失去攻击能力,以达到自卫的目的。

(5) 为突防飞机指示目标

攻击机装载带有烟雾战斗部的 ARM,首先将这种 ARM 射向雷达阵地,攻击机根据爆炸的烟雾进行攻击。

(6) 为突防(攻击)导弹扫清障碍

伴随着导弹的发展,拦截导弹的导弹也在飞速发展,对精确打击武器——导弹构成很大的威胁,用反辐射导弹摧毁系统中的雷达,使之失去拦截导弹能力,为突防和攻击的导弹扫清障碍。

2. ARM 的战斗使用方式

战略情报侦察是 ARM 战斗使用的基础,只有对敌方的雷达及作战战场配置的雷达、通信台的技术参数弄清楚,并编制于 ARM 计算机的数据库中,才能实现 ARM 的智能化战斗使用方式。这里只叙述战斗使用方式,略去侦察过程。

(1)目标雷达信号参数的获取

① 预先编程。载机起飞前,借助于便携式程序装置(数据库)将优先攻击的目标类型和优先的攻击方式存入导弹存储器中,必要时也可以在飞行中改变。

② 机载侦察系统引导。载机上必须备有高精度机载探测系统。例如美国正在使用的ARM专用飞机 F－4G"野鼬鼠"飞机所装用的 AN/AFR－38,它可以精测目标雷达的方位角、俯仰角、载频、脉宽、重频等参数,并可以判断威胁等级,选定要攻击的目标,通过导弹控制板确定导引头所要截获、跟踪的目标雷达。

(2)远程预警机侦察

利用远程预警机(如美国的 E－2C)上的侦察系统,在远离敌方防空导弹阵地的空中,侦察目标的位置和性能参数,判别威胁程度,并把数据传送给 ARM 的载机,由载机上的接收系统确定 ARM 的导引头所要截获、跟踪的目标雷达。

(3)ARM 攻击目标的方式

测定目标雷达的位置及性能参数后,将其装订到 ARM 的导引头中,并引导导弹发射。其攻击的方式基本上有如下两种:

① 中、高空攻击方式。载机在中、高空平直或小机动飞行,以自身为诱饵,故意使敌方雷达照射跟踪,以形成发射 ARM 的有利条件。发射后载机仍按原航线继续飞行一段,以便使导弹导引头稳定可靠地跟踪目标雷达。显然这种方式命中率相当高,但是载机被击落的危险性也相当高。因此,目前多采用计算机控制以实现发射后不管的功能,即不再采用沿原航线继续飞行一段的措施,而是发射后载机脱离原航线机动飞离现场。这种方式称为直接瞄准攻击方式,如图3.5所示。

② 低空攻击方式。载机远在目标雷达作用距离之外,由低空发射 ARM,导弹按既定的制导程序,水平低空飞行一段后爬高,进入敌方目标雷达波束后,立即转入自动寻的。采用这种方式载机安全。这种方式也称为间接瞄准攻击方式,如图3.6所示。

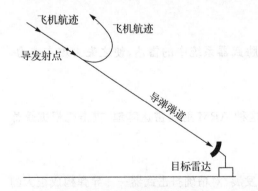

图3.5 直接瞄准攻击方式

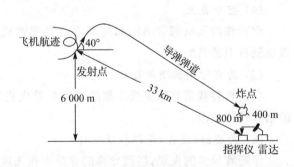

图3.6 间接瞄准攻击方式

(4)ARM 战斗工作方式

①"哈姆"的3种工作方式介绍如下:

● 自卫工作方式。这是一种最基本的工作方式,它用于对付正在对载机(或载体)照射的陆基雷达或舰载雷达。这种方式用载机侦察系统,探测目标雷达信号,计算机实时进行分类、判别威胁程度,选出要攻击的目标,并将所要攻击的目标雷达的参数装订到

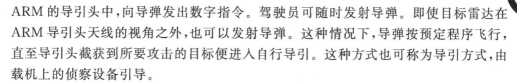

ARM 的导引头中,向导弹发出数字指令。驾驶员可随时发射导弹。即使目标雷达在
ARM 导引头天线的视角之外,也可以发射导弹。这种情况下,导弹按预定程序飞行,
直至导引头截获到所要攻击的目标便进入自行导引。这种方式也可称为导引方式,由
载机上的侦察设备引导。

- 随机工作方式。随机工作方式是对付未预料的时间或地点突然出现的目标。这种工
  作方式用 ARM 的被动雷达导引头(Passive Radar Seeker,PRS)作为传感器,对目标
  进行探测、判别、评定威胁等级,选定攻击目标。这种方式还可分为两种:一种是在载
  机飞行过程中,PRS 处于工作状态,对目标进行探测、判别、评定和选择或者以存储于
  档案库中的各种威胁数据对目标进行搜索和选择,并将威胁数据显示给机组人员,使
  之向威胁最大的目标雷达发射 ARM;另一种是向敌方防区概略瞄准发射并攻击随机
  目标,导弹发射后,导引头自动探测、判别、评定、选择攻击目标,选定攻击目标后自行
  导引。
- 预先编程方式。根据先验参数和预计的弹道进行编程,在远距离上将导弹按编程的弹
  道飞行,该导弹在接近目标过程中自行转入跟踪制导状态。

导弹发射后,载机不再发出指令,而导引头有序地搜索和识别目标,并锁定到威胁最大的
目标或预先确定的目标上。如果目标不辐射信号,则导弹自毁。

② "阿拉姆"的两种战斗工作方式介绍如下。

- 直接发射方式。PRS 一旦捕捉到目标,就立即发射攻击目标。
- 伞投方式。这种方式是在高度比较低的情况下发射。发射后 PRS 爬升到 12 km 的高
  空,然后打开降落伞,开始几分钟的自动搜索,探测到目标并对其进行分类与判别。然
  后瞄准主要威胁或预定的某个目标,PRS 捕捉并选定攻击目标后,就立即甩掉降落伞,
  自行对目标进行攻击。直接攻击方式是导弹发射后,如果目标雷达关机,ARM 就打开
  降落伞飘在空中,一旦雷达再次开机,便甩掉降落伞实施攻击。

③ "默虹"巡航攻击方式。"默虹"采用巡航方式,故也可称为反辐射无人驾驶飞行器。导
弹发射后,如果目标雷达关机,则飞行器在目标雷达上空转入巡航状态,等待目标雷达再次开
机,一旦开机,就立即转入攻击状态。也可以预先发射到所要攻击目标区域的上空,以待命的
方式,环绕目标区域上空巡航飞行,自动搜索探测目标,一旦捕捉到目标便实施攻击。

上述的"阿拉姆"的伞投和"默虹"的巡航方式称为待机方式。因此 ARM 的工作方式又可
分为直接与待机两种工作方式。

④ 诱惑方式。ARM 在战斗使用中往往采用诱惑战术,即首先出动无人驾驶机,诱惑敌方
雷达开机,由侦察机探测目标雷达的位置和信号参数。再引导携带 ARM 的突防飞机发射
ARM,摧毁目标雷达。

3.3.3 反辐射导弹系统的组成及反辐射导弹的工作原理

1. ARM 系统组成

ARM 系统由导引设备、发射设备和 ARM 组成。

(1)导引设备

ARM 导引设备包括:机载 ARM 导引设备、陆基 ARM 导引设备和舰基 ARM 导引设备。
这些导引设备的组成基本相同,由以下几个部分组成:测向定位设备、测频设备、辐射源(主要

是雷达和通信辐射源)参数显示、导弹发射控制、综合显示控制器、导引设备与导弹数据传输接口和导引设备与其他相关载体设备的接口,如图 3.7 所示。其中核心技术是高精度的测频、测向、定位技术。

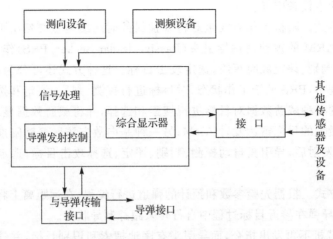

图 3.7　ARM 导引设备框图

(2) ARM 发射设备

ARM 发射设备由火控系统和发射控制架组成。发射设备设有速度、高度、发射距离和发射角等参数诸元和相应的显示器与目标诸参数显示器以及发射按钮。

(3) ARM

ARM 系统由反辐射导引头、飞行控制设备、发动机、引信、战斗部组成。

下面以空地 ARM 为例详细说明 ARM 系统的组成。

空地 ARM 系统包括:远程预警飞机、电子对抗飞机、ARM 载机及其发射装置、ARM。

(1) 远程预警飞机

远程预警飞机在远离防空导弹阵地的空中,侦察目标雷达的位置和特性参数,判别威胁程度,并把数据传输给电子对抗飞机中的电子侦察系统。远程预警机还可负责指挥战斗,包括对空中飞机的拦截和对防空阵地的攻击。

远程预警机的主要技术性能和主要的机载设备与功能:预警机续航时间长,作用距离远,可在远离敌方防空阵地的空中盘旋飞行,以便对目标进行侦察并监视敌方的阵地。主要的机载设备如下:

① 机载雷达:要求作用距离远(在 200 km 以上),且具有高角分辨力和高的距离分辨力,可自动跟踪 200 km 以上的 200 多个飞行目标。

② 机载敌我识别器:具有作用距离远(200 km 以上),且具有识别多目标的能力,以识别敌我。

③ 机载电子干扰设备:具有宽频带和功率管理能力,有各种干扰样式,以便进行自卫。

④ 机载侦察系统:该系统宽频带、高灵敏度、能对复杂电磁环境中的信号进行分选、能对威胁等级进行判断,对 200 km 以外的辐射源进行预警、探测,以提供作战使用。

⑤ 机载大型计算机:处理数百个数据。

总之,预警机能监视与跟踪 200 km 以外的数百个目标,并能测定参数,进行分类,引导几十架歼击机拦截敌机。

（2）电子对抗飞机

电子对抗飞机上载有电子侦察系统和电子干扰设备。

机载侦察系统可侦察目标雷达（或辐射源）的位置、性能参数，判别威胁程度，确定攻击目标，引导 ARM 导引头捕捉、截获、跟踪所要攻击的目标。该系统应具有宽频带、高灵敏度、高角分辨力，在复杂电磁环境下具有信号分选与选择的能力。

机载电子干扰设备，具有宽带、多种干扰样式、功率管理等特点，以压制敌方雷达，进行自卫。

（3）ARM 载机及其发射装置

载机装载 ARM 和发射装置，其发射装置设有速度、高度、发射距离和发射角等参数用于选择系统及相应的显示器与发射按钮。一旦选定好攻击目标，就选择合适的发射诸元，按动发射按钮，实时地发射导弹。当然该载机应当有接收设备，接收预警机或电子对抗飞机送来的目标雷达和其他特性参数的数据，装到相应的诸元中。

（4）ARM

ARM 是该系统的武器设备，用于摧毁敌方的雷达。

要特别说明的是，预警机和电子对抗机可以不设，可采用 ARM 专用飞机，如美国的 F-4G"野鼬鼠"ARM 专用机，飞机上装备电子侦察系统和电子干扰设备以及 ARM 与 ARM 发射装置。其侦察系统及电子干扰设备与电子对抗飞机的设备相同。

ARM 由导引头、控制系统、引信、战斗部、发动机、弹体组成。如图 3.8 所示，"哈姆"导弹的组成自前向后分别为制导系统、战斗部、控制系统、火箭发动机。

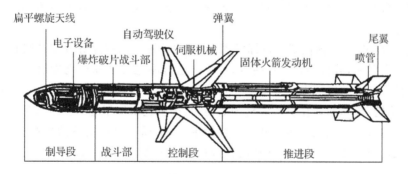

图 3.8　"哈姆"导弹的组成结构

2. 反辐射导弹的工作原理

以"哈姆"导弹的工作过程为例来介绍反辐射导弹的工作原理。

（1）机载设备与功能

"野鼬鼠"F4-G 飞机上装载了 APR-38 系统。该系统为"哈姆"导弹搜索和指示目标、确定最佳攻击状态，对目标雷达进行搜索、自动识别、定位，向操纵员同时显示 15 部目标雷达的威胁等级及其大致距离和方位。操纵员通过计算机控制反辐射导弹实施攻击。该系统的覆盖频域为 0.8～20 GHz，测向精度低于 2°。该系统与机载雷达、导航系统、武器系统配合工作，不仅提高了攻击精度，而且大大提高了攻击的自动化程度。在其他载机上装载 ALP-45 或 ALP-50 雷达告警系统，为"哈姆"导弹确定攻击重点，该系统与导弹之间有数字变换装置，能对探测到的雷达信号进行分析、选择，并为显示、程序编排和发射提供相应的输入信号。

（2）"哈姆"导弹的工作过程

当被动雷达导引头开始捕捉目标时，惯导系统的处理器同时开始工作，这时被动雷达导引头测得的目标信息输送给驾驶仪的同时，也输送给惯导系统中的处理器，处理器对这些信号进行处理，以确定出惯导系统的惯性轴与目标、导弹之间的瞬时坐标关系，但此时惯导系统并不输出信号。一旦辐射源（目标雷达）关机，导引头失去制导信息就会立即自动转入捷联惯导系统工作，这时惯导系统中的微处理器立即将目标关机时的瞬时位置作为初始基准送往捷联惯导系统，于是该系统按着导弹与目标的相对位置建立一个惯性坐标系，并根据这种坐标输出控制信号，把导弹继续引向关机的目标雷达。

导弹在到达目标之前，如目标雷达再次开机，制导系统仍会转入被动雷达导引头导引。

"哈姆"不仅能在载机的雷达预警系统捕到目标后，根据火控计算机的指令对目标进行被动寻的攻击，而且能在没有给指令的情况下自主地去捕获目标雷达，自动寻的攻击。这大大提高了作战的灵活性和对敌方雷达的压制能力。

（3）"哈姆"导弹的三种工作方式

① 自卫（也可称引导方式）：这是一种最基本的使用方式，它用于对付正在对载机照射的陆基雷达或舰载雷达。即先用机载预警系统探测威胁信号，然后机载火控计算机对这些威胁信号进行分析、判断、评定，选出威胁重点，并以数字语言形式向导弹提供指令。该过程所需时间极短，故机上人员可立即发射导弹去攻击、摧毁目标雷达。

② 随机方式：这种方式是为了对付在时间上和区域上突然出现的目标。无论是在载机还是在发射后，都以导引头作为传感器，对目标进行搜索、截获分析、判断、评定、选定攻击目标。可自动搜索也可与数据库中的参数进行比较搜索；或向敌方防区概略瞄准发射，该导弹自己去寻找攻击目标。

③ 预编程方式：向已知位置的目标发射导弹，并按预定的程序寻找和摧毁目标，实现远距离攻击。导弹发射后，载机不再发送指令，导弹自己有序地搜索和识别辐射源，并锁定威胁最大的目标或预先确定的目标上。导弹在飞行过程中，如果目标不辐射信号，就自毁。

为了使"哈姆"导弹能装在更多的机种上使用，美国还研制了小型预定程序装置（PFP），把它装在导弹发射架上。该装置有一种程序存储卡片，上面有目标雷达的性能参数。上述程序可在载机起飞之前在地面上编制，并利用这种预编程序去攻击预定目标。

3.3.4 反辐射导弹系统的典型指标

1. 机载反辐射导弹导引设备的主要指标

机载导引设备的技术指标包括攻击目标范围、目标特征、目标定位精度等。典型指标如下：

- 攻击对象：导弹制导雷达、引导雷达、炮瞄雷达、预警雷达及通信发射设备；
- 频率范围：$0.2 \sim 40 \text{ GHz}$；
- 方位覆盖范围：$360°$；
- 作用距离：大于雷达的作用距离范围；
- 测向精度：$\leqslant 2 \ (°)/\sigma$；
- 信号环境：能适应各种雷达信号与通信信号。

2. 反辐射导弹的典型指标

- 导弹的射程：近程 $>20 \text{ km}$，中远程 $\geqslant 200 \text{ km}$，远程 $>800 \text{ km}$；

- 最大弹速:近程≥2Ma,中远程≥4Ma,远程≥6Ma;
- 有效杀伤半径:30～200 m;
- 动力装置:双推力固体火箭发动机;
- 制导方式:多模复合制导,中、远距离宽带被动雷达制导、近距离上精确末制导(毫米波雷达或红外成像制导);
- 被动雷达工作频段:0.2～40 GHz(根据用途不同可选择不同的频段);
- 波束宽度:50°～60°;
- 跟踪角:4°～8°;
- 测角精度(跟踪精度):0.2%(也可为 0.2°/3σ);
- 跟踪角速度:≥60°/s;
- 跟踪角范围:方位角±30°,俯仰角−45°～＋15°;
- 战斗部:破片杀伤战斗部,重 66 kg;
- 引信:激光近炸引信或无线电近炸引信加磁控引信;
- 导弹的命中精度:≤3 m;
- 导弹导引头的作用距离:大于雷达的作用距离。

3.4　反辐射无人机

3.4.1　反辐射无人机系统的组成与工作原理

1. 反辐射无人机系统的组成

反辐射无人机系统主要由 3 大部分组成:情报侦察分系统、任务规划分系统和反辐射无人机平台。此外,与反辐射无人机配套使用的还有诱饵无人机、侦察无人机、地面维护保障设备等。反辐射无人机系统构成框图如图 3.9 所示,各部分功能简要介绍如下:

(1) 情报侦察分系统

情报侦察分系统主要用于获取敌防空雷达部署和技术参数等情报,经综合分析,确定反辐射无人机要打击的敌防空雷达及其位置。如果敌雷达未开机,可以采用诱饵无人机模拟攻击机群等手段引诱敌方雷达开机。

(2) 任务规划分系统

任务规划分系统用于完成作战任务规划、态势显示、回收控制、导引头参数加载。在任务规划设备中有一个大屏幕彩色综合显示器,用于显示敌方雷达位置、反辐射无人机的位置、无人机飞行轨迹等作战环境态势。此外在指挥中心还设有综合数据库。测控设备、发射车、反辐射无人机的状态则在另一台显示器上显示。指挥员将根据现场敌雷达活动情报,进行威胁判别,选择出需要攻击的敌方雷达目标,通过操纵器对反辐射无人机下达作战命令。另一种情况是在作战过程中,当己方电子侦察设备发现敌方雷达的威胁,请求反辐射无人机给予打击时,也可通过任务规划设备控制反辐射无人机进行攻击。

(3) 反辐射无人机平台

反辐射无人机平台由导引头、飞行控制设备、无人机飞行平台、引信战斗部、发射车、地面控制站(包括供电、发射控制、遥测遥控等功能)等构成。

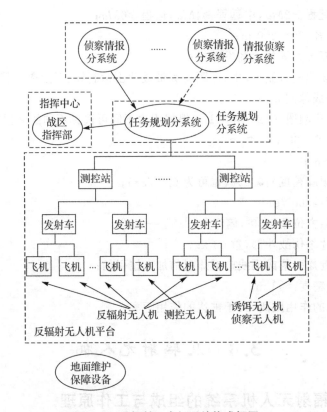

图 3.9　反辐射无人机系统构成框图

反辐射无人机导引头同反辐射导弹导引头一样,采用精度高、频带宽、动态范围大以及加载灵活的微波被动寻的头,其加载方式可通过加载器直接对导引头加载,也可通过测控站对导引头进行发射前加载或飞行中加载。加载的雷达信号参数一般为多个。当敌方雷达改变参数时,根据加载的第二参数寻找敌方雷达。如果在飞向敌方目标过程中,找不到在加载库和导引头数据中规定的敌方雷达信号,那么应使无人机盘旋爬升,扩大范围寻找目标,选择适当的敌方雷达进行攻击。

反辐射无人机的功能是摧毁敌方雷达。无人机应具有完整的飞行动力、控制、导航、无源导引装置及 GPS 导航设备和简易的惯性导航系统。反辐射无人机飞行过程的前期和中期为程控飞行,末期为制导飞行。除此之外,它还具有大角度俯冲后再拉起爬升的功能,在一次中断信号时,可以进行二次搜索,再次寻找敌方雷达。同时,反辐射无人机还具有回收功能。为了减少电磁暴露,要尽量减少无人机向测控站发送信息。因此,无人机本身具有较高精度的定位功能,从而准确地进行程控飞行。

反辐射无人机通常也采用近炸引信和触发碰炸引信相结合的引信装置和小体积、高效率破片式战斗部,尽量增大杀伤半径,提高反辐射无人机的命中率。

飞行控制采用 GPS 与无源导引头相结合的控制导航方式,用于完成远程无人机的飞行控制。无人机发射设备由发射车及发射控制设备(该部分装入任务规划分系统中)组成,负责将做好战斗准备的反辐射无人机发射到预定空域。在发射车上配备必要的外场检测设备和反辐射导引头的加载设备。

地面控制站由测控设备、供电设备和发射控制设备组成。测控设备的功能是对反辐射无人机的发射、飞行进行测控。发射前各发射车、反辐射无人机的状态显示在状态显示器上,控制器可以实现对反辐射导引头进行雷达数据加载。执行发射操作后,测控设备将对反辐射无人机进行测控,在态势显示器上将显示战区地图、反辐射无人机飞行轨迹和敌方雷达的位置。同时测控设备还负责在无人机需要返回时的回收指令控制。供电设备完成全武器系统的供电。发射控制设备与发射控制车构成反辐射无人机发射设备。发射控制设备与任务规划系统相连,根据送入的发射指令由操作员进行操作。

2. 反辐射无人机的工作原理

反辐射无人机的作战过程一般分为地面参数装订、按编程航线飞行、搜索目标和俯冲攻击。

(1) 地面参数装订

机载侦察设备发现并确定攻击目标后,任务规划系统对导引头装订本次作战目标的相关参数——雷达数据(含威胁等级、载频、脉冲宽带、脉冲重复周期以及特殊体制雷达的参数变化范围等);同时对导航控制系统(GPS 及惯性导航设备)装订目标区坐标参数(如经纬度)等。参数装订分三个层次:任务规划系统对导引头装订参数、现场更换威胁数据库和现场用计算机进行参数装订。

(2) 发射后按编程航线飞行

无人机发射后,导航控制系统根据发射前装订的目标区坐标参数进行自主导航,按预定编程航线控制无人机飞行,直至到达目标区前沿。

(3) 目标搜索

无人机到达预定目标区前沿后,按编程搜索航线进行徘徊巡航飞行,同时导引头开始对目标进行搜索,根据加载的目标数据确认攻击目标,当获得的信号特征同装订的攻击目标特征相符合时,确定攻击目标已截获,目标锁定后,控制无人机进行俯冲攻击。

(4) 俯冲攻击

导引头目标锁定后,输出"目标锁定"标志,无人机控制系统根据导引头输出的方位、俯仰数据控制无人机俯冲对目标进行攻击。如敌方雷达关机,则控制系统根据导引头输出的"目标消失"标志将无人机重新拉起进入巡航搜索,或按照外推航线的方法(抗关机处理)继续进行攻击。

3.4.2　反辐射无人机系统的典型指标

反辐射无人机系统主要由雷达情报侦察系统、任务规划系统、无人机系统组成,其典型指标如下:

1. 雷达情报侦察系统

● 工作频段:0.2~40 GHz(或更宽);
● 测向精度:比较高的测向定位精度,不高于 2 (°)/σ;
● 工作灵敏度:比较高的灵敏度,不高于 -80 dBmW;
● 侦察目标:能适应各种雷达信号和通信信号。

2. 任务规划系统

（1）情报处理

任务规划系统汇集本武器系统内各雷达（包括通信）侦察分系统截取的情报信息，完成对各侦察设备所得到的雷达辐射源信息的综合处理，测定辐射源的信号参数、工作方式。

（2）定位及态势综合与显示

利用各侦察设备得到的辐射源信号参数，完成交叉定位，定位精度一般优于目标到侦察设备距离的 2‰～5‰（CEP）。通过定位处理，得出每个辐射源位置，综合标绘，生成态势图。任务规划系统具有大屏幕显示功能，以使目标位置、参数非常清晰地显示在上面。

（3）威胁判别

依据侦察设备得到的信息及上级指挥部门的指令，完成辐射源威胁等级判别，制订出作战规划。

（4）参数装订

攻击目标确定后，向导引头装订本次作战攻击目标的雷达参数及目标位置坐标。

典型无人机系统主要指标如下：

- 翼展：2.10 m；
- 机长：2.43 m；
- 机高：0.55 m；
- 最大起飞重量：120 kg；
- 典型作战高度：4 km；
- 巡航速度：215 km/h；
- 攻击精度：≤5 m（CEP）；
- 战斗部：破片式战斗部；
- 最大俯冲攻击角：>80°；
- 待机速度：174 km/h；
- 待机时间：2.5 h（攻击 400 km 以外的目标）；
- 攻击目标：警戒雷达导弹制导雷达、炮瞄雷达、宽频被动雷达；
- 导引头频率范围：0.2～40 GHz；
- 引信：激光近炸＋触发碰炸；
- 有效杀伤半径：25～100 m。

导引头为多模复合制导导引头，其技术指标参考反辐射导弹导引头的技术指标。

3.5 反辐射炸弹

3.5.1 反辐射炸弹系统的组成及反辐射炸弹的工作原理

1. 反辐射炸弹系统的组成

炸弹系统与反辐射导弹系统类似，由导引设备和反辐射炸弹两大部分组成。

（1）导引设备

导引设备同反辐射导弹系统攻击导引设备基本上是一样的，可以通用，这里不再重复介绍。

（2）反辐射炸弹

反辐射炸弹的组成包括：反辐射无源跟踪导引头、炸弹弹体、引信与战斗部、反辐射炸弹运输与存储设备以及地面加载与检测维护设备。

2. 反辐射炸弹的工作原理

反辐射炸弹的基本工作原理同反辐射导弹类似。但由于要求反辐射炸弹具有很低的成本，因此在导引精度、飞行控制方面的要求较低，而弥补这些低指标的方法是提高战斗部（炸药及弹片）威力。对无源导引头及炸弹弹体都要求有低廉的造价。

3.5.2 反辐射炸弹系统的典型指标

反辐射炸弹系统的典型指标如下：

- 有效杀伤半径：50～500 m；
- 导引头作用距离：大于雷达作用距离；
- 频率覆盖范围：0.2～40 GHz（可以分段）；
- 导引头测向精度：3～5 (°)/σ。

3.6 新型的反辐射导弹导引头

新型的反辐射导弹就是在反辐射导弹上装配新型反辐射导弹导引头，新型反辐射导弹除了增加弹速、增大射程、增大爆炸半径外，主要是将传统的宽频带被动雷达导引头换为新型反辐射导弹导引头。

3.6.1 对新型反辐射导弹导引头的需求

1. 军事需求

（1）信息化战争的需求

21世纪中期，将进入信息化战争时代，在这个时代，信息化战争是主要战争形态，是由信息化军队，在陆、海、空、天、信（息）五维空间进行的，以知识和信息为主要力量的，将附带杀伤减小到最低的战争。战争的双方或多方，只要一方具备了打信息化战争的条件就必然是信息化战争。信息化战争取得胜利的条件就是取得信息优势，战争的决策者做出正确的决策，要取得信息优势就必须阻断敌人的信息，使己方信息畅通。信息化战争的主要手段是精确打击，特别是远程精确打击，主要武器是精确制导武器和新概念武器，作战空间主要是太空，除了我国的上空之外，太平洋上空就成了我国主要争夺的空间。

进行信息化战争的主要形式是网络中心战。网络中心战涉及感知网络、交战网络、基础设施网络，以信息、通信、计算机为技术支柱，即信息源（雷达、通信台和数据链）是网络中心战的重要支撑，因此攻击信息源是信息化战争的主要手段。攻击摧毁信息源（雷达、通信台、数据链）是信息化最有效的手段。以日本的网络中心战为例：包括13架预警机、4架 E-767 预警机以及 AN/APS-145 雷达、海上 AN/SPY-1D 多功能相控阵雷达（作用距离 400 km，同时跟踪 400 个目标）、地面雷达、舰上配雷达网，与美国的预警卫星预警雷达网、海上"宙斯盾"

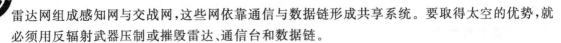

雷达网组成感知网与交战网,这些网依靠通信与数据链形成共享系统。要取得太空的优势,就必须用反辐射武器压制或摧毁雷达、通信台和数据链。

(2) 远程精确打击武器——远程导弹的需求

现代的高技术战争和将来的信息化战争是非接触式战争,主要依靠远程精确打击,主要武器之一就是远程多模复合精确末制导的导弹。精确末制导主要包括毫米波被动/主动雷达制导、红外成像制导、激光制导、可见光制导,但这些精确末制导的作用距离比较小,视角也比较小。仅靠导弹自主飞行或惯性导航,当远程导弹飞行到精确末制导的作用距离时,其测角误差大大超出了精确末制导的角度搜索范围。由于网络中心战的三个网络中的主要信息源是雷达、通信台,因此,利用被动雷达导引头作用距离远、信号识别能力强、跟踪精度比较高、抗干扰能力强(隐蔽性比较好)优势作为中制导,将远程导弹在 1 000 km 左右将导弹导引到精确末制导的作用距离内,以满足搜索角的要求,使精确末制导准确而迅速地截获跟踪目标,实现精确打击。

随着雷达技术的飞速发展,雷达抗干扰性能越来越好,应用的范围也越来越广,如我国周边的国家韩国、日本、印度,都布置了很多雷达。

韩国:有 E-737、E-8 预警机和 4 架 E-2C 预警机,预警机上装有雷达,监视半径为 360 km,可监视周边国家部分空域,最远可探测到 700 km 以外的飞机,有大型的远程预警雷达,还有 4 套 AN/FPS-117 远程预警雷达、200 部防空雷达和远程预警雷达网。

日本:研制了新型 J/TPS-102 三坐标雷达和 J/FPS-XX 相控阵新型远程预警雷达;装备有 13 架 E-2C 预警机和 4 架 E-767 预警机。但随着新一代隐形战斗机的服役,日本自卫队认为其装备的 E-2C 预警机在探测隐形战斗机方面已经"落伍",因此日本先后从美国订购了 13 架 E-2D 预警机,计划对现有预警机进行一对一替换。据报道,这 13 架 E-2D 预警机中已有多架交付。E-2D 预警机采用 AN/APY-9 有源相控阵雷达,这是美军最先进的机载预警雷达,具备在各种海空环境下进行远程预警的能力,探测距离达 550 km;海上预计建造 2 艘"宙斯盾系统搭载舰",搭载"陆基宙斯盾系统"的 SPY-7 雷达,该型雷达发展自 AN/SPY-1E 先进 S 频雷达,其追踪能力是日本海自 SPY-1 雷达的 5 倍。

印度:印度部队装备有 20 世纪 70～80 年代从苏联引进的 S-125 系统,系统包括搜索雷达(P-15)和火控雷达(SNR-125)。阿卡什(Akash)系统是印度自行研制的一种地空导弹系统,阿卡什系统参照 S-125 系统的方式部署,装备有拉简德拉(Ra jendra)多功用无源相控阵雷达和 Rohini 搜索雷达。印度多普勒雷达(INDRA)系列二维雷达存在 Indra-Ⅰ和 Indra-Ⅱ两个型号,它们在印度陆军和空军均有应用。INDRA-Ⅰ是一种用于低水平目的的检测的移动监视雷达,而 INDRA-Ⅱ用于空中拦截,主要用于搜索和跟踪低空飞行的巡航导弹、直升机和飞机,并提供距离和方位信息。此外,印度军队还装备有以色列的"绿松"相控阵预警雷达、GS-100 雷达、自行研制的 Arudhra 相控阵雷达、PSM-33MK·Ⅱ三坐标对空情报雷达、三坐标中程监视雷达(3DSR)等。

再来看看美国的导弹防御系统中的雷达,远程防御为"丹麦眼镜蛇"雷达和空军基地雷达;近程防御和中程防御主要有雷达"宙斯盾"系统中的 AN/APY-1 雷达、SM-3 拦截系统中的雷达、陆基部署 X 波段雷达、远程预警"铺路爪"AN/FPS-115 雷达、拦截导弹系统中的"爱国者"雷达。

美国与欧洲的太空监视雷达:隶属于美国空间监视和导弹防御系统的雷达,包括英国的

"菲林戴尔斯"雷达和挪威的"格曼布斯Ⅱ"雷达;欧洲各国国防部独立投资和负责的雷达系统包括法国的"格拉维斯"雷达和"阿莫尔"雷达、德国的"TIRA"跟踪与成像雷达、英国的"齐尔伯顿"雷达和欧洲航天局的非相干散射雷达。美国的空间监视主要依赖地基太空监视网,它是由分布在全部 25 个地点以及世界其他地区的机械雷达、相控阵雷达、光电传感器组成,其中主要是"铺路爪"雷达。

雷达的频率:预警机的雷达与太空监视雷达集中在 P 波段,海上预警雷达与监视雷达集中在 L 波段和 S 波段,导弹制导与炮指雷达集中在 C、X 波段,覆盖频率范围为 $0.38\sim 12\ \text{GHz}$,5 个倍频程,导弹制导雷达 X - Ku 和毫米波。

雷达在现代高技术战争和不久将来的信息化战争中起着重要作用;情报雷达是感知网中的重要设备,为指挥控制提供重要信息,确保指挥员决策正确。导弹制导雷达、拦截导弹的导弹系统中的远程预警雷达与制导雷达、火炮制导雷达是交战网络中的重要设施,对精确打击起着重要作用;预警机上的雷达、太空战中的地面监视雷达、空中监视雷达,既是交战网络中的重要设备,又是基础设施网络的主要设备,特别是预警机,它既可以指挥空战,又可以指挥陆战,它是网络中关键点。因此,用反辐射导弹压制乃至摧毁雷达,就摧毁了网络中心战,就摧毁了感知网、交战网、基础设施网,摧毁了武器系统。

2. 现代雷达先进技术对反辐射武器与导引头提出严峻的挑战

20 世纪 90 年代初,雷达普遍采用先进的低截获概率(LPI)技术(包括脉间波形变换雷达),并在雷达附近设置雷达诱饵系统。国外的反辐射导弹的导引头采用与 LPI 匹配技术——多模复合制导技术应对先进雷达与诱饵,而我国列装的反辐射导引头装在空地、空舰反辐射导弹上,既不能对付先进的 LPI 雷达,也不能对付设有诱饵系统的雷达。因此我国的反辐射导弹导引头或被动雷达导引系统必须进行一场革命。

(1) 雷达先进的 LPI 技术

低截获概率雷达采用相控制天线、波束电扫,使导引头难以捕捉目标;频率捷变,使传统的导引头只能以频率捷变带的频率敞开接收信息,如频率捷变带宽为 500 MHz,$\Delta f\,(\text{dB})=27\ \text{dB}$,与 10 MHz 的带宽相比损失了 17 dB 的灵敏度;采用脉冲压缩技术,使传统的导引头只能接收低功率的宽脉冲(例如"宙斯盾"系统的 APY - 1 雷达,发射功率为 6 MW,作用距离为 400 km,而"铺路爪"雷达采用了脉冲压缩,发射功率只有 584.2 kW,作用距离为 1 500 km 或 4 500 km),以最低的压缩比 50 计算,又损失了 17 dB 的灵敏度;功率管理,依目标的远近,控制发射功率的大小与脉冲宽度,这对反辐射波动雷达导引头影响不大,但要实时跟上它的变化。

雷达通过 LPI 技术降低了发射功率,与捷变频技术相组合,使传统的被动雷达导引头的作用距离缩小到 1/32。

(2) 雷达信号脉间波形变换技术

现在美国将脉间波形变换技术应用到各种型号的雷达中,因此该技术具有普遍性。

以"爱国者"导弹为例:

如前面所述,发射机可有选择地采用各种形式的探测信号和改变它们的参数(按武器控制台的指令)。

根据已知的一组数据,"爱国者"系统工作的载波段 f_0 为 $3.9\sim 6.2\ \text{GHz}$,Δf_1 为

2.3 GHz。在此频带内分布有 160 个间隔为 $\Delta f_2 = 15$ MHz 的高频相参谐波振荡频率。这时每个火力单元分别工作在 32～34 个固定点频的子频段内,其总带宽 $\Delta f_3 = 500$ MHz(33×15 MHz≈500 MHz)。

"爱国者"雷达信号一共有以下 6 种脉冲序列的信号,脉冲序列可能是编码的,可以单独使用,也可以按交替交换的组合使用,如图 3.10 所示。

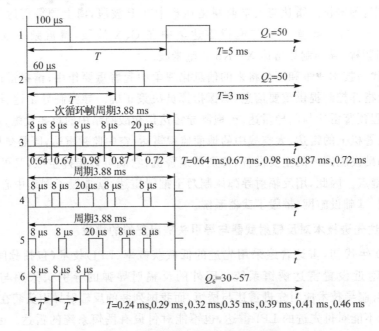

图 3.10 "爱国者"雷达发射的信号

序列 1～2:分别以脉宽为 100 μs 和 60 μs 的脉冲重复,重复周期分别为 5 ms 和 3 ms,它们对应于占空比 $Q_1 = Q_2 T/\tau = 50$ 的脉冲序列。

序列 3～5:是编码的,其中以 0.64 ms、0.67 ms、0.98 ms、0.87 ms、0.72 ms 的不同重复周期形成窄脉冲 8 μs 和宽脉冲 20 μs 的序列。

序列 6:由相同脉宽 8 μs 组成的周期序列,重复周期从 0.24 ms、0.29 ms、0.32 ms、0.35 ms、0.39 ms、0.41 ms、0.46 ms 中任选其一,对应占空比 $Q_6 T/\tau = 30～57$。

发射机可按固定规律或随机规律在 32～34 个点频范围改变载频(包括脉间变频)。

在脉冲辐射方式下的发射机功率 P_t 在 30～540 kW 范围内变化(最大值用在"烧穿"方式和小尺寸的目标),可采用不同形式的探测信号。

对目标搜索探测时采用脉冲组间或单个脉冲调谐的线性调频信号,又由于各载频点间隔为 15 MHz,就给瞄准式噪声干扰造成困难。因此,当出现由飞行器施放干扰时,探测脉冲及其参数大范围的自适应变化,可保证多功能雷达及至整个"爱国者"系统有较强的抗干扰能力。这样,脉间 f_0 的跳频进行的前沿跟踪(距离自动跟踪)使组合噪声干扰失效。此外,多功能雷达的能量潜力可保证雷达在出现组合噪声干扰时也能探测到目标(在烧穿方式)。

脉间波形变换是各种先进雷达都会采取的技术。脉间波形变换对传统的宽频带被动雷达导引头的信号分选威胁最大,无法截获和跟踪目标,必须采用新的信号分选方法。

以共轭匹配将宽脉冲压缩成窄脉冲的子脉冲,压缩比大于 17 dB,而且以捷变频带宽发射信号,如"爱国者"雷达捷变频带宽为 640 MHz。传统的反辐射导弹导引头以捷变频带宽宽开式和以低功率的宽脉冲接收信号,比雷达接收机接收的信号降低了至少 32 dB,其作用距离降低到 $1/2^5$ 以下。

（3）雷达诱饵对反辐射导弹的威胁

国外的重要雷达特别是攻击雷达,都配诱饵系统,以有效抵抗反辐射导弹的攻击。传统的比相测向体制的空地反辐射导弹不能抗诱饵的缺陷特别明显。

对于全相参雷达,各诱饵的辐射也应是相参的,其辐射信号应与雷达所辐射的信号一致,但功率要低得多,大致只相当于雷达的第一副瓣电平或比雷达各副瓣的平均电平高 3～4 dB。

诱饵与雷达天线的间距不宜太大,过大会被反辐射导弹识别出来。考虑到反辐射导弹的爆炸威力一般并不大,但有很高的瞄准精度,故诱饵距离雷达 150～300 m 为宜。

下面研究采用 3 个诱饵的情况,此时,它们的相位中心位于 3 个诱饵的中间。所以反辐射导弹将击中它们的中心点。实际上,如果能在诱饵工作的同时令雷达寂静（停止辐射）很短一段时间,则用 1～2 个辐射功率更小的诱饵也能完成任务。采用诱饵的方式包括:

① 诱饵对比幅测向体制的诱偏。

② 在大型骨干雷达旁加装诱饵。

③ 在大型雷达旁加装诱饵即辐射源,使反辐射导弹偏离雷达天线,命中雷达与诱饵的功率重心,是保护雷达的一种重要措施,图 3.11 给出了雷达加装辐射诱饵的示意图。

考虑到减小诱饵对雷达工作的影响和诱饵能量不要太大,诱饵天线也可有一定的方向性。如在敌来袭方向构成心脏形方向图,如图 3.12 所示。诱饵辐射源应从雷达耦合出来,为减小电缆损耗,也可用空间探针耦合,然后经放大输出。

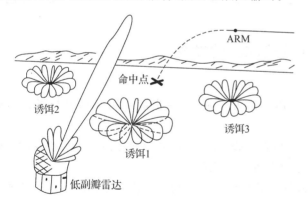

图 3.11　加装诱饵的示意图

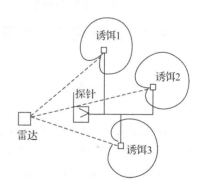

图 3.12　诱饵天线方向图

诱饵的规模在很大程度上取决于雷达的副瓣电平的大小,例如某雷达平均功率 5 kW,具有 -32 dB 的副瓣电平和 2.5° 的水平波束宽度。当诱饵电平选为比副瓣高 2 dB 时,其功率电平比主雷达可降低 30 dB,考虑到诱饵如果在方位上形成 100° 的覆盖区,即比主雷达的方位波束宽度大 16 dB,则诱饵的平均功率仅比主雷达低 14 dB 左右,即平均功率为 200 W,峰值功率 20 kW。这种诱饵规模仍然相当庞大。如能将副瓣电平降低到 -40 dB,则诱饵的平均功率将比主雷达低 22 dB,其平均功率可降为 31.5 kW,此时诱饵的造价就可以大为降低。据悉,国外具有 -40 dB 的副瓣电平的远程对空情报雷达,每个诱饵造价仅为主雷达的 1%,这当然是允许的。

美国空军优先发展的 AN/TLQ‑32 诱饵,用于保护战术空军控制系统中具有关键作用的陆基 AN/TPS‑75 防空雷达。

AN/TLQ‑32 是一种机动式诱饵。由 ITT 杰弗兰公司研制,它由 3 个发射机组合的设备组成,模拟 AN/TPS‑75 雷达的信号特征,并遮蔽其副瓣,发射机组合彼此之间及与雷达之间相隔一定距离,相互间用光缆连接。

这种诱饵体积小,重量轻,由人工携带即可转移阵地。整个部署由人工操作,在 15 min 内即可完成。

AN/TLQ‑32 的发射机在 S 波段工作。如有必要,可改变频率,并对其他参数进行调整,以便与所保护雷达的参数相匹配。每部发射机由 3 个箱式模块组成。用特殊材料制成的箱壳具有防止弹片损伤的良好性能。

安装时,先将 3 个模块对接在一起,后将天线旋入中间模块的顶部,再与 2.5 kW 的便携式发电机相连。

大多数情况下,一部战术雷达附近配置 3 个诱饵就可组成有效的诱骗系统。在作战时,3 个诱饵与雷达同时工作。由于 3 个诱饵信号的迷惑,ARM 的 PRS 无法区别真假,制导精度降低,误差骤增,以至跟踪失稳,而瞄准 4 个辐射源的中间或其附近的某个位置。于是 ARM 被引诱飞到远离雷达与诱饵的地带,即 ARM 的"陷阱"。

美国的陆军和海军也对 ITT 公司的 ARM 诱饵系统很感兴趣。他们把 ITT 公司诱饵作为基础,然后加以改进,以满足他们的要求。改进后的诱饵称为 ARM‑D。ARM‑D 用模拟主雷达信号辐射特性的方法为雷达提供保护。

ARM‑D 的性能包括能模拟频率捷变雷达,360°覆盖,同时保护雷达诱饵设备。其他与 AN/TLQ‑32 相同,这里不再重复了。

3.6.2 新型被动雷达导引系统(头)的功能

新型被动雷达导引系统(头)的功能如下:

① 被动雷达导引系统装配到远程导弹上作为中制导,与精确末制导构成精确打击的导弹。

② 被动雷达导引系统与被动雷达成像(微波、毫米波)装配到导弹上构成抗干扰性能很强的全程被动反辐射导弹攻击雷达与通信台和网络中的数据链。

③ 被动雷达导引系统与其他精确末制导装配到导弹上构成反辐射导弹攻击雷达和通信台与数据链。

④ 被动雷达导引头与其他精确末制导装配到拦截导弹上,用以拦截装配主动雷达导引头的导弹。

⑤ 被动雷达导引头装配到无人机上和炸弹上,就构成反辐射无人机和反辐射炸弹与反辐射导弹相互配合,攻击雷达、通信台、数据链。

3.6.3 新型反辐射导弹导引系统(头)的关键技术及其实现的技术途径

超宽频带被动雷达导引系统(头)是远程精确打击导弹和反辐射武器的首要关键技术或者首要关键部件,它的性能决定着导弹或反辐射武器的性能;它的先进性决定了武器的先进性。

传统的反辐射导弹导引头不能对付现代的 LPI 雷达，也不能攻击 P，L 波段的雷达，特别是不能攻击预警机上的雷达和拦截导弹系统中的预警雷达以及太空战中的监视雷达，这些雷达都工作在 P 波段和 L 波段。必须对传统的被动雷达导引头进行一次革命，研制开发新型的反辐射导弹导引头和新型的被动雷达导引头，它们具备的性能和技术指标为：四超、一大、五抗。

四超包括：

① 超宽频带：4～5 个倍频程，即 2^4～2^5，0.38～6 GHz 或 0.38～12 GHz 或 0.4～20 GHz。

② 超分辨：分辨角≤5°。

③ 超高灵敏度：对于雷达信号其灵敏度为 -80～-85 dBmW，对于通信信号其灵敏度为 -105～-95 dBmW。

④ 超高测角精度：在超宽频带范围内，测角精度为 0.5 (°)/σ；在低频段其测角精度为 1 (°)/σ，在高频段其测角精度为 0.5～1 (°)/σ。

一大包括：大动态范围，要求具有 120～140 dB 的动态范围。

五抗包括：

① 抗 LPI 和脉间波形变换的雷达（即与 LPI 和脉间波型变换雷达信号匹配）。

② 抗辐射源关机。

③ 抗雷达诱饵系统、雷达网、闪烁干扰的诱骗和干扰。

④ 抗连续杂波干扰。

⑤ 抗高激光、高能微波烧毁。这种新型的导引头使 ARM 的命中精度：CEP<3 m。

利用四超、五抗的技术指标与性能，不难提炼出关键技术。

(1) 超高灵敏度技术

对雷达要有 -80 dBmW 以上的超高灵敏度，对通信台要有 -100 dBmW 的超高灵敏度。解决的主要技术途径是：信号分选支路采用宽频带数字信道化、脉内指纹分析与参数提取技术；测向信道采用 LPI 匹配数字滤波器与脉宽匹配数字滤波器技术、窄带数字接收技术；基于信号的实时跟踪本振，实现与频率捷变雷达信号匹配，以提高导引头的灵敏度。

(2) 抗诱饵技术

这种反辐射武器必须具备抗诱饵的技术，如果采用传统的比相（相位干涉仪测向），不仅因分辨率低不能分辨诱饵与雷达而使导弹失效，而且不能稳定跟踪设有雷达诱饵的雷达。反辐射导弹抗诱饵的技术途径有 3 种：采取多模复合精确末制导，用宽频带被动雷达寻的器作为中、远程制导，用立体基线测向实现稳定跟踪；用精确末制导实现分辨诱饵与雷达，从而攻击雷达；用变极化天线与极化特征分辨诱饵与雷达，从而攻击雷达；用超分辨的空间谱估计分辨雷达与诱饵，分辨角要小于 5°，从而实现攻击雷达。

(3) 超宽频带技术

因为战场上的雷达与通信信号的载频分布很广，从 0.03 MHz 到 40 GHz，所以反辐射导弹要想适应性强，就必须有超宽频带的性能。超宽频带技术依靠超宽频带的天线如平面螺旋天线、曲折臂天线、对数周期天线、锥螺旋天线等，微波前端采用快速跳频的频综器。除此之外，就是超宽带的解测角模糊。比相法、立体基线法、空间谱估计测向在宽频带范围内都存在测向模糊问题。在 3 倍频以内可用虚拟短基线解模糊，在 3 倍频以上可用立体基线解模糊。

立体基线可解 5 倍频程以上的超宽频带的测向模糊。

(4) 超高精度测角技术

多模复合精确末制导的被动导引系统的测角精度在 1~3 (°)/σ 就可满足要求。如果要求单一的波动雷达导引头抗诱饵,又要有高的命中精度,这就要求导引头的测角精度必须达到 0.3~0.5 (°)/σ 或 0.5~1 (°)/3σ。由于导弹的体积所限,提供给天线布放的平面也是有限的,要实现高测角精度可采用以下的技术措施:

① 在 1 GHz 以下的频率上,可采用空间谱估计超分辨测向,可实现超高测角精度即 0.5~1 (°)/σ。

② 实时校正技术,在每个脉冲信号后沿产生一个脉冲,打开微波前端(天线之后)的校准开关,测向的各通道输入同一个信号进行各路的幅相校准。

③ 用 AGC 或 ATC 实现线性放大,降低噪声对测角精度的影响。

④ 综合列表校正技术。将影响测角精度参数的理论曲线数据与实测相应参数的实测曲线的数据进行比较,按差值进行补偿。

(5) 复合制导的共口径、头罩技术

远程的导弹一般都采用多模复合精确末制导,用作用距离远、信号分选与识别能力比较强、测角精度比较高的宽频被动雷达寻的器作为中制导,用精确制导(微波、毫米波、主动雷达、红外成像、激光、电视等)作为末制导。这样,复合制导如果用共口径就产生了这样的问题:① 复合制导如主动雷达、红外成像等与被动争口面上的位置;② 头罩既要照顾到被动雷达寻的器的宽频带,还要照顾到其他制导方式透波和瞄准误差;③ 如果采用比相体制,则要求一定的阵列方式排列。

要解决这些难题的技术途径有两个:① 采用共形天线,即在弹皮上附着共形大线,其天线波束与弹轴方向一致,弹头中间空出来,装其他制导方式的传感器,如主动雷达的天线、红外成像器的光学镜头等,这样既解决了头罩难以实现的问题,又可充分发挥精确制导的优势;② 如果不采用共形天线,则可采用任意阵列的五单元天线,用立体基线测向和解模糊。

(6) 大动态范围技术

由于高灵敏度和作用距离远,则要求大动态范围。解决的技术途径有:① 在微波前端加双态衰减器;② 在微波前端加可控的衰减器;③ 在中频端加瞬时 AGC 或 ATC。通过以上的技术途径扩大惯性动态范围和瞬时动态范围。

习 题

1. 简述电子进攻的定义和主要内容。
2. 简述反辐射武器和武器系统有哪些类型。
3. 简述反辐射导弹的定义以及其在战争中的作用。
4. 简述近些年的反辐射导弹的发展与研究现状。
5. 简述近些年电子进攻武器的效果以及目前武器的系统的指标。
6. 简述复合制导导引头共口径设计可能存在的问题。
7. 简述为了抵抗反辐射导弹的攻击,雷达可采取何种措施? 而为应对雷达的这些措施,新型反辐射导引系统需要采用哪些关键技术。

8. 假设反辐射武器作战对象的雷达参数如表 3.1 所列。

表 3.1　反辐射武器作战对象的雷达参数

雷　达	作用距离/km	频率/MHz	脉宽/μs	重复周期/μs	雷达体制
1	100	4 620	2	200	常规体制
2	150	9 300	0.5	66	有源相控阵体制
3	50	3 500	5.3	5 000	常规体制

（1）思考该反辐射武器导引头的技术指标要求？

（2）试设计地面任务规划系统需要对反辐射导引头装订的雷达数据库。

第4章 电子进攻之定向能武器

4.1 概 述

4.1.1 定向能武器的概念与特征

定向能武器是利用沿一定方向发射与传播的高能电磁波射束以光速攻击目标的一种新机理武器,又称为射束武器或聚能武器。它包括高功率微波武器(HPM)、高能激光武器、带电粒子束武器(CPBM)和等离子体武器。

与现代武器相比定向能武器的特性:

① 以光速波传播将高能量射束直接射向目标,因而在攻击目标时不需要提前量,只要瞄准目标即能命中,有极高的命中率,敌人难以躲避;

② 射束指向灵活,能快速地扫掠战区内一特定方向,并瞬时指向任何位置上的目标,可在快速改变指向的同时攻击多个目标;

③ 射束能量高度集中,一般只对目标本身某一部位或目标内的电子设备造成破坏,而不像核武器、化学武器和生物武器那样造成大范围的破坏或杀伤,因而可避免杀伤平民和破坏环境;

④ 武器发射时无声、无形,因而攻击目标时隐蔽、突然、杀伤力大,能给敌人造成较大的心理压力;

⑤ 定向能武器既可以用于进攻,也可用于防御,是一种理想的攻防兼备的电子武器。

4.1.2 定向能的分类

定向能武器包括:高功率微波武器、高能激光武器、带电粒子束武器、等离子体武器。

1. 高功率微波武器

高功率微波武器也称为射频武器、超宽带(VWB)武器、微波射束武器,通常由电力的或(化学)爆炸性的初级功率源、射频产生器和天线波束定向器组成。高功率微波武器的特点如下:采用 10 MHz~100 GHz 范围的频率;具有产生多个同时频率的窄带和宽带性能,以及 100 MW~100 GW 之间的功率电平;其输出功率是电子战目前功率水平的 100~1 000 倍,如此高的电平要求设计师必须解决射频自杀和自相残杀等新问题。目前,美国正在研究高功率微波武器,这种武器可以用于对敌防空压制(SEAD)、破坏敌人通信和对付空空导弹、面空导弹和反舰导弹的平台自卫这样一些传统的电子战领域中。

2. 高能激光武器

用激光器组成的武器称为激光武器。

激光具有高定向性的窄聚焦波束,低功率使用时它可提供高的信噪比,高功率使用时能引起热毁伤,定向能电子战可用于高数据速率的通信,也可实现远距离的目标实体摧毁。激光系统通常由激光器、"清理"波束、消除波束不稳定性的波束处理装置以及用于波束调节、波束指向与控制的自适应光学设备等构成。从定向能电子战角度考虑,高能激光武器(HEL)可用于战区级和国家级弹道导弹防御及舰艇和飞机的自卫。

3. 带电粒子束武器

带电粒子束武器(CPBM)技术是三种定向能电子战技术中最不成熟的技术,通常包含一个电力源、一个高能粒子加速器和一个输出波束定向器。这些武器在所有定向能武器项目中占少数,美国已指出定向能电子战在安全距离之外用于清扫水雷和防御反舰导弹中具有的潜在应用。定向能电子战可用于卫星攻击,目前美国正在开发适用于军事平台的小型高效加速器技术,以及获得粒子束远距离通过大气层时可预测的稳定和传播条件。

4. 等离子体武器

等离子体武器也是定向能武器的一种,分为杀伤性和非杀伤性两大类。目前,等离子体武器还处于机理研究阶段,但是它的独特性质早已引起不少国家的重视。俄罗斯就曾建议俄美合作共同开发能够拦截弹道导弹的等离子武器,并在美国的夸贾林群岛试验场进行合作试验。

定向能战及其武器的出现于 21 世纪,当这些第一代武器发展到能获得体积更小、功率更强、可使用廉价技术的第二代系统和第三代系统时,战场将真正跨入一个新纪元,微波和光子将代替过去的子弹和导弹。

4.2 高功率微波武器

4.2.1 概　述

高功率微波武器是利用高功率微波波束干扰、摧毁敌方电子设备或杀伤敌方作战人员的一种定向能武器,它正迅速发展成重要的新概念武器。高功率微波武器主要分两种:一种是一次性使用的单脉冲炸弹(电磁炸弹);另一种是产生多个脉冲的可重复使用的微波武器。

原则上可以利用无线电波段的电磁辐射(电磁武器)打击导弹、飞机和其他目标。最强大的电磁辐射源是高空核爆炸。核爆炸会产生各种谱线,其中包括射频辐射谱线。

一般视频脉冲频谱集中在 1～100 MHz 频带内,但不能定向辐射;而电磁辐射能量可通过无线电电子设备外壳和显示器的工艺孔、狭缝和缝隙射到无线电电子设备的元器件上。

电磁武器涉及利用产生大功率超高频振荡的振荡器和辐射器。

这类振荡器所产生的高频能量可能形成很窄的一束,瞄准要打击的目标而定向发射。除了空间定向性以外,超高频辐射还可能具有频率选择性能,能与被打击无线电电子设备接收系统的特性相匹配。此外,超高频振荡器还可能产生很短的脉冲。在电磁武器系统中,利用这些振荡器对无线电电子设备的元器件进行功能性的打击,这一点也很重要。由于半导体元器件 P－N 结的尺寸很小,将能量加到它上面需要 $0.1～1\ \mu s$。如果超高频辐射的能量集中在这样短或更短的脉冲上,则半导体器件的散射来不及带走这些能量。这将大大提高摧毁无线电电子设备的概率。

在高空核爆炸时会引起强大的电磁辐射,它在电路中所感应的电压可损坏电气和电子线路的元器件及侦察打击系统中导弹和飞机随机子系统的结构元器件。

由于核爆炸,大多数分裂产物都以激发态形成,其激发能大约为 1 MeV,寿命很短(远低于 10 ns)。因而其 r-量子实际上是瞬间辐射,它们同大气的气体分子相互作用,生成的电子沿爆炸中心的半径运动,绕地磁场的磁力线和螺旋运动。旋转的结果形成电磁辐射,也就是说电磁辐射的基本原因是大气分子被该爆炸的硬 X 射线辐射电离。根据现有的估计,r-量子大约带走核爆炸总能量的 0.4%。r-量子总能量的 0.6%变成康普顿电子的能量。整个 r-量子的能量转换成电磁辐射。也就是说在百万吨级爆炸时,电磁辐射脉冲能量为

$$(10^6 \text{ t}) \times (4 \times 10^{15} \text{ J})/(10^6 \text{ t}) \times 0.6\% \approx 10^{11} \text{ J}$$

取电磁辐射的持续时间 $\tau = 10$ ns,可以得到厚度为 3 m(在 10 ns 内电磁辐射的传播距离)和半径为 100 km 的球面波中的能密度

$$\varepsilon = 10^{11} \text{ J} \times 10^7/(4 \times 10^{14} \times 300) = 3 \text{ J/cm}^3 \tag{4.1}$$

对于电磁波

$$\frac{E^2}{8\pi} = \frac{H^2}{8\pi} = \frac{\varepsilon}{2} \tag{4.2}$$

由此得到目标周围电磁场的强度为

$$E = \sqrt{4\pi\varepsilon} \quad (\text{单位:V/cm}) \tag{4.3}$$

在此电场中在长度为 2 m 的导弹外壳上形成 360 kV 的电位差。在 1 MHz(这是在强度 $H = 0.6$ Gs 的地磁场中 1 MeV 电子辐射的特征平均频率)下火箭外壳所具有的电阻大约为 1 Ω。因此沿外壳流动的电流大约为 360 kA。这样大的电流感应在导弹结构的内部导体上,感应电压的振幅大约为 10~1 000 V,具体取决于导体的长度和方向。当然,在离爆炸点 100 km 处电磁能流足够小,总共大约为 1 J/m²,功率流为 1 W/m²。目标表面上乌莫夫-波印亭矢量的模也是这么大。

当然,以核弹为基础的电磁辐射武器不适用于战场。因此,需要研制对导弹、飞机或其他军事工程目标能形成同样作用的电磁辐射专用发生器。

为了给超高频能量的脉冲源供电,可以采用等离子体磁流体动力学发电机来转换爆炸物(辛基油)的化学能。已经知道有功率超过 10 GW 的脉冲发生器,其重复频率为 100 Hz,脉冲能量为 500 kJ。

在毫米波段内直径为 1 m 的天线可能具有增益系数 $G \approx 10^6$,在距离 100 km 处,这种天线将辐射聚焦成直径大约为 100 m 的光斑,也不是说在适当的瞄准精度($\Delta\Phi \sim \lambda/d$,其中 λ 为毫米波段电磁波的波长,$d$ 为天线直径)下,能命中任何无线电电子设备。这种天线与功率 P 约为 1 GW 的产生器组合后在目标表面上形成辐射功率流的密度为

$$\Pi = \frac{PG}{4\pi R^2} \approx 10^4 \text{ W/m}^2 \tag{4.4}$$

式中,R 为与目标的距离;P 为发射功率;G 为天线增益系数。

在一般的工作规范中发生器产生脉冲串(纵向),脉冲串的长度为微秒数量级。

当相对论强流束同大气相互作用时,即可获得大功率电磁辐射。此束大约有 10%的能量转变成电磁辐射。也就是说,当相对论电子的能量为 10 MeV 和电流为 10 kA 时,辐射功率可达数十吉瓦(GW)。

为了在系统中运用电磁武器,探讨运用行波管(лБв)和返波管(лов)器件的可能性。这样,在 1 cm 的波长上,当脉冲持续时间为 10~12 ns 时,为获得 500 MW 的脉冲功率,可采用

磁场强度 $H \approx 2.4$ kA/m 的返波管功率放大器。当波长为 10 cm 时,同样的功率可以在脉冲持续时间为 16 ns 时获得。与核爆炸时兆赫波段的电磁辐射相比较,毫米波更可行。

但是一般说来,传统的超高频设备(行波管和返波管)无法满足强电流电子器件和以其为基础的设备以及对无线电电子设备进行功能性打击的电磁武器的要求。其原因是电子束空间电荷的影响,行波管和返波管的效率急剧降低,且电子束的电流越大,这种效应表现越强烈。因此,对于电磁武器,要研制原理上新型的超大功率(0.1～10 GW)的振荡器件,首先要研制相对论电子器件。

随着微波技术特别是微波功率源技术的不断发展,同时由于许多军事电子系统广泛采用固态微电子技术使其易损性增加,高功率微波武器的应用前景变得更为广阔,高功率微波武器必将引起世界各国的广泛关注。特别是军事强国,如美国、俄罗斯已进行了大量的基础理论研究,并已研制出这种武器,应用于战争中。

4.2.2　高功率微波武器的产生与发展

高功率微波武器是为适应新概念电子战的军事能力需求而发展起来的较为成熟的一种定向能武器类型,其特点包括:

① 以光速攻击目标,作用距离远,目标被照射后能瞬间毁坏。

② 集软硬两种杀伤功能于一身,既可用于空基,又可用于陆基和海基,不仅可作为战略防御武器,而且可用作多种战术拦截武器系统,应用范围广。

③ 微波束比激光束宽,打击范围较大,因而对跟踪瞄准的精度要求较低,有利于跟踪攻击近距离快速运动的目标。

④ 可重复使用,多次打击,所消耗的仅仅是能量,因而费用低,效费比高。

因此高功率微波武器是集软硬杀伤和多种作战功能于一身的新概念电子武器系统,具有诱人的军事应用前景。

1967 年 7 月 29 日,美国"福莱斯特"航空母舰在北越沿海巡逻时,没有受到任何攻击而突然起火,检查结果发现,当时有一部大功率舰载雷达向飞行甲板方向扫掠,由于雷达辐射的高频能量通过一个屏蔽不良的电缆触发一枚导弹,该导弹飞越甲板击中了一架装满各种炸弹、空-地和空-空导弹的舰载飞机 A-40,机上燃料箱爆炸,使 1 000 lb(合 453.6 kg)炸弹在甲板上爆炸形成大火,造成 134 人死亡;1982 年以来,美国陆军 UH-60 武器直升机,在飞临地面、舰载雷达和通信发射机时突然坠毁,据分析可能是由于雷达或通信的射频能量对直升机的飞行控制系统产生干扰而造成的;美国陆军在试验第一个以普通炸药为能源,产生定向性极强的非核电磁脉冲时,毁坏了距测试地点 300 m 远处的汽车点火和引擎装置的半导体二极管,获得了试验所期待的结果。这些事件表明了利用高功率微波能量破坏武器或作战平台的可能性,从而极大地提高了各国对高功率微波武器在军事中应用的兴趣,到目前为止,各国对高功率微波武器的研制日趋成熟,并开始在现代高技术局部战争中应用。到 21 世纪高功率微波武器将成为对付高技术兵器的新型电子战武器系统,从而为现代电子战武器大家族增添了一个新的成员。

高功率微波一般指峰值功率在 100 MW 以上,工作频率范围为 1～300 GHz 的无线电电磁波。高功率微波技术是近年来为了获得和应用高功率微波而发展起来的一门新兴高技术,它包括高功率电磁脉冲产生技术、相对论强流电子束产生与维持技术、高功率微波元器件技术、高功率微波定向发射与传输技术以及高功率微波应用技术等。高功率微波的崛起是由近代微波源理论和技术的迅速发展而推动起来的(见图 4.1)。自 20 世纪初利用栅极管产生较低射频之后,到 20 世纪 30 年代,利用谐振腔与电路相结合而构成的反射速调管获得了更高的射频频率,从此微波器件理论获得了突破性的进展,先后出现了频率更高、功率更大的磁控管、行波管、返波管等新型微波器件。由此使利用这些微波器件构成的各种雷达在第二次世界大战中获得了广泛应用。至此微波器件已日趋成熟并可进行批量生产,它为高功率微波的理论的发展打下基础。20 世纪 50 年代,国外开展了控制热核聚变产生能量的理论与试验研究,对等离子体物理对波与粒子之间的相互作用有了初步认识,促进了人们更加深入地研究高功率微波的物理机理,获得了大量关于各种高功率微波理论研究的成果。20 世纪 60 年代,脉冲技术同基于冷阴极场致发射的爆炸电子发射相结合,为产生高功率微波提供了性能良好的微波源,其最新成果使强流相对论电子束微波器件得到快速发展,这使得在等离子体物理研究中获得的波与粒子相互作用的知识被用于产生高功率微波,因此高功率微波源的发展就从常规的微波管转向等离子体物理和脉冲功率领域。进入 20 世纪 80 年代,虚阴极振荡器、相对论速调管放大器、相对论磁控管和返波管以及多波契伦科夫发生器等相继研制成功,从而推动了高功率微波武器的发展,各军事大国掀起了一场高功率微波武器的研制热潮。

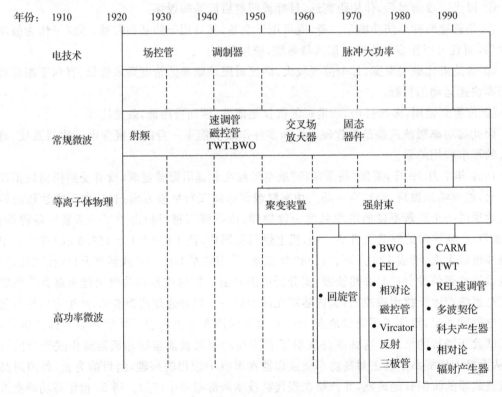

图 4.1 高功率微波武器系统的组成和工作机理

高功率微波武器是通过发射几千兆瓦甚至几十千兆瓦强微波(频率范围为 1～300 GHz)脉冲功率来毁坏敌方电子设备、烧毁武器结构和杀伤作战人员的一类新机理武器系统。由于它是以辐射强微波能量为主要特征,因此又称为微波辐射武器或射频武器。根据破坏机理的不同,高功率微波武器一般分为高功率微波定向发射系统、中功率超级干扰机和高功率微波弹。由于高功率微波弹是以爆炸能或化学燃料作为能源,且一般是做成可投放的弹药结构,其杀伤机理与核爆炸电磁脉冲相类似,因此把它放在电磁脉冲武器系统中讨论,本节只讨论高功率微波发射系统和"超级干扰机"两类电子武器。

1. 高功率微波发射系统的组成框图

高功率微波发射系统的组成原理如图 4.2 所示,它由初级能源、脉冲功率系统(能量转换装置)、高功率微波器件、定向发射装置以及系统控制构成。初级能源一般由电源供电(电能)。脉冲功率系统是高功率微波发射系统工作的基础,它采用各类强流加速器把初级电能转换成高功率强流脉冲相对论电子束,其工作原理是:利用电容器或电感器将来自初级能源的电能存储起来,然后在 10^{-7} s 内快速将能量释放出来,产生高达数兆伏的高电压,此高电压加到冷阴极二极管上,就可产生高功率强流脉冲相对论电子束,用于推动高功率微波器件。目前脉冲功率系统中最常用的加速器有脉冲形成线、直线感应加速器、射频直线加速器、电子回旋加速器、磁存储环以及静电加速器等。图 4.3 所示为用于推动高功率微波器件的几种典型的脉冲功率系统,其中最常用的系统是由电容器组推动——脉冲形成线(PFL)。

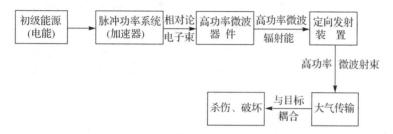

图 4.2　高功率微波定向发射系统原理框图

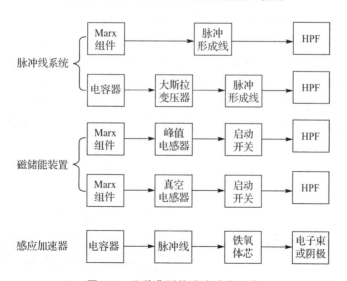

图 4.3　几种典型的脉冲功率系统

这类脉冲功率系统有两种类型,第一种是 Marx 发生器直接充电——脉冲形成线,如图 4.4 所示。Marx 发生器实质上是一组电容器组件,它以并联形式充电,然后很快地转接到串联电路中,使原来的充电电压乘以 Marx 中电容器级的数目。为了减小体积,Marx 发生器通常用变压器油绝缘。脉冲形成线通过高压闭合开关转接到负载上。第二种脉冲功率系统是应用低压下的电容器组,并应用变压器将电压升高后充电脉冲线。这种结构的优点是可重复工作、结构简单紧凑。典型的系统是俄罗斯托姆斯克高电流电子学研究所研究的紧凑型 RADAN 加速器,它可产生 150 MW 电功率,用于推动行波管放大器,可产生 10 MW 功率输出,在 10 Hz 重频上的增益为 30 dB。

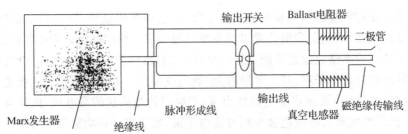

图 4.4 典型的脉冲线系统

脉冲形成线主要用于短脉冲(<200 ns),若用于长脉冲则由于脉冲很宽,其体积就变得很大。因此对于长脉冲,应采用由离散的电感性或电容性部件组成的脉冲形成网络(PFN),该网络被设计成用于产生近似于所希望波形的傅里叶级数。图 4.5 所示为一种脉冲形成网络及其输出脉冲波形。通常脉冲形成网络会产生一个随电压摆动脉冲,表现在脉冲前沿出现"过冲",后沿出现"下冲"。这种电压波动通常会影响源的性能,其中一个重要特性是负载性能所加电压的灵敏性。因此在整个脉冲期间应考虑电压的平坦性。脉冲形成网络对电压平坦性可以进行优化。

第二类脉冲功率系统是利用直线电感加速器(LIA)。这类加速器的主要优点是所要求的加速电压是分布在 N 个脉冲形成子系统中,故全电压仅出现在电子束或是电子束发射阴极上,如图 4.6 所示。实际上,LIA 是作为一系列 1∶1 脉冲变压器工作的,每个变压器段在阴极或电子束上产生一个电压增量 V,因而在阴极末端或引出的电子束上的峰值电压为 NV。用于电压相加的主要部件是每个加速器腔体中的铁氧体磁芯。当脉冲从传输线到达时,这些铁氧体磁芯呈现出高感性阻抗,故在加速器间隙中所加的脉冲电压表现为电场。当铁氧体磁芯饱和时,腔体变为低电感负载,脉冲被短路。可采用更多的腔体相加的方式获得大的输出电压。直线电感器的优点是脉冲形成是在低电压下进行的,故适合于重复工作,能提供更好的平均功率容量。

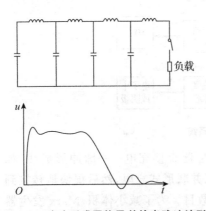

图 4.5 脉冲形成网络及其输出脉冲波形

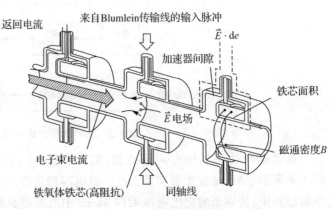

图 4.6 直线电感加速器

第三类脉冲功率系统是利用磁储能装置。由于磁储能装置的能量密度比电磁能系统高 1～2 个数量级,因而可构成紧凑的加速器。典型的系统是由一个 Marx 组把真空电感器充电到峰值电流,然后使断开开关打开,此时由于电感器中压缩磁通的反电势作用,在负载上出现一个大的暂态电压。由于峰值电压仅出现在负载上,因而这种装置可以做得很紧凑而不会发生内部电弧和短路。在高功率微波中最早应用的磁储能装置是用一个反射型开关推动一个磁控管而产生高功率微波辐射。目前这类装置还没有得到广泛应用,其原因有:① 跨接在负载上的反电势电压是一个三角波形,因而只有当负载对所加电压不敏感时才能有效推动负载;② 磁储能装置给出输出脉冲的阻抗为 1～10 Ω,它小于大多数的微波源阻抗,因而只适用于低阻抗负载;③ 开关技术目前还不成熟。

高功率微波源是高功率微波武器的“心脏”,它将脉冲功率系统形成的强流相对论电子束在高功率微波器件中与电磁场相互作用,将能量交给电磁场,从而产生高功率微波辐射电磁能。目前可用于构成高功率微波源的微波器件有:回旋管、强相对论微波器件、虚阴极振荡器、多波切伦科夫振荡器以及等离子体辅助慢波振荡器等。回旋管由于利用了与传统电真空器件不同的群聚和能量转换机理,从而摆脱了器件特征尺寸与工作波长共度性的限制,因而可在更高的微波、毫米波频段上获得很高的功率与效率。目前 3 mm 波段的回旋管功率已超过 2 MW,脉宽达数微秒甚至数十毫秒。频率为 140 GHz 的回旋管,脉宽 0.5 ms,重复频率 10 Hz,峰值功率超过 1 MW。等离子体填充的相对论回旋管在毫米波段的峰值功率已超过 7 GW。强相对论微波器件如采用相对论电子束工作的相对论速度管、磁控管、返波管、行波管等,由于工作电压可达数兆伏,工作电流达数万安培,且利用相对论效应增加了电子束与电磁波的互作用空间,利用充等离子体克服了空间电荷的影响,电子效率已达 40%,理论效率可达 80%,成为一类新型的高功率微波器件。目前这类器件在 3 mm 波段的输出功率已达 15 GW,在 6 mm 波段可达 4 GW。虚阴极振荡器是一种利用空间电荷器件中产生的虚阴极振荡现象来获得高微波功率的设备。该振荡器具备产生大电子束流、阻抗低和易于起振的特性,这些特性使得虚阴极振荡器有潜力应用于需要产生高功率、长脉冲信号需求的场景。其工作频率为 1～100 GHz,在 L 波段的输出功率已超过 20 GW。多波切伦科夫振荡器在短厘米波和毫米波上可得到高峰值功率和效率,但脉宽较窄,且要求很强的引导磁场。

定向辐射天线主要用于把高功率微波辐射电磁能聚焦成极窄的波束,使微波能量高度集中,从而以极高的能量强度发射出去照射目标,破坏武器系统和损伤工作站人员。高功率微波定向天线是高功率微波源与自由空间的界面。与常规天线技术不同的是高功率微波定向天线具有高功率和短脉冲两个基本特性。因此这类天线一般是由常规天线演变过来,使其与上述两个基本特性相适应。对天线的主要要求是高定向性,大功率容量,一定的带宽和快速扫描等。到目前为止,只有几种类型的天线已用在窄带高功率微波研究中,而最常用的是短型喇叭天线,其典型的天线效率可达 80%。抛物面天线由于其集中馈电包含非常高的电场而很少应用在高功率微波中。阵列天线应用于高功率微波系统中是可行的,其理由是:① 更高的功率将要求较高的天线面积以避免击穿问题;② 超高功率(大于 100 GW)可通过锁相源阵列来实现,这意味着多个输出波导要求多个天线;③ 阵列天线的目标快速电子跟踪和照射与高的定向性相兼容。

从大型定向天线发射的高功率微波能量可以通过前门耦合和后门耦合两种形式传递到目标上,前门耦合是指高功率微波能量通过敌方目标上的天线、传输线等媒介线性耦合到其接收和发射系统内,以破坏其前端电子设备;后门耦合是指从大型定向天线发射的高功率微波能量通过敌目标结构不完善的屏蔽小孔、缝隙等非线性耦合到坦克、飞机、导弹、卫星内部,干扰其电子设备,使其不能正常工作或烧毁电子设备中的微电子器件和电路,从而大大降低这些平台的作战效能。

2. 超级干扰机(中功率微波 MPM)

不同武器的技术复杂性与功率量级关系比较如图 4.7 所示。从图中可以看出,电子战采用千瓦级的较低功率和使用复杂的技术来破坏敌方的有效使用的电磁频谱,同时使己方电磁频谱得到保护并有效使用。但是由于新的威胁不断增加,以及电子对抗与电子反对抗技术之间的相互竞争,常规的电子战武器由于复杂性不断增加而变得非常昂贵。高功率微波应用功率大于 1 GW 的简单脉冲攻击目标,其已受到广泛关注。但由于技术、体积、重量、功率等的限制,在短期内要使高功率微波进入战术应用仍有一定困难,因此近年来国内外正在发展一种介于电子战和高功率微波之间的中间方案,称为灵巧微波武器或

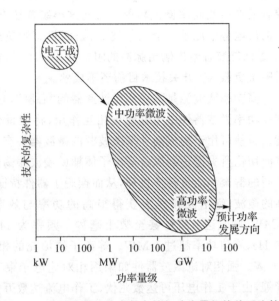

图 4.7 不同武器的技术复杂性与功率量级的关系比较

中功率微波武器(MPM)。其功率量级为数兆瓦至千兆瓦级。利用这种中功率微波加上重复脉冲或幅度调制、频率调制以及其他形式的脉冲波形,就构成了灵巧微波武器,现在人们普遍把它称为超级干扰机。与常规的电子干扰机相比,超级干扰机的干扰功率提高 3～6 个数量级,比现有的雷达功率高上千倍,因而具有更强的干扰能力;常规的电子干扰机的任务是扰乱、欺骗或影响敌方电子设备,使其暂时失效,而超级干扰机是影响电子设备本身,它不仅能扰乱敌方电子设备的正常工作,而且有可能烧毁电子元器件、集成电路、计算机芯片等,造成敌方电子设备的永久性损伤,因而具有更大的攻击能力。与高功率微波相比,超级干扰机所需的功率电平较低,便于采用各种先进的干扰调制技术,以提高其杀伤力。因此,以中功率微波为基础构成的超级干扰机是一种新型的电子战进攻系统,它不仅能适应现代战场电子战的需求,而且满足对功率和体积的要求,从而更易于实现。

4.2.3 高功率微波武器的破坏杀伤效应

高功率微波是指微波脉冲峰值功率大于 100 MW 的微波。高功率微波武器、激光武器和粒子武器并称为三大定向能武器。正是由于其具有强大的脉冲峰值功率(见表 4.1),因此它具有许多其他发射电磁波的武器所无法比拟的优点。

自海湾战争以来,高功率微波武器逐渐登上了历史舞台,并且起着越来越重要的作用,对战场上雷达、通信、C³I 系统、计算机、各种战术导弹、预警飞机、隐形飞机、车辆点火系统等电子电气设备和系统,以及装备操作人员、指挥人员等均构成了极大的威胁。因此,为了对抗敌方高功率微波武器而加强己方电子系统、设备和作战人员的防护,为了设计和研究己方的高功

率微波武器而加强高功率微波杀伤作用的机理以及外界相关条件对其影响的研究就显得非常重要和紧迫。

表 4.1　电磁能量的比较

输出功率(装备)	功率密度/(W·m^{-2})
无线电接收机	0.001(接收)
无线电发射机	100.0(输出)
定向脉冲雷达	1 000.0(输出)
电磁脉冲	1 000 000.0(输出)

　　为了在研究和试验过程中作为参考,表 4.2～表 4.4 列举了一些高功率微波对集成电路、电子器材、计算机、军用设备等的损伤功率阈值。

表 4.2　对集成电路的损伤功率阈值(测量值)

器　件	类　型	失效功率/W		
		输入引线	输出引线	电源引线
Fairchild 9930	双 4 输入门	730	290	660
Signetics SE 8481	四 2 输入与非门	230	149	1 230
T1946	四 2 输入与非门	50	60	870
Sylvania SG140	四 2 输入与非门	170	210	660
Motorola MC301G	5 输入门	2 020	950	4 400
Radiation Inc. 709R	运算放大器	50	57	206
Motorola Mc1539G	运算放大器	890	15 000	5 400
T1709L	运算放大器	1 600	11 000	8 400
Radiation Inc. RD211	双 4 二极管门扩展器	63	63	—
Radiation Inc. RD220	六反相器	110	430	1 080
Radiation Inc. RD221	双二进制门	850	570	2 180
Radiation Inc. RA239	放大器	—	160	210
Philbrick Q25AH	混合放大器	630	50	1 000
Philbrick Q25M	混合放大器	320	6 300	3 200
Fairchild MA709	混合放大器	35	95	—

表 4.3　电磁脉冲对各种电子器材的影响

电子器件	干扰能量的容许程度/J	破坏能量/J
CMOS	10^{-7}	10^{-6}
高损晶体管	10^{-6}	10^{-5}
开关、二极管、晶体管	10^{-5}	10^{-4}
信号二极管整流器	10^{-4}	10^{-3}
齐纳二极管	10^{-2}	10^{-2}

电子器件	干扰能量的容许程度/J	破坏能量/J
类似齐纳二极管的特殊整流器	$10^0 = 1$	$10^1 = 10$
继电器(接点的熔化)	—	$10^1 = 10$
功率晶体管	$10^0 = 1$	$10^1 = 10$
功率二极管	$10^0 = 1$	10^2

表 4.4　高功率微波对计算机及其系统的破坏阈值

高功率微波能量	对计算机的损毁状况
$0.01 \sim 1 \ \mu W/cm^2$	计算机节点的工作受到干扰
$0.01 \sim 1 \ W/cm^2$	计算机的芯片被损伤
$10 \sim 100 \ W/cm^2$	元器件被烧毁
$1\,000 \sim 10\,000 \ W/cm^2$	整个计算机节点被摧毁

　　高功率微波武器是以所有的军事电子装备与系统、武器控制与制导系统以及武器或平台结构本身为主要攻击目标,在未来的高技术战争中具有极其广泛的应用前景。

4.2.4　电磁炸弹

1. 电磁脉冲(EMP)效应

　　EMP 效应最早是在高空爆炸核武器的初期试验期间观察到的。这种效应的特点是产生一种极短(数百纳秒)但极强的电磁脉冲,在从源点向远处传播时其强度不断减小,符合电磁学理论。实际上电磁脉冲是一种电磁冲击波。

　　这种能量脉冲产生强大的电磁场,尤其是在武器爆炸点附近。这种电磁场的强度足以在暴露的导电体上(例如电线,印制电路板的导电线条等)产生高达数千伏变化的短瞬态电压。

　　这种 EMP 效应具有军用价值,因为它能对各种电气和电子设备产生不可恢复的破坏,尤其是对计算机、无线电电台或雷达接收机。根据电子设备的电磁加固性(这是设备在这类武器产生的电磁场效应条件下恢复性能的一种措施)和武器产生的场强来分析,设备可能受到不可恢复的破坏或者事实上受到电气上的摧毁。与暴露在闪电附近受到的损坏不同,这种损坏可能需要替换全部的设备,至少要替换大部分设备。

　　商用计算机尤其易受到 EMP 效应的损坏,因为它们主要是用高密度 MOS(金属氧化物半导体)器件制造的,而金属氧化物半导体对暴露于高瞬态电压的情况尤为敏感。只需要非常小的能量就可永久地损坏 MOS 器件,一般超过数十伏的电压就能击穿场效应门,从而损坏这种器件。即使脉冲的功率不足以产生热损坏,设备中的电源也很容易提供足够的能量来完成这一破坏性的过程。损伤的器件可能仍然能起作用,但是它们的可靠性将会严重下降。用设备机壳对电子设备进行屏蔽只能提供非常有限的保护,因为从设备进出的每一根电缆其特性极像天线,会把高的瞬态电压引到设备中来。

　　在数据处理系统、通信系统、显示器、工业控制设备(包括公路和铁路信号发送装置)等中应用的计算机以及嵌入在军用设备(例如信号处理机、电子式飞行控制装置以及数字式发动机控制系统)中的计算机可能都易受到 EMP 效应的损坏。

其他电子器件和电气装置也可能受到 EMP 效应的损坏。电话设备易受损,因为在装置间有长的铜电缆。各种接收机对 EMP 特别敏感,这是因为这种设备中高灵敏度的小型高频晶体管和二极管很容易受到高瞬态电压的损坏。因此,雷达、电子战设备、卫星微波、超高频、甚高频、高频和低波段通信设备以及电视设备全部可能受到 EMP 效应的损坏。

重要的一点是现代军事平台上密集地封装着各种电子设备,除非这些平台得到很好的加固,不然一个装置的损坏就可大大降低它们的作用或者使之变得无用。

2. 常规电磁炸弹的技术基础

电磁炸弹设计中可应用的技术是多种多样的,而且在许多方面相当成熟。在此领域中目前的关键技术有爆炸驱动型磁通压缩产生器(FCG)、爆炸或推进激励式磁流体发生器(MHD)和各种高功率微波器件(HPM),其中最重要的是虚阴极振荡器(Vircator)。在这些领域中已对一系列的试验性设计方案进行过测试。

这里将评述 FCG 的特性和基本原理,并与炸弹和战斗部的应用关联起来。要强调的是,这一评述不是详尽无遗的,而只是说明一下这些技术是怎样实现作战部署的。

(1) 爆炸驱动型磁通压缩产生器

爆炸驱动型磁通压缩产生器(FCG)是适用于炸弹的最成熟的技术。FCG 是 20 世纪 50年代后期由 Clarence Fowler 在 Los Alamos 国家实验室第一次演示的。从那以来,在美国和苏联已经制造了各种结构的 FCG 并进行了试验。

FCG 是一种结构比较紧凑并能在数百微秒时间内产生数十兆焦耳电能的装置。FCG 可以产生万亿瓦到十万亿瓦的峰值功率电平,能够直接使用,或者可作为微波管的注射式脉冲电源使用。从以下叙述可得到进一步的理解:一部大型 FCG 产生的电流比一次典型的雷击产生的电流大 10~1 000 倍。

FCG 结构的基本原理是用一次快速爆炸迅速压缩磁场,把爆炸的大量能量转变成磁场。

在爆炸之前 FCG 的初始磁场是由起始电流产生的,该起始电流是一个外部源(例如高压电容器组即 Marx 组、一个小型的 FCG 或一个 MHD 装置)产生的。原理上,任何一种可产生数万安培到数兆安培脉冲电流的装置可用于产生 FCG 的初始磁场。

目前已公布过多种 FCG 的几种结构图形。最常用的布局是同轴 FCG。在这方面同轴结构特别有意义,因为其大体圆柱形的形状因子使之可以封装进弹药。

在一种典型的同轴 FCG 中,用一个圆柱形的铜管构成转子(或衔铁),管子中间填充着高能快速炸药。曾使用过从 B 型和 C 型混合药剂到经过机械加工处理的炸药包 PBX-9501 等多种快速炸药。此转子由一个重线(典型的是铜)形成的螺旋线圈围绕构成。在某些方案中,转子绕组被分成若干段,导线在各个段的边界上向两边分路,以使转子绕圈中的电磁感应最佳。

如果不对在 FCG 工作过程产生的强磁力进行适当处理,则它可能会使装置过早地损坏。典型的处理方法是添加一套结构性的非磁性材料。已使用过的材料有水泥或填充环氧树脂的玻璃钢。原理上,任何具有合适电气和机械性能的材料都可以使用,在重量受限的场合,例如空中投放的炸弹或导弹战斗部,玻璃纤维或凯夫拉尔纤维环氧树脂复合材料也许是最可行的材料。

典型的情况是当初始起动电流达到峰值时就开始爆炸。通常是由一个爆炸透镜平面波产生器来完成这项工作,该发生器在爆炸过程中产生一个均匀的平面燃烧面(或雷管起爆作用)。

一旦爆炸开始以后,燃烧面就通过爆炸传
到转子,使之变形成为圆锥形(典型情况
是12°～14°的弧),如图4.8所示。当转
子膨胀扩充到等于定子的整个直径那么
大的时候,就在定子线圈的端头之间形成
了短路,因此也就隔断了起始电流源,俘
获了装置中的电流。传播的短路效应具
有压缩磁场的作用,但同时也减小了定子
绕组的电感。其结果就是此发生器产生
一个斜坡上升的电流脉冲,在装置最终解
体之前达到峰值。公开发表的报道称在
器件的特性确定情况下,峰值电流为数十
兆安培,峰值能量为数十兆焦耳时斜坡上升时间为数十至数百微秒。

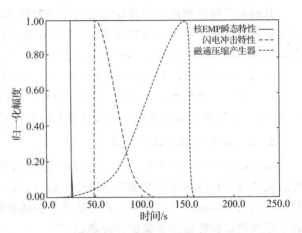

图4.8 典型的电磁脉冲形状

得到的电流放大倍数(即输出电流与起始电流流比)是因设计方案不同而不同的,但已展
示过60倍的放大倍数。在弹药中应用,其尺寸和重量至关重要,故希望用尽可能最小的起动
电流源。这类应用中可以采用将FCG级联的方法,其中用一个小的FCG把一个起始电流注
入给一个大一点的FCG。LANT和AFWL进行的试验已经论证过这种技术的可行性。

在武器中采用FCG的主要技术问题主要集中在封装、提供起始电流、装置与所要求的负
载的匹配等方面。在同轴和圆锥FCG设计方案中,由于同轴式的几何形状而使之与负载的连
接得以简化。重要的是,这种几何形状在武器中应用较方便,其中FCG可以与微波虚阴极振
荡器这样的装置同轴放置,如图4.9所示。负载(如虚阴极振荡器)对波形和定时的要求,可以
通过插入脉冲整形网络、变压器、爆炸式大电流开关等而得到满足。

(2)基本工作原理

高功率微波发生器由初级电源、爆炸磁压缩脉冲功率源、微波功率发生器、高功率开关和
发射天线组成。它由引信控制起爆,爆炸产生宽频带、高功率的微波辐射,进而干扰和毁坏电
子设备。高功率微波发生器由炸药爆炸或核爆炸磁压缩装置或其他微波源供能,配装在炮弹、
火箭弹、航弹、导弹内部,是一次性武器。

电磁炸弹的基本原理如图4.10所示,各部件之间有超短时间同步开关。微波弹主要通过
高功率的脉冲设备产生强电子束驱动高功率的微波发生器,从而产生定向辐射的高强度微波。
它可以单次也可以连续产生高功率的微波,并通过一定的调制方式,控制微波发射的强度和作
用时间。驱动高功率微波负载需要短而强的高功率脉冲源,而高功率的脉冲可以利用化学爆
炸或核爆炸驱动的磁通量压缩器产生。这种磁通量压缩器(见图4.11)是一种有发展前途的
小型高功率电源。这种装置由一级或多级爆炸发生器构成。每一级爆炸发生器的起爆发生在
载有电流螺线管的金属圆柱体内。圆柱体和螺线管的间隙中的磁通量被爆炸性压缩为扩展型
圆柱体,抵抗已建立起来并正在增强的磁压力,于是爆炸产生的一些能量转换为一种锐升的极
窄电流脉冲并加到高功率微波发生器上,以驱动产生高功率微波。

高功率微波源是电磁炸弹的"心脏",它将电子束的功能转换成很强的电磁能,其能量转换
效率和输出功率的高低直接影响武器系统的杀伤效能。目前,国外正在研制各种高功率微波
源,主要有:回旋管振荡器、自由电子激光器、相对论磁控管振荡器、虚阴极振荡器、等离子体振

荡器、返波振荡器、速调管振荡器以及固体功率源等。

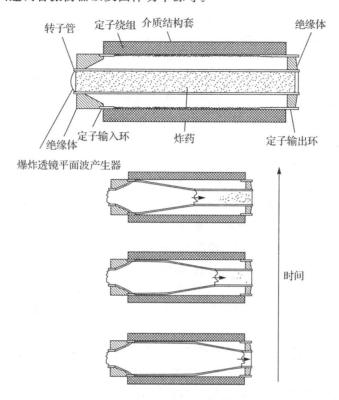

图 4.9　爆炸驱动型同轴磁场压缩产生器

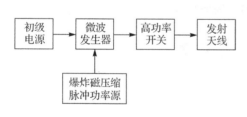

图 4.10　电磁炸弹的基本原理

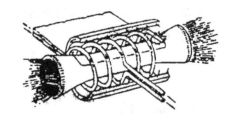

图 4.11　磁通量压缩器结构

4.2.5　电磁炸弹的瞄准

识别电磁炸弹要攻击的目标可能是复杂的。

某些类型的目标是很容易识别的,如大楼建筑、政府办公室以及计算机设备、生产设施、军事基地、已知的雷达基地、通信节点都是目标,它们很容易通过普通的照相、卫星成像雷达、电子侦察和其他的一些行动来识别。这些目标一般在地理位置上是固定的,因此只要飞机能够突防到武器投放距离上就可攻击这些目标。利用 GPS/惯导武器固有的精度,就可以对电磁炸弹编程以使其在最佳的位置上爆炸并造成最大的电气损伤。

过量辐射信号的机动和隐蔽目标也很容易识别。机动的可重新定位的防空设备、机动通信节点和海军舰船都属于这类目标。它们辐射的时候,其位置可以用由发射平台或远程监视平台搭载的适当的电子支援设备(EMS)和辐射源定位系统(ELS)精密地跟踪。遥控监视平台把目标坐标连续用数传方式连续送给发射平台,因为大多数这样的平台移动比较慢,它们不可能在武器飞行时间内飞离电磁炸弹的作用区域。

没有大量辐射信号的机动式或隐藏的目标不易被识别,尤其是应用常规的瞄准手段时。对多种目标而言,目前确已有解决此问题的技术方法。这种方法用于对无意辐射源(UW)的探测和跟踪。无意源辐射已经吸引了"特蔽"(TEMPEST)监视方面的注意力,其中由于屏蔽不良从设备泄漏的瞬间发射特性可以被检测出并且在许多情况下可以被解调恢复为有用的情报,像 Van Eck 这样的辐射只能用严密屏蔽和辐射控制技术(如在 TEMPEST 这类设备中应用的方法)加以抑制。

虽然 UE(无意辐射信号)的解调可能是一个技术难题,但从电磁炸弹瞄准的意义来讲,就没有这样的问题。对这样的无意辐射源进行瞄准攻击只需要识别辐射类型、目标类型并以足够的精度查出其位置、投放炸弹即可。因为计算机监视器外围装置、处理设备、开关式电源、电机、内燃机点火系统、变工作比电源控制器(基于可控硅或三端双向可控硅开关元件的控制器)、超外差接收机本振、计算机联网电缆等的辐射都有各自的频率和调制方式,因此可以设计适当的辐射源定位系统探测、识别和跟踪这样的辐射源。

关于这种瞄准有一个很好的先例。在东南亚(越南)的作战中,美国空军投入了若干夜间执行任务的武装直升机,它们用测向接收机跟踪车辆点火系统的辐射源。一旦卡车被识别和跟踪,武装直升机就对它进行攻击。

UE 的功率电平比较低,所以在敌对行动爆发之前应用这种探测方法可能是困难的,由于它要求飞越敌方的领地来发现具有可供使用强度的信号,可能需要采用隐身侦察飞机或者远程隐身无人机(UAV)来侦察。后者还使装有电磁战斗部的自主式一次性使用的 UAV 成为可能。这种 UAV 上装有适当的寻的接收机。UAV 被编程在目标区域上空游弋直到探测到合适的辐射源,然后 UAV 对此辐射源进行寻的并撞向目标。

4.3 激光武器

4.3.1 概 述

用激光器构成的武器称为激光武器(Laser Weapon),其是利用激光固有的特性(如单色性、方向性好、能量高、密度集中等)开发研究的一种创新性武器,是国外正在蓬勃发展的新概念武器家族中的重要成员。美军把激光武器作为防空防天体系的重要组成部分,并使其成为反导、反卫星及破坏敌方信息源,争夺 21 世纪制海权、制空权、制天权及制信息权的重要手段。激光武器在军事上广泛运用,将使在现代高技术局部战争中发挥重要作用的战术弹道导弹、巡航导弹、防区外发射的空地导弹等一类高技术兵器及在战争中充当"耳目"与"神经中枢"的卫星与太空飞行器的作战效能及生存能力受到严重挑战,使各类武器装备,特别是光电探测制导武器装备面临干扰、致眩、致盲与被摧毁的威胁。

激光武器按作战性能主要分为低能激光武器和高能激光武器两大类。

1. 低能激光武器

低能激光武器即激光干扰与致盲武器,是重要的光电对抗装备,它仅须采用中、小功率器件,技术较简单,现已开始装备部队。这种武器能干扰、致盲甚至破坏导引头、跟踪器、目标指示器、测距仪、观瞄设备,并可损伤人眼,在战场上起扰乱、封锁、阻遏或压制作用,目前各国均在积极发展此类激光器,以保护高价值飞机。

2. 高能激光武器

目前正在研制与发展的高能激光武器有:战略防御激光武器、战区防御激光武器和战术防空激光武器。

① 战略防御激光武器、天基战略防御激光武器的作战目标为助推段的战略导弹、军用卫星平台和高级传感器等。它用于遏制携带核、生、化弹头的弹道导弹所造成的威胁。地基反卫星激光武器用于干扰、致盲和摧毁低地球轨道上的敌方军用卫星。

② 战区防御机载激光武器主要从远距离(远至 600 km)对战区弹道导弹进行助推段拦截,从而使携带核、生、化弹头的弹头碎片落在敌方区域,迫使攻击者放弃自己的行动,起到有效的遏制作用。

③ 战术防空激光武器可通过毁伤壳体、制导系统、燃料箱、天线、整流罩等拦截大量入侵的精确制导武器。将激光武器综合到现有的弹炮系统中,可弥补弹炮系统的不足,发挥其独特的作用。这种弹、炮、激光三结合的综合体防空体系可用于保卫指挥中心、重要舰船、机场、重要目标、重要区域等小型目标和点目标,目前发展的主要是车载和舰载激光武器。

战略防御天基激光武器和战区防御机载激光武器均具有助推段弹道导弹拦截能力。实施助推段拦截具有如下优势:弹道导弹的发动机正在工作,喷出的火焰易于探测;此时导弹飞行速度相对较慢,弹头没有分离,也没有施放诱饵,易于跟踪、瞄准与拦截;助推段一般位于敌方境内,拦截后弹体碎片,特别是携带的核、生、化弹头的弹头碎片将落在敌方区域,不会对防御方造成附加损伤。助推段拦截可谓是"巧破坏",破坏阈值低,一般认为是 1 000～3 000 J/cm^2,比攻击导弹战斗部的破坏阈值至少低 1 个数量级。

4.3.2　激光武器的分类

激光武器是定向能武器中的一种。所谓"定向能"是指它以极高的电磁辐射能定向发射到目标表面,使目标表面温度猛增,达到软化或熔化的程度。例如,将普通激光聚焦,不到 0.5 s 就可使焦点处的碳加热到 8 000 ℃以上,也可使任何难熔金属及一些坚硬材料汽化;将高能激光聚焦在钢板上,立即会出现白炽闪光,在千分之几秒内就把钢片打穿。这表明激光具有强大的破坏力,高能激光还可以引起核聚变。由于激光具有几十太瓦(TW)以上的功率和极高的亮度,用光学系统聚焦到几百分之一平方厘米或更小的范围内,获得惊人的功率密度,产生高温、高密度等离子体,以引起热核聚变,还可以用以触发氢弹。高能激光产生的冲击波可用来摧毁潜艇。

高能激光武器独特的破坏能力是任何一种威力的武器无法比拟的。

激光武器有高能激光武器和激光致盲武器两大类。高能激光武器是拦击精确制导武器的重要手段。它可以作为末端防御手段,与高炮、防空导弹以及电子对抗设备等组成严密有效的防空系统,是拦击反辐射导弹最有效的硬杀伤武器。

激光致盲武器是用相当能量的激光,对人眼或军用光电设备实施软杀伤,使其丧失作战能力。激光致盲武器可干扰或损伤潜望镜、瞄准具、微光夜视仪和红外成像仪等,甚至可直接破坏电视、红外、激光制导武器的光电导引头,并能使人眼致盲,所以是现代战争中极其有效的光电对抗武器。

由于激光武器涉及的因素很多,还没有一个确切的定义来划分。按美国国防部对高能激光武器的定义:平均输出功率至少是 20 kW 或脉冲能量至少是 30 kJ 的激光器称为高能激光器。用高能激光器制成的武器就是高能激光武器。不能达到高能标准的激光武器视为低能激光器。

1. 低能激光武器

低能激光武器也称为致盲激光武器。激光对人眼的伤害主要受激光的波长、功率、脉宽和光斑直径等因素影响。紫外激光和中、远红激光主要损伤角膜及晶状体;可见光和近红外激光主要是灼伤视网膜,其中以 0.53 μm(蓝绿)的 Nd:YAG 倍频光对人眼的伤害最大。角膜受到损伤的人,多数是可以治疗的,但视网膜的损伤则是无法治愈的。还有一种闪光盲效应,如美国的眩目器,虽然不会造成眼睛的永久性损伤,但会使士兵闪光盲,阻碍正常视觉达 2~3 min 之久。

激光同样可破坏光电传感器。当受到强激光辐射时,热电型红外探测器将出现破裂的分解现象,光电导型红外探测器则被气化或熔化。

对于光学系统来说,当强激光照射到光学玻璃上时,有可能发生龟裂效应,以致最后出现磨砂效应,致使玻璃不透明。当激光能量进一步提高,玻璃表面就开始熔化。在激光致盲武器的瞄准系统中,已经采用了"猫眼效应"。因猫的眼睛有较高的反射率,所以在漆黑的夜晚,人们可以看到猫明亮的双眼。科学家们提出激光器可以利用这个原理,搜索作为攻击目标的敌方光学设备和光电传感器,确定其位置,实施准确攻击。例如美国的"鱼工鱼"激光武器系统就采用低能激光脉冲进行搜索,当接收到敌方军事光学设备的反射激光时,再用高能激光器进行攻击。当激光致盲武器发现攻击目标时,就可用强激光使敌方车载、舰载或机载的各种光电设备及光电制导武器失效,并能使敌方人员致盲。它的客观效果是,如果这些设备和人员与火控系统配合使用,则可使火控系统失灵,从而丧失最佳战机,甚至被敌方炮火击中。

固体激光器在技术上比较成熟,可以满足激光致盲武器的输出的功率要求,而且其尺寸、重量等方面可以适应大部分的应用场景。所以目前已经问世的和正在研制的激光致盲武器基本上都采用固体激光器,如 Nd:YAG 激光器、倍频 Nd:YAG 激光器和波长可调谐的金绿宝石激光器等。

2. 高能激光武器

(1) 激光武器系统

激光武器系统除激光器之外,还需要目标探测、射束控制和射击控制等系统,如图 4.12 所示。

激光武器攻击目标时,必须让激光束聚焦在目标上才能有效地摧毁目标。因此需要配备先进的目标捕获、瞄准与跟踪系统,其中关键是雷达,即要配置毫米波、Ⅲ毫米波和激光雷达。

激光通过大气层传播到目标上的能量,由于受吸收、散射、热晕、等离子体和湍流的影响而受到限制。激光通过大气"窗口"传播可以避免吸收。通过调整激光器输出特性,可以减弱热晕和等离子体效应。对大气湍流和热晕等效应引起的畸变,可应用自适应光学系统予以补偿。

(2) 战略激光武器

战略激光武器有两种,即陆基激光武器和天基激光武器。

① 陆基激光武器一般是把激光器设置在地面上,把激光器设置在空气稀薄的山顶上效果

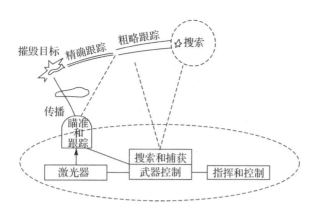

图 4.12　激光武器系统

更好。另外,要在地球上空配置若干围绕地球运动的反射镜,当一个反射镜即将脱离激光的有效范围时,下一个反射镜又出现在地平线上。激光器发出的激光绕过反射镜聚焦后摧毁目标,如图 4.13 所示;或者在地球同步轨道上增加若干中继镜,激光从地面射向中继镜,再射向低空轨道上的反射镜,由反射镜将激光聚焦摧毁目标,如图 4.14 所示。

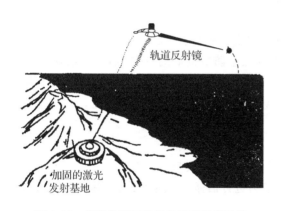

图 4.13　使用轨道反射镜的陆基激光武器

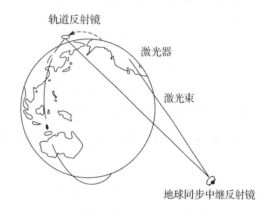

图 4.14　使用地球同步中继镜的陆基激光武器

② 天基激光武器是将激光武器配植入到卫星、航天飞机等航天器中,是激光武器与航天器相结合的产物。其中,由核激励的 X 射线激光威力巨大,能彻底摧毁敌方导弹,其结构如图 4.15 所示。为避免受到攻击,最好是在获得警报时立即发射 X 射线激光卫星使其进入轨道。但是把庞大的激光系统部署在太空,提供能源困难,并且容易受到攻击,而且再解决激光大气传播效应校正也是比较困难的。

③ 战术激光武器有激光致盲武器和高能激光武器,如用于防空的激光武器。

防空导弹技术经历了 70 多年发展过程,经历了多次战争的检验。目前俄罗斯、美国已经形成高、中、低空,远、中、近程战术防空火力配系,高度覆盖范围为 15～40 km,射程覆盖范围为 0.5～200 km。英国、法国、德国和日本也都装备了战术防空导弹系统。此外,俄罗斯、美国还建立了各自的战略反弹道导弹系统。俄罗斯、美国还建立了各自的战略反弹道导弹系统。2000 年后由于空袭兵器种类增多、速度加快、作战空域扩大及电子战技术的广泛应用,特别是空袭的轰炸机、战斗机除携带导弹和炸弹外,还可以装备战术激光器,从而形成更强大的空中

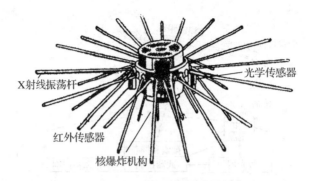

图 4.15 X 射线激光武器

威胁。

用于防空的激光器和防空导弹等配合将大大加强空防能力。和高炮与导弹相比,使用激光武器有以下优点:

- 射击迅速,无惯性,无最小拦截距离,能对付大批飞行目标,具有抗饱和攻击能力;
- 射击范围比高炮或防空导弹大,易于对付空袭中只能粗略定位的低空目标;
- 能精确命中目标,能射击小目标上的致命部位;
- 不受电磁干扰;
- 用激光器比防空导弹省钱,例如使用 DF 激光器,燃料费仅几千美元。

2000 年后激光武器用于防空,它不仅可以作为低空防御的有力武器,而且可以用作中空防御。这样,激光武器就可以和战术防空导弹、高炮、歼击机等构成较为严密的分层战术防空体系,未来可以用陆基激光等战略武器提前摧毁空袭基地,这是彻底的防空措施。

4.3.3 高能激光武器的破坏力

高能激光武器独特的破坏能力是任何一种威力的武器无法与之比拟的。

下面对几种可能实现的激光武器破坏目标的能力进行估算。它们是很有前途的激光武器。

1. X 射线激光武器破坏目标的能力

X 射线激光武器的波长为 $0.001\ 4\ \mu m$,它能产生一个强度极高的脉冲光束——几百太瓦(TW),脉冲宽度为 ns 量级。激光棒的材料是一种固态原子结构的高密度物质。这些棒排列在核装置周围。每根棒的长度为 $76\sim203\ cm$(3~8 英寸),其直径很小,由航天飞机将其送上太空的卫星平台,卫星上装有当量为 $3.7\times10^6\ t$ TNT 的核弹,卫星的形状像刺猬。当核弹爆炸时火球温度达 $10^8\ K$,火球中的质子辐射产生激光射线,直径仅 1 mm。X 射线激光武器对目标的杀伤力或破坏力取决于这种激光器本身所具有的能力。一个 X 射线光子的能量可达到几千电子伏特的数量级。因此,X 射线的穿透能力很强。

一般认为,X 射线破坏弹道导弹推进器时所具有的能量密度为 $1\ kJ/cm^2$。美国国防部认为,俄罗斯可能加固了其弹道导弹推进器,故破坏时需要的能量密度为 $20\ kJ/cm^2$,而破坏重返大气层装置时则可能需要的能量密度为 $150\ kJ/cm^2$。

根据 X 射线激光衍射极限,在 $2\ 000\ km$ 处,它的光斑直径为 $d=2\ 000\ km\times\theta=2\ 000\ km\times4.2\times10^{-5}\ rad=84\ m=8\ 400\ cm$。式中,$\theta$ 为发射角衍射极限($\theta=1.22\lambda/D$,其中 λ 为波长,取 1.4 nm;D 为激光锌棒的横断面直径)。

因此,要想在 2 000 km 外,用 X 射线激光破坏一个未加固的弹道导弹推进器,所需的激光总能量应为

$$\frac{\pi}{4}d^2 \times 1\ 000\ \text{J/cm}^2 = \frac{\pi}{4}(8\ 400\ \text{cm})^2 \times 1\ 000\ \text{J/cm}^2 = 5.5 \times 10^{10}\ \text{J}$$

对于加固后的推进器则需 10^{12} J 的激光能量,对于重返大气层装置则需 10^{13} J 的总激光能量。这就对 X 射线激光器提出了十分高的要求。按目前的 X 射线激光武器设想,要使其有效地对付 2 000 km 外的弹道导弹,还须进行艰苦的探索。例如,把直径为 58 μm 的锌棒平行地排列在一起,棒与棒之间进行光学屏蔽以保证输出光束的方向性良好。把 100～100 000 根这样的锌棒排列在一起并严格平行,目前的工艺技术水平很难达到。此外,对于 X 射线这样的波长,还须引爆一颗微型核弹才能获得足够的泵浦功率,估计核爆炸能向 X 射线激光器提供约 10^{15} W/cm^2 的泵浦功率(密度)。这些还须作艰苦的探讨和研究。

2. 氟化氢激光武器破坏目标的能力

目前,高能激光武器的轨道防御系统通常采用氟化氢连续波化学激光器,其波长为 3.25 μm。这种化学激光器主要利用化学药物的基元反应,直接引起粒子数反转,只需少量或不需外界能源。例如,1 kg 的氢氟燃料反应时就会放出几千万焦耳的能量,具有高输出、高效率的特性。

对于氟化氢化学激光破坏目标的能力,我国有关专家也进行了定量计算。假定激光输出功率为 5 MW,10 MW,100 MW;发射直径为 4 m,10 m,15 m;激光波长 λ 为 3.25×10^{-6} m,衍射极限的 2 倍,其计算结果如表 4.5 所列。

表 4.5　计算结果

发射直径 D/m	输出功率/W	距离 L/km	光斑直径 d/m	光斑面积 S/m^2	功率密度/(W·cm^{-2})
4	5M=5×10^6	1	4×10^{-3}	1.23×10^{-5}	4.1×10
		10	4×10^{-2}	1.23×10^{-3}	4.1×10^5
		100	4×10^{-1}	1.23×10^{-1}	4.1×10^3
		1 000	4.0	1.23	4.1×10
100	10M=1×10^7	10	1.6×10^{-3}	1.97×10^{-4}	5.1×10^6
		100	1.6×10^{-2}	1.97×10^{-2}	5.1×10^4
		1 000	1.6	1.97	5.1×10^2
15	100M=1×10^8	100	10.6×10^{-2}	8.7×10^{-3}	1.2×10^6
		1 000	10.6×10^{-1}	8.7×10^{-1}	1.2×10^4
		5 000	5.4	21.98	4.6×10^2

从表 4.5 中可以看出,利用空间反导计划破坏 1 000 km 处的导弹,现有的激光器输出能力都达不到要求。

另计算表明,若输出直径 $D = 10$ m,摧毁距离 3 000 km 远的运载火箭,光斑面积为 18 m^2,要达到熔化功率密度 5×10^5 W/cm^2,则需要化学激光输出功率为 $5 \times 10^2 \times 1.8 \times 10^5 = 9 \times 10^{10}$ W。

3. 氟化氘激光武器破坏目标的能力

1985 年 9 月 6 日和 13 日，美国在白沙导弹靶场用中红外氟化氘化学激光器先后两次摧毁了一个相距 1 km 的固定在地面的"大力神－Ⅰ"第二级导弹助推器。激光器功率为 2 MW，波长为 3.8 μm，波束引导器直径为 1.5 m。试验时，激光束连续照射导弹助推器几秒钟，结果助推器被炸得粉碎。这次试验被认为是美国定向能武器发展的一个里程碑。

对于定量的计算，如 $\lambda=3.8\times10^{-6}$ m，输出功率为 400 kW，发射直径为 1 m，光束发散为衍射极限的 2 倍，根据 $\theta=2.44\lambda/D$ 和 $d=L\times2.44\lambda/D$，其中 λ 为激光波长，D 为发射镜孔径，L 为发射距离，d 为光斑直径，四者之间的关系如表 4.6 所列。

表 4.6 四者之间的关系

距离 L/km	光斑直径 d/m	光斑面积 S/m²	目标上的功率密度/(W·cm⁻²)
1	$9.3\times10^{-3}\times2$	2.7	1.5×10^5
5	4.64×10^{-2}	6.8	5.9×10^3

4. CO_2 脉冲激光武器破坏目标的能力

电激励 CO_2 脉冲激光器（工作波长为 10.6 μm 的 400～500 kW），可广泛用于攻击各种卫星、弹道导弹、有人驾驶飞机和巡航导弹等。由于各类目标都存在几个易损的部件，激光武器就是利用了目标的这些薄弱部位，使目标不能正常工作或被摧毁。

假如在地球上空 1 000 km 处，反射镜直径为 1 m 的激光武器用作上述作战任务，则需要激光平台发出几千个脉冲能量。假定必须拦截 2 000 个靶标，每个靶标至少需要 3～5 个脉冲，那么总共需要 10^4 个脉冲。在使用 CO_2 激光器的情况下，其反射镜直径为 3 m，工作波长为 10.6 μm，为了在目标上的通量密度达到 10^3 J/cm²，激光器的功率密度必须是 10^4 J/cm²。因此，激光器所需要的总能量为 $\pi\times(150\ \text{cm})^2\times10^4$ J·cm⁻²$\times10^4$ 脉冲或 7×10^{12} J。如果激光器的比功率为 5×10^2 kJ/kg，那么平台上所需消耗的工作物质量为 $7\times10^{12}/(5\times10^5)$ kg $\approx$ 10^7 kg。这个质量与平台和激光器的质量相当。表 4.7 所列为 100 km，1 000 km，3 000 km 距离上的破坏目标的脉冲激光器功率密度。

表 4.7 100 km, 1 000 km, 3 000 km 距离上的破坏目标的脉冲激光器功率密度

输出孔径/m	输出能量/J	距离/km	光斑直径/m	光斑面积/m²	功率密度/(W·cm⁻²)	跟踪时间/s
4	1×10^5	100	4×10^{-1}	1.2×10^{-1}	8.7×10^7	1.85
		1 000	4.0	1.2×10	8.1×10^5	184.5
		3 000	12.0	111	9.0×10^4	1 667.0

5. 自由电子激光武器破坏目标的能力

自由电子激光器可调，效率很高，是一种潜力巨大的激光武器。激光波长在 0.1～12 μm，最高效率超过 40%。激光器最高功率可达到 1×10^{13} W。

自由电子激光器的激光介质是自由电子。它具有很高的能量，并由于它运行于真空中，故不存在热效应问题，电子能量也不容易发生衰变。电子直线加速器可发射几十至几百兆电子伏能量的电子束，如有适当的能量转换效率，则可以有相当高的激光能量输出。例如，一个高

能电子束的能量为 10 MeV,电流为 1 A,即电子束功率为 10 MW。能量转换效率若为 10%时,激光输出功率可高达 1 MW。如用能量为 200 MeV,电流为 0.5 A 的电子束产生自由激光,那么在 10% 的转换效率下可获得 10^6 W 的连续功率输出,并且波长可落在紫外波段。因此,自由电子激光器是激光武器的优秀候选者。

6. 氩离子激光武器破坏目标的能力

氩离子激光器是离子气体激光器中最典型的一种激光器,输出波长为 $1.6 \sim 30\ \mu m$,用氩离子激光器作为激光武器的能源相对于 CO_2 气动激光和化学激光器来说,其应用时间要晚些。据报道,1985 年美国用设在夏威夷 2 900 m 高的山顶上的军用激光器向航天飞机发射氩激光束,射中了航天飞机的一面直径为 20 cm 的反射镜,而反射镜又将激光反射回美国设在毛伊岛上的地面跟踪站。它验证了激光具有跟踪高速运动目标(航天飞机轨道高度为 554 km,速度为 8 km/s)的能力,初步表明天基激光反射镜反导弹反卫星方案的可行性。

表 4.8 所列为反卫星、反导弹和卫星防御的高能激光器的功率、发射孔径、光束抖动和作战站要求。

表 4.8 反卫星、反导弹和卫星防御的高能激光器的功率、发射孔径、光束抖动和作战站数量要求

用 途	激光功率	发射功率/MW	发射孔径/m	光束抖动/μrad	作战站数量
反卫星		0.2	2.8	1	5
卫星防御		2~5	4~8	0.2	5~10
分层弹道防御		5	4	0.1	18~30
全歼型弹道导弹防御	新一代	10	12	0.05	30~50
	更大规模防御	10~60	30	更小	

4.4 粒子束武器

4.4.1 粒子束武器的概念及工作原理

粒子束武器也是一种定向能武器。它发射的是质子、电子、离子、重粒子等粒子,这些微观粒子也遵循德布罗意的波粒二象性原理,具有能量与波长特征。它们一旦被加速到很高的速度,就能够被聚焦成一束能量极高的波束,具有毁坏目标的能力。具体地讲,粒子束武器是把由粒子源产生的粒子(质子、电子、离子、重粒子)加速到接近光速,并且用磁场把粒子聚集成为密集的束流,直接(或者去掉电荷之后)向目标射击,迅速将能量投射到目标上,对目标造成硬软杀伤的一种定向能武器。它的主要优点是:射击速度快(接近光速);杀伤力强,能够直接穿透金属目标引爆内部炸药;可迅速改变射击方向,利用控制磁铁的励磁电流能够很方便地改变粒子束的射击方向。

粒子束武器发射的高能粒子可以对目标产生烧蚀作用,也会在目标内部产生基本粒子反应和核反应,出现放射性损伤。

与激光武器相比,粒子束具有穿透性强,能够识别真假目标,能够破坏目标内部结构和电路等优点。高速粒子束流中的粒子能量比激光束中的光子能量高几百万倍,这使得粒子能够穿入目标深处。

4.4.2　粒子束武器的组成与分类

粒子束武器的结构一般由能量源、粒子源、粒子加速器、目标识别系统、跟踪瞄准系统、能束扫描系统、指挥控制系统组成。

能量源,是驱动系统工作的高能电源。使粒子束武器产生高能束流需要能够提供 10^6 V 量级电压的高功率电源以及能够在大约 10^{-9} s 量级的时间范围开启和关断这种高电压和大电流的能力。这是一项高难度的研究工作。

粒子源,就是能够产生大量粒子的装置。在电子加速器中,粒子源是通过在真空中的两个金属电极上产生火花放电来得到的,产生粒子源的装置称为真空二极管。从负极(阴极)发射的电子朝正极(阳极)飞去,通过适当的设计和安排,能够使电子不被阳极所收集,而是穿过阳极进入加速腔。离子脉冲也可以用同样的方法产生,即将一个很短的高压脉冲加到两个电极上,阳极(正电极)便产生正离子(它们可以来自固体材料的游离,也可以从气体放电过程中产生)。如果希望产生负离子,可以把电子注入正电极空间,使电子附着在阳极附近的气态原子上,这样就形成了带负电的离子,接着将它们引出到加速器,通过调节加速电压可以把所希望的带电粒子送入加速腔(例如只失去一个电子的原子)。用同样的方法,通过剥离氢原子的电子,可产生质子束。类似地,也能够产生自然界中最重的元素——铀的离子束。

粒子加速器,用于加速粒子使其达到很高的速度以具备很高的能量(为了识别真假洲际导弹弹头目标及其诱饵,需要 $10 \sim 20$ MeV 能量,贯穿杀伤目标需要 100 MeV 以上的能量)。目前能够用于粒子束武器的加速器一般为:集团离子加速器、电子感应加速器、直线感应加速器、自共振加速器、射频直线加速器。电子或离子束一经产生,就必须加速到很高的速度,使其具有很高的能量。这要求短的粒子脉冲通过强电磁场以获得能量。其能量的单位是电子伏(eV),1 eV 能量为一个电子通过 1 V 的电场所获得的能量。武器系统需要的粒子能量达到数百万电子伏(MeV)。由于加速器只能加速带电粒子,而如何产生高速中性粒子也是一个问题。美国洛斯·阿拉莫斯国家实验室的做法是:先让氢原子带负电,即两个电子环绕一个质子;通过带电粒子加速器将其加速到高能量后,经过磁聚焦和磁准直,使其通过气体或者其他介质等,经过原子碰撞或者光致分离等过程,将负离子上松散附着的多余电子(约 0.7 eV)剥离掉使其变成中性原子,即剥离多余的电子使负离子成为高能中性粒子。苏联发明的射频四级加速器为加速负氢离子提供了条件。

目标识别系统,根据目标受到粒子束射击后的反应现象判断目标的性质。跟踪瞄准系统通过控制粒子束发射器对准目标。能束扫描系统控制能束的扫描方向。指挥控制系统管理整个武器系统的同步工作。

按照运载平台类型,粒子束武器可以分为天基粒子束武器、舰载粒子束武器、地面粒子束武器等。按照粒子种类粒子束武器可以分为带电粒子束武器、中性粒子束武器、离子束武器等。

带电粒子束武器,发射的束流可以由电子、重离子、带正电的质子、氘核、α粒子、带负电的电子、负氢离子等组成。带电粒子束的主要缺点是会受到地球磁场的偏转影响而使波束发散。

中性粒子束武器,不受地磁场影响,是由氢、氘等原子束构成。中性粒子束宏观上不带电,其加速过程是:先产生低发散度的负氢离子(H^-)束,利用带电粒子加速器将负离子加速到高能,经过磁聚焦和磁准直后,在剥离室内通过原子碰撞或光致分离过程,将负离子上松散附着的多余电子剥离掉使其成为中性原子,以其获得的高动能沿直线轨迹射向目标。

离子束武器,正离子是失去一个或以上电子的原子,负离子是得到一个或以上电子的原子。将离子加速至一定速度就成为离子束武器。

4.4.3　粒子束武器对目标的作用效果

由于粒子束将巨大能量沉积在目标内部,故可产生多种杀伤机制,包括结构破裂、炸药爆炸、推进剂燃烧、电子设备损坏等,表现为单一事件紊乱或者结构被熔化。一般用"单位目标质量沉积能量"或者"辐射剂量"表示武器对目标的硬杀伤。因为高能粒子束的动能大,穿透力强,当炸药起爆温度为 500 ℃时,具有 $0.2 \, kJ/cm^3$ 的能量密度就能够穿透轻质弹壳,其热效应能够熔化电子元器件。粒子打击目标产生的强辐射剂量可以击穿电子器件,使得半导体器件误动作的能量密度大约为 $23 \, kJ/cm^3$。对核燃料的破坏能量密度需要 $1.8 \, kJ/cm^3$。

对目标的软杀伤。粒子束对目标的软杀伤可以不直接打击目标,而通过粒子束与目标附近的大气分子相互作用引起轫致辐射而产生高能 X 射线并打到目标上导致其损伤。粒子束武器的杀伤阈值如表 4.9 所列。

表 4.9　粒子束武器的杀伤阈值

粒子束的杀伤效果	杀伤阈值/$(kJ \cdot g^{-1})$
目标材料气化	1~10
使电子元器件或电路失灵	0.01~1

如果粒子能量不太大,则它们被目标材料的表面层所吸收,就像激光武器的射线能量被吸收一样,此时粒子束的破坏可通过热作用或冲量冲击作用实现。当能量大时,粒子能量不会在接触目标表面时立即释放,而是会逐步渗透进目标的材料内部。这些高能粒子与目标原子外围的电子发生碰撞而失去能量,使组成结构材料的物质原子游离。也就是说当粒子的能量大时,粒子束的作用是辐射效应。在游离的作用下首先破坏半导体的 P‒N 结以进一步增加粒子束的能量,使其超过材料热破坏的极限值,导弹的结构开始损坏。因为上述效应类似于辐射效应,所以为了进行定量描述,可采用剂量确定法。

吸收能量的基本测量单位是拉德(rad),相当于 1 g 物质吸收 100 erg(1 erg=10^{-7} J)的能量。兆拉德(Mrad)就是 1 g 物质吸收 10 J 的能量。

当辐射电平达到几兆拉德时,硅电子器件损坏。以砷化镓(AsGa)为基础的器件比较坚固,几十兆拉德的水平大约接近于该结构材料的破坏极限值。

为了提升粒子束武器破坏的极限值,在技术上利用增加射线中粒子流密度的方法比利用提升射线中被吸收能量的方法更易于表达。当研究相对论重粒子(如质子)同物质的相互作用时可以采用这种方法。类似的粒子在目标物质中有效的行程长度(每平方厘米几克)内恒定(均匀)地放出能量。1 g 目标物质所放出的能量为

$$W_d = \frac{dE}{dx} j\tau \tag{4.5}$$

式中:$\frac{dE}{dx}$——粒子的比能量损耗,单位为 $MeV/(g/cm^2)$;

j——电流密度,单位为 A/cm^2;

τ——辐射脉冲的持续时间。

一般说来,$\dfrac{dE}{dx}$ 与粒子的能量有关,但对于相对论粒子流来说,它是恒定的,大约等于 $2\ MeV/(g \cdot cm^{-2})$。

$$j = 0.5W_d 10^6 \tau \quad (A/cm^2) \tag{4.6}$$

为了保证在脉冲持续时间 $\tau = 1\ s$ 时 W_d 为 $(5 \sim 10) \times 10^{-4}\ J/g$(作为导弹外壳的铝合金和钛合金的比熔解热),必须形成电流密度 j 为 $(1 \sim 10) \times 10^{-4}\ A/cm^2$ 的粒子束。当目标表面光斑的直径 $\phi \approx 20\ cm$ 时,粒子束中的电流 I 应为 $2 \sim 4\ mA$。这是相当小的电流。在 Дос - Аалс 离子被加速到几百兆电子伏的能量时,其平均电流为 $100\ mA$。要保证在大气中粒子束发散度小,在技术上要复杂得多。对于粒子束说来,由于有效波长很短(对于 H_0 原子康普顿波长的数量级为 $10^{-6}\ \mu m$)而没有衍射极限 $\left(\dfrac{d}{\lambda}\right)$,所以发散度较小(影响其发散度的还有其他因素)。

假设在粒子束武器上利用了带电基本粒子加速器,为了在距离 $1\ km$ 处破坏导弹或飞机,根据计算,需要能量 $0.7 \sim 10\ MJ$。实际上 $2\ km$ 的距离可以在能量为 $0.1\ MJ$ 时引爆战斗部。

Chare Harilige 作为制造射线武器用的试验装置,可在距离 $0.5\ km$ 处打击导弹的战斗部,可打击约 $4.5\ km$ 处的电子设备。工作速度为每秒 6 次放电。试验装置的质量为 $100\ t$,在追踪目标的角速度为 $1.1\ rad/s$、角加速度为 $2.2\ rad/s^2$ 和径向速度为 $1.3\ km/s$ 时,需要瞄准的精确度按角度为 $0.2 \times 10^{-3}\ rad$,按距离为 $0.1\ m$。

4.4.4　粒子束武器的产生与发展

有资料表明,苏联从 1974 年开始对粒子束武器进行研究,并曾在电离层和大气层外的宇宙系列卫星、载人飞船和"礼炮号"空间站上进行了多次带电粒子束传导方法的试验;在列宁格勒地区(现圣彼得堡)也进行过粒子束武器的地上试验,于 1978 年制造了粒子束产生装置。

美国从 1978 年启动了开发粒子束武器的"跷板"计划,1981 年设立了定向能技术局以开发粒子束武器和激光武器,并在 1981 财年实施了预算额为 3.15 亿美元的 5 年开发计划。

粒子束武器的优点主要有:① 不用光学器件(如反射镜);② 产生粒子束的加速器非常坚固,且加速器和磁铁不受强辐射的影响;③ 粒子束在单位立体角内向目标传输的能量比激光大,而且能贯穿目标深处;④ 不受云、雾、烟等自然条件的影响,可以"全天候"作战;⑤ 可在极短的时间内命中目标,且一般不需考虑射击提前量;⑥ 中性粒子束能有效地将洲际弹道导弹的真弹头从大量的假弹头中鉴别出来。

粒子束武器的缺点主要有:① 带电粒子在大气层中传输时,由于其与空气分子的不断碰撞,能量衰减非常快,且中性粒子不能在大气中传播;② 带电粒子在大气中传输时易散焦,因此,在空气中使用的粒子束只能打击近距离目标,而中性粒子束在外层空间传输时也有扩散;③ 地球磁场会使粒子束弯曲,从而偏离原来的方向。

天基粒子束武器研制目前遇到的瓶颈问题主要有:① 能源问题,粒子束武器必须要有强大的脉冲电源,对于中性粒子束武器实用化最关键的脉冲电源功率技术是连续波甚高频(VHF)射频源技术;② 加速器尺寸和重量问题,由于中性粒子束不能穿越大气层,只能装在卫星上,所以减小加速器尺寸和重量是一大难题;③ 天基粒子束武器由于要在外层空间作战,在监视和跟踪系统方面,对传感器要求极高,而且传感器也有对尺寸和重量的要求。

粒子束既可实施直接穿透目标的"硬杀伤",也能实施使目标局部失效的"软杀伤"。其毁伤作用表现在:① 使目标结构发生形变、汽化或熔化;② 提前引爆弹头中的引信或破坏弹头的热核材造成爆炸;③ 使目标中的电子设备失效或损毁。

因为粒子束武器在研制方面存在上述一系列技术难题,尽管俄美都在积极对其进行研究,但目前尚处于实验室的可行性验证阶段。俄美对于粒子束武器的出发点立足于空间作战与防御,公开信息显示,目前研究进展最快的还是美国。美国在粒子束基础研究中主要是抓紧研究适于部署在地基和天基反导平台上的小型、高效加速器,目前正在研究小型环流电磁感应加速器。美国研制过一种实验加速器装置,其尺寸不大于一个办公桌,这是在外层空间部署时可以接受的尺寸。2019 年,美军提出对中子性粒子束武器的研发进行拨款,美国导弹防御局在 2023 年年底进行了导弹防御系统的测试,其计划最早部署的天基粒子束武器主要用于拦截洲际导弹,顺利的话将在未来几年完成部署。但粒子束武器离真正实战化还有一段距离。

有一款"机甲世纪Ⅱ"的游戏,其中的远战型机体很好地诠释了粒子武器远距离、高杀伤的优秀特性。游戏世界中原子物理技术的飞跃式发展使得粒子武器的质量和体积已经缩小到可以直接装配机甲。

粒子束武器可瞬间熔化或打穿航母、卫星、导弹,将是世界上最厉害、最具破坏性、最先进的武器之一。

4.5　等离子体武器

等离子体武器也是定向能武器的一种,分为杀伤性和非杀伤性两大类。目前,等离子体武器还处于机理研究阶段,但是它的独特性质早已引起不少国家的兴趣和重视。俄罗斯就曾经建议俄美合作共同开发能够拦截弹道导弹的等离子体武器,并在美国的夸贾林群岛试验场进行合作试验。虽然目前等离子体武器还没有正式出现,但是可以根据现有信息分析其基本特点。

4.5.1　等离子体的基本概念

等离子体是和固体、液体、气体同一层次的物质存在形式,是由大量带电粒子组成的有宏观空间尺度和时间尺度的体系。在地球环境中,自然界等离子体只存在于远离地球表面的电离层及其以上空间或寿命很短的闪电中,但是在整个宇宙中,目前已经知道的绝大部分物质(如各种星体及星体间的物质)都以等离子体形式存在的。

等离子体与固、液、气三态的组成最明显的不同之处在于后者都是由中性的分子或原子组成,而前者则由电子和离子组成。这些电子和离子是由分子或原子电离后产生的。这些带电粒子可以在空间相当自由地运动和相互作用。虽然有时电子和离子可以碰撞而复合成中性原子,但同时也存在着中性原子因碰撞或其他原因而电离成电子、离子的情况。因此在宏观尺度和时间、空间里存在着数目大体不变的大量电子和各种离子,使得等离子体的许多性质与固体、液体、气体显著不同,有着自己特有的行为和运动规律。从这个意义上讲,人们往往称等离子体是物质(在这个层次上)的第四态。

由于在电离过程的同时还存在着电子和离子复合成原子的过程,为了在宏观上维持一个有一定密度的电子、离子的体系,要求其中电子有足够大的动能,使之能够超过电子在离子静电势场中的平均位能,从而不被离子俘获。

电子平均动能与电子平均位能的比值表示为

$$\frac{\text{KE}}{\text{PE}} \approx \frac{kT}{n_e^{1/3} e^2} \tag{4.7}$$

当这个比值远大于 1 时,体系是典型的等离子体;当远小于 1 时,体系是中性粒子组成的气体。

等离子体除了是由带不同符号电荷的粒子组成的外,还必须是一个宏观("宏观"是指在空间尺度和时间的延续长度上都是宏观)的体系。等离子体的宏观空间尺度可以用德拜半径 λ_D 表示,它是等离子体宏观空间大小的下限。

德拜半径表示为

$$\lambda_D^2 = [\lambda_{De}^{-2} + \lambda_{Di}^{-2}]^{-1} \tag{4.8}$$

式中,λ_{De} 为电子德拜长度;λ_{Di} 为离子德拜长度;λ_D 也称为总德拜长度。

等离子体中最普遍、最快的集体运动是由电子运动的涨落引起的。在等离子体中的某处,电子在其平衡点往返来回振荡的频率称为电子等离子体振荡频率,表示为

$$\omega_{pe} = \sqrt{\frac{n_e e^2}{\varepsilon_0 m_e}}$$

ω_{pe} 的倒数就是等离子体的宏观时间尺度下限。同时可以定义等离子体振荡频率为

$$\omega_{pi} = \sqrt{\frac{n_i Z}{\varepsilon_0 m_i}} e^2$$

定义总等离子体振荡频率为

$$\omega_p = \sqrt{\omega_{pe}^2 + \omega_{pi}^2} \approx \omega_{pe}$$

与中性原子组成的体系不同,等离子体对外电磁场有强烈的反应。带电粒子在外磁场中因受洛仑兹力作用而在垂直于磁场的平面内作圆周运动。

因带电粒子可在电磁波场中相当自由地振荡,所以等离子体可以同外加电磁波产生各种非共振的相互作用从而产生散射电磁波和折射电磁波,还可以有共振型的相互作用,从而和波交换能量引起波的吸收或放大。

在外加电场的作用下,等离子体中的电子和离子在相反方向被加速,从而形成一个沿电场方向的电流。由于等离子体中电子和离子可以自由地运动,故电阻相当小,可以把等离子体当作磁化的导电流体。这种导电流体会呈现许多普通流体所没有的现象。

等离子体中的电子由于外加的磁场或和其他粒子的碰撞而改变其受力和能量状态。这将出现电磁波的发射现象,即等离子体与粒子的相互作用可以产生电磁辐射——自生辐射、感生辐射。

通过激光辐照、射频辐射、波的耦合、激波压缩等方法可以产生等离子体。比如当中性原子受到高频电磁波或者激光照射时,会出现带电粒子、光子与中性原子的非弹性碰撞导致的电离。

4.5.2 等离子体的不稳定性

在等离子体中,存在 3 种不同的力:热压力、静电力和磁力,它们对等离子体粒子的扰动都

起着准弹性恢复力的作用,使等离子体内出现各种波动。除存在热压力驱动产生的声波外,还存在静电波、电磁波以及它们的耦合波。因电子和离子之间的质量悬殊,它们对各种扰动的响应不同,使得等离子体中存在空间不均匀性(密度梯度)、各向异性(存在外磁场)、速度空间不均匀性。等离子体波按照扰动波场的幅度可以分为线性波和非线性波。线性波是小振幅扰动,可以用线性微分方程组表示;非线性波一般指大振幅的扰动,如激波和孤立波等。这些波动因素使得等离子体在受到外界力或者电磁波的带电粒子扰动时,激发起动力学上的不稳定性和各种参量的不稳定性。处于不稳定状态下的等离子体将寻找一切途径进行能量衰减以达到热平衡态。

在等离子体中,扰动会因为非线性运动而增长很快,而不稳定运动(或者其恢复力)中会出现各种螺旋、磁面撕裂、等离子体湍流等复杂的非线性现象。

4.5.3　国外等离子体武器研究的发展方向

1. 防空防天武器

利用射频波束或者激光波束在大气层中产生的等离子体团位于运动目标的前方,当目标进入等离子体团后,会由于其在等离子体团中的高速非线性运动,产生不同于正常大气层中的动力学关系而出现非正常的应力。这种应力会使目标自行解体。现在,俄罗斯、美国等对此都有研究。

2. 电离层武器

通过射频波束对电离层进行局部"加热",改变其状态,在局部空间形成人工可控电离层,用于干扰通信和卫星,或影响天气,还有可能利用局部人工可控电离层再产生新的低频波,通过这种低频波对地层的透射作用探测监视敌方的地下目标。美国、俄罗斯、英国、挪威等国对此进行了长期研究。电离层武器的组成如图 4.16 所示。

图 4.16　电离层武器的组成

3. 等离子体加速器和推进器

可利用等离子体加速器制造电磁炮或利用等离子体助推器改变宇宙空间飞行器的飞行轨道。

习　题

1. 简述定向能武器的定义。

2. 简述定向能武器与现代武器的区别都有哪些。

3. 简述高功率微波武器的定义以及微波射束武器的破坏机制和耦合途径。

4. 简述激光武器的优点。

5. 简述粒子束武器的工作原理和作用效果。

6. 计算在 2 500 km 外,用 X 射线激光破坏一个未加固的弹道导弹推进器所需的激光总能量。

第5章　电子进攻之电子干扰

电子干扰(Electronic Interference)包括电磁干扰和电磁欺骗,也就是电子遮盖性干扰和电子欺骗干扰。

5.1　概　述

遮盖性干扰是利用电子设备的内部噪声为正态分布的白噪声这一特点,发射类似于白噪声的噪声信号到电子设备中,使接收系统饱和失灵或降低其功效的一种干扰方式。

欺骗干扰是发射与目标相同的信号,以假乱真,使接收系统不能获得真实的目标。

5.1.1　电子干扰的分类

电子干扰基本上分为遮盖性干扰和欺骗性干扰两大类,但又可按照属性、有意与无意、调制与非调制进行分类,其分类如下。

1. 按属性分类

电子干扰按属性分类,如图 5.1 所示。

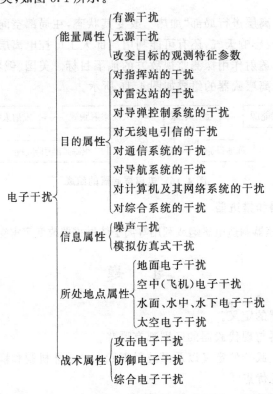

图 5.1　按属性分类

2. 按有意与无意分类

电子干扰按有意与无意分类,如图 5.2 所示。

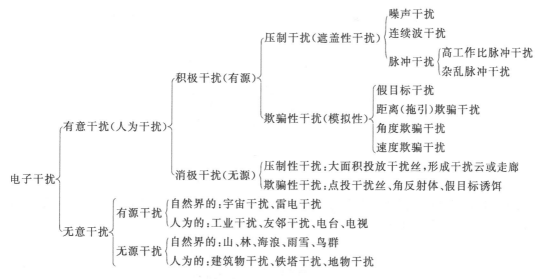

图 5.2　按有意与无意分类

3. 按调制波与非调制波的干扰

电子干扰按调制波与非调制波的干扰分类,如图 5.3 所示。

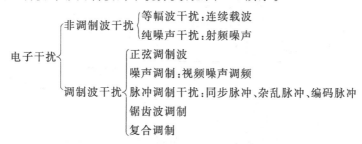

图 5.3　按调制波与非调制波的干扰分类

5.1.2　干扰机的组成及原理框图

1. 引导式干扰机

引导式干扰机由测频接收机、测向接收机、预处理器、主处理器、干扰式样控制、发射机、干扰波控制等部分组成(见图 5.4),用于实现与被干扰目标进行方向上对准、频率对准、给出合适的式样和足够的功率,对目标进行干扰。

引导式干扰机的主要干扰样式是压制性的噪声干扰,通常还在噪声的基础上进行附加调制。这样既有噪声干扰对雷达接收显示系统的压制性干扰效果,又有附加调制对雷达自动跟踪系统产生的欺骗性干扰的功能。引导式干扰机施放脉冲干扰时,根据其调制参数的不同,其干扰可以是压制性的,也可以是欺骗性的。

现在电子战的主要任务之一是设计更先进的现代电子干扰系统,专门用来对付脉冲雷达和连续波雷达。由于这些类型的威胁辐射源密度很大,要求电子干扰系统必须在计算机控制

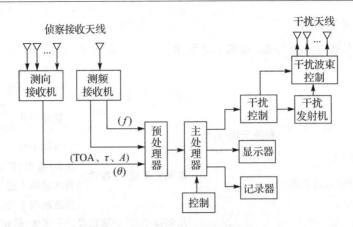

图 5.4　现代引导干扰机的组成

下工作。计算机的作用是以有效的方式分配干扰资源。图 5.5 所示为现代电子干扰系统的详细构成,图中所示系统用于 B-1A 战略轰炸机。

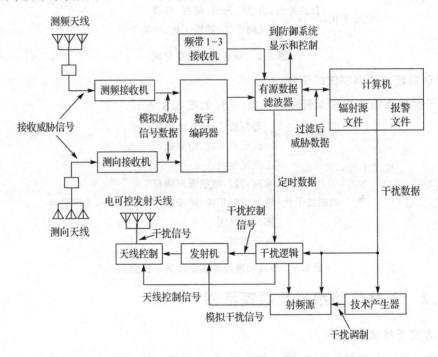

图 5.5　现代电子干扰系统构成

　　这种电子干扰系统用来干扰地空导弹、防空武器,以及空空导弹、火控雷达,并且还可通过噪声干扰来降低预警雷达和地面控制截击雷达的作用。系统的设计目的是对敌方雷达进行检测、分选和识别,并根据这些威胁的优先级及时(在几毫秒内)自动引导干扰。电子干扰系统的作用如下:

　　① 电子干扰系统对威胁进行截获并分析其特性(如脉冲描述符);

　　② 信号处理器对威胁数据进行分选,以确定每一个威胁的特性;

　　③ 数字计算机将威胁数据与预存储的威胁数据库相比较,然后按威胁等级对每个威胁做出响应;

④ 技术产生器将优先级响应变为适用于干扰发射机的调制信号;

⑤ 干扰机逻辑的作用相当于一个控制开关矩阵,选择适当的干扰发射机,将可控天线(如相控阵天线)指向威胁辐射源的方向;

⑥ 干扰发射机及其天线覆盖所关心的频带。

数字计算机是所有现代电子干扰系统的中心。首先,它将所有收集到的威胁数据进行规范,并与存储的威胁数据相比较,确定每个威胁的相对优先级,并根据要执行的任务,由计算机编程实现干扰资源的最佳运用。此外,计算机的重编程能力,使电子干扰系统能够不断输入新出现的威胁数据和情报数据。计算机还能实时解决电子干扰系统复杂的资源分配问题,包括在空间、时间、功率和频谱范围的分配。要快速解决这个四维的最佳化问题(毫秒级),依靠操作员已无法实现。因此,电子干扰系统要想在现代威胁环境中有效地发挥作用,必须用计算机来控制。电子对抗计算机的构成可以是集中型的,借助于一个小型战术计算机(如 B-1A 轰炸机上的电子干扰系统和舰载电子干扰系统 SLQ-32)来实现;也可以是分布型的,它的微处理机网分布在电子干扰系统(如机载自卫干扰机)中。

另一个影响现代电子干扰系统设计的关键因素与使用策略有关,即根据任务要求来分配有限的干扰能量以达到综合保护的要求,称为功率管理。

功率管理技术已经应用于几种现代自卫型电子干扰系统。设计不同功率管理的结构主要根据任务的需要、可利用的干扰以及被保护平台的特性而定。

图 5.6 所示为在轰炸机 B-1A 上使用的电子干扰系统,其功率管理包括对时间、频谱、幅度和空间范围的控制。而时间控制最为关键,它涉及大量干扰窗的设置。相对于每个优先级的威胁雷达,干扰窗宽度约为雷达脉冲重复间隔的 10%。当电子对抗计算机预计某部雷达将要探测到飞机时,在整个干扰窗持续时间里向该雷达发射适当调制的干扰信号(对脉冲雷达采用这种方式只需少数几部发射机即可具有干扰多部雷达的能力)。在转发式干扰机中,还可采用快速调谐数字式压控振荡器来提供导前干扰的覆盖脉冲。在闭环反馈伺服系统中,通过对压控振荡器相对于所接收的雷达辐射源信号的零调整,以获得压控振荡器的数字。由闭环产生数字控制压控振荡器的平均中心频率,然后将平均控制电压与噪声或其他调频信号混合,产

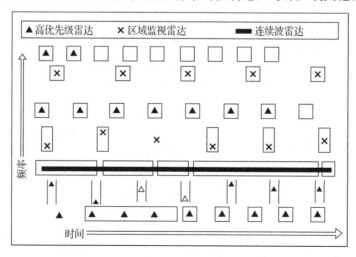

图 5.6　现代电子干扰系统的功率管理

生干扰波形,其带宽与此时存在于干扰窗内的被干扰雷达相符。以上对干扰机在时域和频域上的控制方法使得干扰一部雷达所需要的功率最小。

在轰炸机 B-1A 上的电子干扰系统,其干扰机采用定向天线,在发射干扰时天线指向被干扰的雷达,以增强有效辐射功率。与每个干扰窗有关的天线指向,是通过测量每个被截获辐射源脉冲的到达方向而定的。到达方向是作为分选的参量之一(见 3.1 节),并且是涉及干扰机在空域上最优化的关键参量。在微波范围的低波段,采用相控阵天线或多波束透镜天线作为固定指向的扇面型天线更合适。相控阵天线以及固定扇面或多波束天线,在其覆盖范围内,只需几毫秒就可改变其工作方向。

在 B-1A 电子干扰系统上,已经实现了在幅度或功率上的控制。它通过小型计算机计算需要多少有效辐射功率以覆盖飞机的自然表面回波。这一功能是由存储在计算机里的检查表来实现的,它提供以视线角和频率为函数的机载雷达面积。这个信息与已知的被干扰雷达的到达方向以及其他参量相结合,决定自卫干扰设备所发射的有效辐射功率的大小。

总之,B-1A 电子干扰系统的功率管理,在确定每个截获威胁的相对优先级后,即刻将波束指向角瞄准雷达,以最佳的功率和干扰调制对每个威胁实施干扰。B-1A 电子干扰系统的功率管理系统如图 5.6 所示(图中▲表示高优先级的威胁雷达,用在防空武器或导弹上,×代表低威胁等级的对空警戒雷达,小横线表示连续波辐射源,小方块或矩形表示 B-1A 电子干扰系统已经分配了干扰机来干扰的威胁辐射源)。

图 5.6 中列有 7 行符号,最后一行说明当有未列入表的高威胁等级雷达出现时,系统在建立威胁参数以前是如何依靠连续波干扰进行调整的。不过这也使电子干扰系统漏掉一个低威胁等级雷达(第 4 行),并且短暂地中断了对连续威胁的干扰(第 3 行),由于连续波雷达的多普勒频带窄,故干扰对它的影响很小。第 4 行竖立着的矩形表示威胁雷达在小范围内跳频,而电子干扰系统使用瞄准式干扰。另一部雷达(第 2 行)在宽频带范围跳频,这时电子干扰系统必须依靠转发器来储备干扰能量。在最上面一行,即使没有接收到脉冲,系统仍对雷达进行持续干扰,保证对时常出现的不规则丢失脉冲情况进行干扰。然后系统判断这部雷达是属于已经停机的,还是超出距离范围的,并停止对威胁的干扰。

表 5.1 所列为战斗机的先进自卫干扰机(ASPJ)的典型参数。这种电子干扰系统必须具备能干扰脉冲雷达、连续波雷达、脉冲多普勒雷达和捷变频雷达的能力。正如 B-1A 电子干扰系统一样,采用先进的功率管理技术,使这种系统能应对密集的威胁环境。

表 5.1 先进自卫干扰机的典型参数

参　数	数　值	参　数	数　值
频率覆盖/GHz	0.7～18	虚警率/h^{-1}	5(最大)
系统响应时间/s	0.1～0.5	信号检测能力	脉冲、连续波、脉冲多普勒、捷变频
动态范围/dB	50	峰值功率/dBm	58～63
灵敏度/dBm	—71	压制脉冲能力/dB	5～7
分辨率/MHz	5	调节精度/MHz	±0.5～±20
瞬时带宽/GHz	1.44	占空比/%	5～10
脉宽/μs	0.1(最小)	干扰能力	16～32 个信号
输入脉冲放大器/dBm	20(最大)	方式	噪声、欺骗

根据对当代(在电子战发展史上)雷达信号环境分析的结果可知得出,自动干扰机的原理框图(见图 5.7)。从原理上说,干扰机的组成包括干扰信号的产生部分,用于对 AAD 雷达系统(用于 AAD 武器的控制)的干扰。

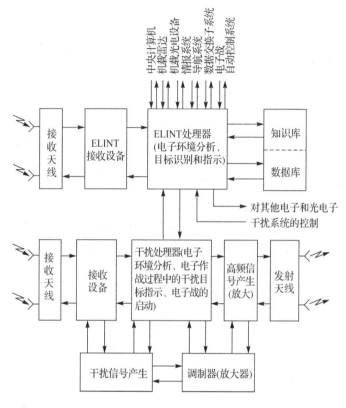

图 5.7　自动干扰机原理

干扰机情报支持系统和干扰系统合在一起组成 ELINT 站,包括:一个 ELINT 处理器、数据库和知识库、接收机和干扰处理器。除了 ELINT 站外,还有机载情报系统,包括带有数据库和知识库的机载计算机、机载雷达系统、机载光电情报系统、导航和数据交换(无线电通信)系统,可能还有用于控制电子战系统的自动控制单元。而电子战系统则包括一个信息控制系统、执行设备系统(如主动式干扰机、光电干扰系统、控制探测系统和反辐射导弹等)、自动控制系统、电子战功能有效性监视系统和电子战操作训练系统。

来自雷达的信号流(在给定的情况中,是作战目标)通过 ELINT 设备和干扰设备的接收天线接收。AAD 武器控制系统中雷达的数量很大,而其工作模式在很大程度上是相互独立的,这样就可以认为到达的雷达(工作在探测模式)信号流符合泊松分布。而一架飞机上的机载干扰系统(用于干扰 AAD 武器自动控制系统中的雷达)可以分开来作为带有限制的单通道集中服务系统使用。对于给定的情形,它之所以可以代表一个单通道,主要是因为隔离单架飞机上的发射机和接收机的可能性较小。通常在发射的时候,ELINT 接收机在相应的频段无法接收到来自正在辐射飞机的雷达的信号。在战斗编程中,不同飞机上的全部干扰机按某种特殊方式同时工作,可以被看作带有限制的多通道服务系统。

2. 回答式干扰机

回答式干扰机的工作方式是每收到一个雷达脉冲才能发射一个干扰信号,所以也称为被动式干扰。

回答式干扰机分转发式干扰机(Repeater)和应答式干扰机(Responder)。转发式干扰机将接收到的雷达射频脉冲放大(或储频后放大)并进行干扰调制之后再发射回去。它的主要器件是宽频带的行波管,是 20 世纪 50 年代后期宽频带大功率行波管研制成功之后才迅速发展起来的干扰机体制。转发式干扰机也称为放大回答式干扰机,其原理图如图 5.8(a)所示。

接收天线收到雷达信号后将其分为两路,一路将射频信号经电压放大后送至射频功率放大器,另一路将射频信号检波(解调)之后用于干扰控制,便于以所需的干扰样式加至功率放大器完成对射频信号进行的调制,然后经发射天线发射出去。干扰机的接收天线和发射天线的指向一致,保证了干扰在方向上的瞄准。行波管的宽频带性能保证了把每个雷达信号放大和转发回去,实现了频率上对被干扰雷达的瞄准。

应答式干扰机又称振荡回答式干扰机,其原理如图 5.8(b)所示。这种干扰机的干扰信号是由发射机部分的压控振荡器(VCO)产生的,因而干扰持续时间较长。接收机对雷达信号瞬时测频并将压控振荡调谐到雷达频率上,保证干扰信号的频率瞄准。

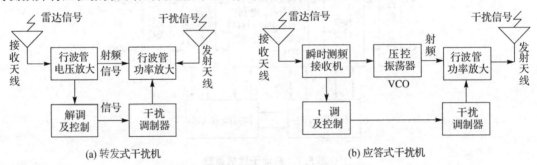

图 5.8 回答式干扰机的两种主要体制

回答式干扰机既可施放欺骗性干扰,又可施放压制性干扰。但由于现有的回答式干扰机大多是转发式的,其干扰样式都是欺骗性干扰(如距离跟踪欺骗、角度跟踪欺骗、速度跟踪欺骗等),以致不少人把回答式干扰机都叫作欺骗性干扰机。其实,随着电子对抗技术的发展,回答式干扰机也越来越多地施放压制性干扰,如噪声干扰、杂乱脉冲干扰等。

应答式干扰的信号射频不是对输入信号自动放大产生的,而是用频率记忆器或调谐振荡器的方法间接获得的,其发射信号的频率近似等于输入信号频率。

应答式干扰机原理如图 5.9 所示,输入信号经宽带放大后,检出脉冲前沿以启动两个振荡器 VCO_1 和 VCO_2 的调谐装置。当 VCO_1 的频率与输入信号混频后的中频落在中放通带时,调谐装置停止工作,而 VCO_2 作为发射机开始工作。如果使 VCO_2 的频率与 VCO_1 差一个中频,则发射频率近似等于输入信号频率。

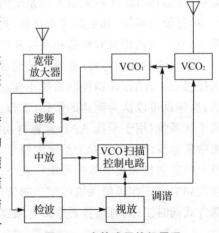

图 5.9 应答式干扰机原理

5.2   遮盖性干扰

将与电子系统内部噪声相同的服从正态分布的白噪声输入电子系统内部,阻塞电子系统使之饱和或降低功能,这就是遮盖性干扰。

5.2.1   遮盖性干扰的分类

根据频率引导方式不同,遮盖性干扰分为瞄准式干扰、阻塞式干扰、扫频式干扰,如图 5.10 所示。

瞄准式干扰将干扰功率集中在一个略宽于雷达频带的频率范围内,并对准到被干扰雷达的频率上。干扰带宽范围一般为几兆赫到一二十兆赫。其优点是可针对被干扰雷达的特性选择最佳干扰样式,干扰功率利用率高、威力大;缺点是同一时间只能干扰一个频带上的雷达,对频率导引设备的引导精度和引导速度要求较高。

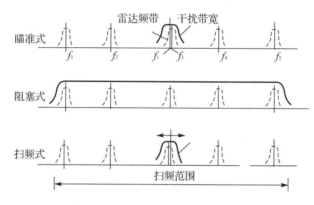

图 5.10   干扰机频率引导的不同方式

阻塞式干扰的干扰频带很宽,能同时干扰在其频段覆盖范围内的所有雷达。其优点和缺点与瞄准式干扰正相反,优点是实现干扰快、导引设备简单;缺点是干扰样式不能对所有雷达都达到最佳,干扰功率利用率低,因而要求干扰机必须具有很大的功率。

扫频式干扰是宽频段电子调谐器件出现以后产生的干扰方式。扫频式干扰本质上是瞄准式干扰,但其干扰频率能在较宽的频段内周期性地变化,因而扫频范围内的所有雷达都会受到强力的干扰,造成雷达显示器画面闪动,无法观察和跟踪目标。合理选择扫频速度,可以取得很好的干扰效果。

5.2.2   遮盖性干扰效果度量

干扰效果(或干扰有效性)度量对干扰机的设计和鉴定十分重要。在讨论遮盖性干扰的干扰效果度量之前,先介绍一下干扰效果度量的一般概念。

1. 干扰效果度量的一般概念

实际的电子战环境是十分复杂且动态变化的。敌方的雷达和武器系统的数量、质量、使用的战术和人的因素(如训练程度、士气、疲劳程度等)都可能千变万化,因此要对干扰效果赋以有用的含义,就必须规定干扰的环境和条件。

下面以图 5.11 所示的防空系统干扰为例,研究干扰效果的一般度量方法。

一般来说,防空系统由目标分配系统、远程引导系统和自身引导系统三个子系统组成。

目标分配系统(见图 5.11(b))用以获取空中目标的情报,并将目标分配给各武器系统,以拦截目标。目标分配系统由雷达系统、空情处理系统、目标解算系统、命令传输系统和己方兵力信息处理系统组成。由搜索雷达组成的雷达系统,将空中各个目标的位置数据不断地送到由计算机组成的空情处理系统。空情处理系统对每批目标进行编号并送出目标的坐标和航迹。目标解算系统根据目标批数和己方可用的拦截兵器情况(由己方兵力信息处理系统提供),向武器系统分配所要拦截的目标,并由命令传输系统将命令和目标的位置信息送到相应的武器系统。

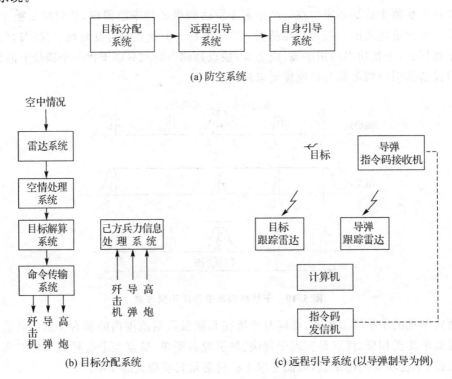

(a) 防空系统

(b) 目标分配系统　　　　(c) 远程引导系统(以导弹制导为例)

图 5.11　防空系统组成方框图

远程引导系统的功能是将导弹和歼击机引导到接近目标的空域,使导弹和歼击机能够用自身的引导系统自行引导到精确的拦截位置。远程引导系统由目标跟踪雷达、导弹跟踪雷达、计算机和指令发送设备等组成,如图 5.11(c)所示。目标跟踪雷达根据目标分配系统送来的目标位置信息(其精度较低)在指定空域内截获、跟踪目标,此时的目标位置测量精度大大提高。当引导歼击机时,歼击机跟踪雷达测出歼击机在每一时刻的位置,通过通信线路向驾驶员不断发出飞行命令,直至歼击机进入能用机上雷达发现目标的区域。导弹的制导过程也与此相似,可能的差别是由指令发射机发出控制导弹飞行的编码指令。导弹上的指令接收机对制导指令解码后,控制自动驾驶仪以改变其飞行方向。

自身引导系统由歼击机的瞄准雷达或导弹上的寻的雷达组成,它在远程引导结束时开始工作。自身引导系统可修正远程引导结束时产生的误差,并引导歼击机和导弹杀伤目标。

要战胜这样的防空系统,必须构成相应的干扰系统。干扰系统可以由许多干扰机有机地组合,也可能是具有自适应能力的系统。这些系统都必须在战斗的全过程中有效地干扰防空系统中的各种雷达。因此,就出现了两个问题:第一,如何确定各种干扰信号对特定雷达的干扰效果;第二,如何评价干扰系统对防空系统的总的干扰效果。第一个问题是选择最佳干扰信号的问题,也是确定对特定雷达干扰的效果衡量准则的问题;第二个问题则研究干扰系统的最佳组合和评价已有干扰系统的预期干扰效果问题。

下面分别讨论这两个问题引出的干扰效果的度量准则。

(1) 对特定雷达干扰的度量

前面指出,干扰的目的是降低雷达系统的信息流通量。因此,可用干扰引起的信息流通量的减少(信息损失)来衡量各种干扰信号的干扰效果。基于信息流通量减少的干扰效果衡量准则称为信息准则。

信息损失的概念可解释如下:设没有干扰时,送到雷达接收端的一个消息为 x_i,接收机将收到一个 y_i(y_i 与 x_i 有唯一的对应关系)。如果在收到消息前,接收端知道发送 x_i 的概率为 $P(x_i)$,而收到消息后能正确判定是 x_i,则接收端得到的信息量是 $-\log_a P(x_i)$。在有干扰时,虽然对于 x_i 的概率还是 $P(x_i)$,但收到消息后不能肯定是 x_i,也就是说,y_i 与 x_i 不是唯一对应的,只不过知道 y_i 后,对于发送端是否发送 x_i 的不确定性减少了。若把知道 y_i 后的发送消息是 x_i 的概率写为 $P(x_i/y_i)$,则称 $P(x_i)$ 为先验概率,称 $P(x_i/y_i)$ 为后验概率。接收者得到的信息量 $I(x_i,y_i)$ 为

$$I(x_i,y_i) = -\log_a P(x_i) - [-\log_a P(x_i/y_i)] \tag{5.1}$$

显然这个差值就是信息损失。

由式(5.1)可知,信息损失与先验概率 $P(x_i)$ 有关。而对于雷达的信息传输来说,先验概率是无法确定的。因此信息准则难以直接度量干扰效果。

但是,在研究对特定雷达的干扰效果时,经常遇到的是比较各种干扰信号的优劣,即各种干扰信号对雷达性能的影响。在这种意义上,容易找到一种可定量分析和试验测量的准则。

由防空系统的例子可以看到,防空系统中应用了各种雷达。但按其功能分,这些雷达可包括在搜索雷达和跟踪雷达两大类之中。搜索雷达的主要功能是检测目标,而雷达检测目标的能力由发现概率来衡量。跟踪雷达的主要功能是精确地测量目标的坐标参数,其主要质量指标是测量误差。因此,干扰引起的发现概率的下降或测量误差的增大,直接度量了各种干扰信号的优劣。但应当指出,无论检测概率还是测量误差都与作用在接收机输入端的信噪比或干扰-信号功率比(干信比)有关。为此需要在限定接收机输入端信噪比(或干信比)的条件下进行比较。也可以在限定检测概率和测量误差条件下,用接收机输入端的信噪比的相对大小来衡量各种干扰信号的相对效果。例如,干扰引起的检测概率 P_d 限定后,接收机输入端所需要的干扰功率越小,则这种干扰信号就越优于其他干扰信号。这种用干扰信号功率比衡量干扰效果的准则称为功率准则。它是目前国内外普遍采用的准则。

(2) 干扰系统总效果的度量

干扰系统的战术使用方法有三种:自卫干扰、随队干扰和远距离支援干扰。自卫干扰仅用于保护攻击飞机本身。由于飞机上尺寸、重量和电源功率的限制,这类干扰机的发射功率较低。而采用随队干扰时,装有干扰机的干扰飞机(称作保障机)与攻击机编队飞行,掩护攻击机(带或不带干扰机)突防。由于编队的要求,保障机和攻击机通常属于同一机理。随队干扰的干扰机功率比较大,能较好地掩护目标。但是,一旦保障机被击毁,整个系统的干扰能力将大

大下降。如若采用远距离支援干扰时情况就不同,大型的干扰飞机在导弹射程外飞行,支援攻击机的突防。干扰飞机上的干扰机,能发射强功率干扰,对攻击方向的攻击提供有效的掩护。由于它的干扰功率强和干扰保障的可靠性,这种战术使用日益引起人们的重视,并已得到广泛使用。应当指出,远距离支援干扰也有明显的缺点:由于干扰功率通常从雷达天线的旁瓣进入,随着雷达天线的旁瓣增益降低,或使用旁瓣对消、旁瓣匿影等抗干扰技术,干扰效果将大大下降。

无论采用哪种干扰保障措施,干扰系统的总效果可用突防成功率(简称为突防概率)或攻击机、保障机的平均杀伤概率来度量。用突防概率或杀伤概率度量干扰效果的准则,称为战术运用准则。

攻击机成功完成战斗使命,必须同时满足如下 3 个条件:

① 攻击机成功突防。

② 发现目标。

③ 使作战对象遭到指定的损失。

发现目标取决于攻击机上探测雷达的质量;使作战对象遭到指定的损失决定于攻击机的空地导弹控制系统或雷达轰炸瞄准具的质量。因此,在研究干扰系统的总效果时,只要研究攻击机的突防概率就足够了。

攻击机成功突防,也必须同时满足下列条件:

① 不被敌歼击机击毁。

② 不被敌导弹击毁。

③ 不被敌高炮击毁。

如果用 P_f、P_m 和 P_a 分别表示被歼击机、导弹和高炮击毁的概率,则突防概率为

$$P_p = (1-P_f)(1-P_m)(1-P_a) \tag{5.2}$$

攻击机被杀伤的概率为

$$P_k = 1 - P_p \tag{5.3}$$

比较式(5.2)和式(5.3)可知,突防概率和攻击机的杀伤概率能够等效地表示干扰系统干扰的总效果。

式(5.2)的各个概率是可以计算的。以导弹击毁攻击机的概率 P_m 为例。P_m 可写为

$$P_m = 1 - (1-P_{m_1})n_m \tag{5.4}$$

式中:P_{m_1} 表示一枚导弹的击毁概率;n_m 为发射导弹的枚数。对于歼击机和高炮的击毁概率,也可用类似于式(5.4)的形式写出。

影响干扰系统总的干扰效果的因素很多,而且随战斗对象、战斗过程中的时间变化。除了技术因素外,更多地依赖于敌我双方的战术。这里只讨论单一干扰机对特定雷达干扰的问题。虽然这种情况在实战中不会遇到,但它对于深入理解各种干扰的原理,比较和选择合适的干扰信号及干扰机的设计有着重要的指导作用。此外,对防空系统中各级雷达的有效干扰,也是提高干扰系统总干扰效果的保证。

2. 遮盖性干扰的干扰效果度量

遮盖性干扰是妨碍雷达检测目标的手段。无论是搜索雷达还是跟踪雷达,都必须具备检测目标的能力。因此,遮盖性干扰既可干扰搜索雷达,又可干扰跟踪雷达。干扰的预期效果是

使信号淹没在干扰之中,增加雷达发现目标的不确定性,降低发现概率。

那么,当发现概率降低到什么程度时才算有效干扰呢?国内外普遍的标准是取 $P_d \leqslant 0.2$。

因此,按照功率准则,各种遮盖性干扰的效果都以 $P_d \leqslant 0.2$ 时的雷达接收机输入端通带内的干扰–信号功率比作为衡量标准。

应当指出,干扰效果也与接收机输入端的干扰信号分布特性有关。这一点与雷达在不同分布的噪声中的检测概率不同有着同样的含义。为了进行比较,通常需要选择一个标准的干扰信号,即以标准干扰信号作用于接收机且有效干扰时的输入干扰–信号功率比作为比较标准。如果其他干扰信号达到同样的遮盖效果时,所需干扰功率比标准干扰信号的功率大,则表明这种干扰的效果比标准干扰差。

衡量遮盖性干扰的另一种度量是干扰覆盖的雷达观察空间的体积或面积。干扰覆盖的空间体积称为压制区(或雷达)的分辨体积,即在这个体积内,雷达无法发现信号,即雷达接收机输入端的干扰–信号功率比大于或等于功率准则所要求的干扰–信号功率比。如果仅研究干扰所覆盖的平面面积(如方位×距离、仰角×距离),则称这个平面为干扰扇面。如果仅研究一维空间上的干扰效果,则用最小干扰距离(干扰条件下雷达的最大作用距离)表示。同样,干扰扇面内和最小干扰外的干扰–信号功率比都必须满足功率准则所要求的值。因此,压制区域分辨体积仅仅是通过功率准则衡量干扰机作用威力方面的应用示例,不能定量比较各种干扰信号的优劣。干扰机的威力范围与干扰功率绝对值有关,质量差的大功率干扰机也可达到与高质量的小功率干扰机相同的作战效果。

5.2.3　遮盖性干扰的最佳干扰波形

在 5.2.2 小节中的干扰效果度量准则的讨论中已指出,遮盖性干扰的效果与干扰信号的时间特性有着密切的关系,而且定量比较各种干扰信号优劣时,也需要选择一个作为比较标准的干扰信号。显然,这些问题都与最佳干扰信号的问题有关。

在讨论最佳干扰信号前必须记住,遮盖性干扰信号的选择必须满足下面 3 个条件:

① 易得到足够大的功率。

② 干扰频谱宽。

③ 难以抗干扰的时间特性。

前两个问题涉及的虽然是信号的频域特性,但也涉及产生干扰的经济效益问题。这是选择干扰波形时必须注意的。

下面讨论遮盖性干扰的最佳干扰波形。

设雷达在 t_1 时刻发射脉冲信号 $s(t_1)$,经目标反射后,接收机输入端得到的回波信号为 $s(t_2)$,在雷达接收信号前,雷达操作员不知道目标将出现在扫描线上的时刻为 t_2。因此,对操作员来说,目标的存在具有先验不确定性。当雷达经过若干次扫描后,才确知目标的存在,消除了先验不确定性,获得了信息。但在实际的雷达接收机中,回波信号总是和接收机内部噪声混合在一起的。当信噪比较小时,回波信号也呈随机性。在这种情况下,目标检测是对两种统计假设(无信号的假设 H_0 和有信号的假设 H_1)的选择问题。换句话说,目标的检测仍具有不确定性。这种不确定性称为后验不确定性。

遮盖性干扰使目标检测的后验不确定性增大。因此,有效的遮盖性干扰信号必然是随机性很强的信号。换言之,最佳干扰波形就是随机性最强(或不确定性最大)的波形。

衡量随机过程不确定性的量是熵。那么,什么是熵呢? 我们先考虑离散随机变量的情况。

设一条消息的长度 L 由 n 个等间隔的消息单元组成。每个消息单元内可能有 m 个等概率的取值,例如 $m=2$ 时,可能的取值为 1 或 0,则定义这条消息所包含的信息量为

$$N = m^n \qquad (5.5)$$

若把 n 个消息单元中每个单元的任一取值的组合看成一条消息,则 n 个消息单元可以产生一个由 m^n 条消息构成的消息集,而信息量等于消息集中所含的消息总和。

但是,式(5.5)关于信息量的定义不符合自然相加法则。人们希望当消息的长度加倍时,它所包含的信息量也加倍,即信息量与消息单元数 n 成正比。对式(5.5)两边取对数,得

$$I = \log_a N = n \log_a m \qquad (5.6)$$

这时,I 正比于 n,故常用式(5.6)作为信息量的定义。式中对数的底数选择应使 $\log_a m = 1$,即一个消息单元只含一个单位的信息量。对于离散消息,常以 $a=2$ 为底。

对于信息传输系统来说,效率是很重要的。这时关心的不是某一条消息的信息量大小,而是一条消息的平均信息量或消息单元的平均信息量。

消息单元的平均信息量为

$$I' = \frac{I}{n} = \log_a m = -\log_a \frac{1}{m} = -\log_a P \qquad (5.7)$$

式中:P 为 m 个可能性中选择其中一个的概率,在等概率分布的情况下,$P = \frac{1}{m}$。

推广到每个消息单元的可能取值为 $x_1, x_2, \cdots, x_m$ 的情况,设取值 x_i 的概率为 P_i,则每个消息单元的平均信息量将趋于它的概率平均值

$$H(x) = -\sum_{i=1}^{m} P_i \log_a P_i \qquad (5.8)$$

式中:P_i 应满足

$$\sum_{i=1}^{m} P_i = 1$$

定义式(5.8)表示的平均信息量为熵。

熵的重要性质之一是它与不确定性有关。对于某确定信号,它取某个 x_i 的概率 P_i 为 1,而取其他值的概率为 0,则熵为 0。这是自然的,因为每一单元取某值的概率为 1,表明接收者对事件已有了充分了解,所以得到的信息量很少。反之,事件的先验概率接近于 0,接收者对这个事件几乎没有料到,则接收消息后,所得到的信息量自然是很大的。

熵的另一重要性质是熵的大小与概率分布有关。那么,什么样概率分布的信号具有最大熵呢? 这就是寻找最佳干扰波形的问题。

对于连续消息,取某个 x_i 时,必有一个对应的概率密度 $W(x_i)$。消息取值在 $(x_i, x_i + \Delta x_i)$ 区间内的概率为 $W(x_i)\Delta x_i$,用它代替式(5.8)中的 $P(x_i)$,则连续消息的熵为

$$H(x) = \lim_{\Delta x_i \to 0} -\sum_i \{ W(x_i)\Delta x_i \log_a [W(x_i)\Delta x_i] \} \qquad (5.9)$$

展开式(5.9)得

$$H(x) = \lim_{\Delta x_i \to 0} -\sum_i \{ W(x_i)\Delta x_i [\log_a W(x_i)] \} + \lim_{\Delta x_i \to 0} -\sum_i \{ W(x_i)\Delta x_i [\log_a \Delta x_i] \}$$

上式等号右边第一项的极限存在,即

$$-\int_{-\infty}^{\infty} W(x)\log_a W(x)\mathrm{d}x$$

而等号右边第二项在 $\Delta x_i \to 0$ 时变得无穷大。如果 Δx_i 的取值相等,且不太小,则第二项的极限是数值很大的常数。由于使用信息量时常用到两个信息量之差,故这个常数项不影响计算结果。因此定义连续消息的熵为

$$H(x)=\int_{-\infty}^{\infty} W(x)\lg W(x)\mathrm{d}x = -1.443\int_{-\infty}^{\infty} W(x)\ln W(x)\mathrm{d}x \tag{5.10}$$

实际使用时,式(5.10)中的系数不再写出(除非需要化成二进制单位)。式(5.10)是一维分布的熵。对于用多维概率密度 $W(x_1,x_2,\cdots,x_n)$ 表示的连续随机函数,其熵为

$$H(x)=-\int_{-\infty}^{\infty}\cdots\int_{-\infty}^{\infty} W(x_1,x_2,\cdots,x_n)\ln W(x_1,x_2,\cdots,x_n)\mathrm{d}x_1\mathrm{d}x_2\cdots\mathrm{d}x_n \tag{5.11}$$

确定最佳干扰波形的问题是求最大熵条件下的概率分布的问题,也就是求式(5.11)极值的问题。

将式(5.10)改写为

$$\Phi=\int_a^b F(x,W)\mathrm{d}x \tag{5.12}$$

在不考虑系数时,$F(x,W)=-W(x)\ln W(x)$。给 x 和 $W(x)$ 加上 m 个限制条件,即

$$\left.\begin{array}{r}\displaystyle\int_a^b \varphi_1(x,W)\mathrm{d}x =C_1 \\[2mm] \displaystyle\int_a^b \varphi_2(x,W)\mathrm{d}x =C_2 \\[2mm] \vdots \\[2mm] \displaystyle\int_a^b \varphi_m(x,W)\mathrm{d}x =C_m \end{array}\right\} \tag{5.13}$$

式中:$\varphi_1,\varphi_2,\cdots,\varphi_m$ 是限制条件中给定的函数。式(5.13)的极值可由下式求得

$$\frac{\partial F}{\partial W}+\lambda_1\frac{\partial \varphi_1}{\partial W}+\lambda_2\frac{\partial \varphi_2}{\partial W}+\cdots+\lambda_m\frac{\partial \varphi_m}{\partial W}=0 \tag{5.14}$$

式中:$\lambda_1,\lambda_2,\cdots,\lambda_m$ 是不定式的拉格朗日乘法。

【例 5.1】　有上、下限幅的情况。

设随机信号有上、下限幅,限幅电平为 $-U_0$ 和 U_0,x 存在的区间为 $(-U_0,U_0)$,则式(5.12)写为

$$\int_{-U_0}^{U_0} W(x)\ln W(x)\mathrm{d}x \tag{5.15}$$

对 W 和 x 的限制条件为

$$\int_{-U_0}^{U_0} W(x)\mathrm{d}x =1 \tag{5.16}$$

这时

$$F(x)=-W(x)\ln W(x)$$
$$\varphi_1=W(x)$$
$$\varphi_2=\varphi_3=\cdots=\varphi_m=0$$

代入式(5.14)得

$$\left.\begin{aligned}\frac{\partial F}{\partial W}&=-\ln W(x)-1\\\frac{\partial \varphi}{\partial W}&=1\end{aligned}\right\} \tag{5.17}$$

则式(5.14)的解为

$$W(x)=\mathrm{e}^{\lambda_1-1} \tag{5.18}$$

代入式(5.16)得

$$\int_{-U_0}^{U_0}\mathrm{e}^{\lambda_1-1}\mathrm{d}x=2\mathrm{e}^{\lambda_1-1}\cdot U_0=1$$

或

$$\mathrm{e}^{\lambda_1-1}=\frac{1}{2U_0} \tag{5.19}$$

因为式(5.18)等号左边为 $W(x)$，故

$$W(x)=\frac{1}{2U_0} \tag{5.20}$$

由式(5.20)得到的结论是：一维分布上、下限幅的噪声中，均匀概率分布的噪声具有最大的熵值，其为

$$H_{\max}(x)=-\ln\frac{1}{2U_0}=\ln 2U_0 \tag{5.21}$$

【例 5.2】 噪声的平均功率限定的情况。

$$H(x)=-\int_{-\infty}^{\infty}W(x)\ln W(x)\mathrm{d}x$$

限制条件为

$$\int_{-\infty}^{\infty}W(x)\mathrm{d}x=1$$

$$\int_{-\infty}^{\infty}x^2W(x)\mathrm{d}x=\sigma^2$$

对照式(5.12)和式(5.13)，有

$$\left.\begin{aligned}F&=-W(x)\ln W(x)\\\varphi_1&=W(x)\\\varphi_2&=x^2W(x)\end{aligned}\right\} \tag{5.22}$$

代入式(5.14)得

$$-\ln W(x)-1+\lambda_1+x^2\lambda_2=0$$

或

$$W(x)=\mathrm{e}^{\lambda_1-1}\mathrm{e}^{\lambda_2 x^2} \tag{5.23}$$

利用条件 $\int_{-\infty}^{\infty}W(x)\mathrm{d}x=1$，有

$$\int_{-\infty}^{\infty}\mathrm{e}^{\lambda_1-1}\mathrm{e}^{\lambda_2 x^2}\mathrm{d}x=1$$

或

$$\mathrm{e}^{\lambda_1-1}=\sqrt{\frac{-\lambda_2}{\pi}} \tag{5.24}$$

再利用条件

$$\int_{-\infty}^{\infty}x^2W(x)\mathrm{d}x=\sigma^2$$

解得

$$\int_{-\infty}^{\infty} x^2 \sqrt{\frac{-\lambda_2}{\pi}} e^{\lambda_2 x^2} dx = -\frac{1}{2\lambda_2} = \sigma^2$$

或

$$\lambda_2 = \frac{-1}{2\sigma^2} \qquad (5.25)$$

将 λ_2 代入式(5.24)得

$$e^{\lambda_1 - 1} = \sqrt{\frac{1}{2\pi\sigma^2}} \qquad (5.26)$$

再将式(5.25)、式(5.26)代入式(5.23)得

$$W(x) = \frac{1}{\sqrt{2\pi}\sigma} e^{-\frac{x^2}{2\sigma^2}} \qquad (5.27)$$

由式(5.27)得到结论:在平均功率限制条件下,正态噪声具有最大熵,其值为

$$H_{\max}(x) = -\int_{-\infty}^{\infty} W(x) \ln W(x) dx = \ln\sqrt{2\pi e\sigma^2} \qquad (5.28)$$

注意:平均功率 σ^2 有限说明噪声的频带宽度有限;概率分布是指噪声的瞬时值分布,而不是指包络的分布特性。

尽管限制条件不同,具有最大熵的噪声的概率分布特性也不同,但这并不意味着遮盖性干扰可以是任意选择的。通常认为正态分布噪声是理想的干扰波形。这是因为:① 许多实际噪声源具有正态概率分布,即易得到正态分布的噪声;② 接收机内部噪声服从正态分布,面对接收机内部噪声的分析及噪声对雷达信号检测的影响,已做过系统的、成功的研究,并给出了许多可用的理论、试验结果。

研究最佳干扰信号的目的是建立、比较各种干扰信号优劣的标准。实际干扰信号与理想干扰信号存在差异,如果能计算出或测量出它们相对理想干扰信号在遮盖性能上的损失,便可判断实际的各种干扰信号在遮盖能力上的优劣。

噪声质量因素 η_n 可用于衡量实际干扰信号质量。

噪声质量因素定义为:在相同的遮盖效果条件下,理想干扰信号所需的功率 P_{j0} 和实际干扰信号所需的干扰功率 P_j 之比为

$$\eta_n = \frac{P_{j0}}{P_j} \qquad (5.29)$$

它的合理说明如下:由式(5.28)知,正态分布噪声功率为 σ^2 时,其最大熵正比于 σ。如果实际干扰信号的概率密度表达式可以用数学方法表示,则可求出它的熵和相应的功率值。遮盖效果相同,意味着实际干扰信号的熵必须等于理想干扰信号的熵。而实际干扰信号的熵总是小于理想干扰信号的,因此,必须增大实际干扰信号的功率才能达到同样的效果,故

$$\eta_n < 1 \qquad (5.30)$$

或

$$P_j = P_{j0}/\eta_n > P_{j0} \qquad (5.31)$$

这样,只要知道正态噪声干扰时所要求的干扰功率 P_{j0},再乘以修正因素 $1/\eta_n$,便可求得有效干扰时所需的实际干扰信号的功率。应当指出,一般情况下的实际干扰信号的概率密度难以用数学公式描述,或者难以计算它们的熵,故常用试验的方法确定 η_n。

5.3 射频噪声干扰

用合适的滤波器对白噪声滤波并经放大器放大得到的有限频带的噪声,称为射频噪声,又称直接放大的噪声(DINA)。

由于白噪声的概率分布服从正态分布,故射频噪声的概率分布也服从正态分布,其概率密度表示为

$$W(u) = \frac{1}{\sqrt{2\pi}\sigma} e^{-\frac{(u-U_0)^2}{2\sigma^2}} \qquad (5.32)$$

式中:U_0 为均值;σ^2 为方差。

由于射频噪声具有最佳干扰信号的概率分布和良好的遮盖性能,故常作为干扰信号质量比较及干扰效果计算的基础。

5.3.1 射频噪声干扰对雷达接收机的作用

典型的雷达接收机如图 5.12(a)所示,它由混频器、中放、检波器和视频放大器组成。实际的接收机与图 5.12(b)所示的模型近似。这里,线性系统 I 代表混频器和中放。虽然混频器本身是非线性元件,但由于中放的选择性,混频不会改变输入信号和干扰的时间特性以及相对的频谱关系,它只是把射频信号(和干扰)变成中频。线性系统 I 的带宽取决于中放的带宽。检波器是非线性系统,它对中放输出的包络进行交换。线性系统 II 表示接收机的视频放大(以下简称"视放")。

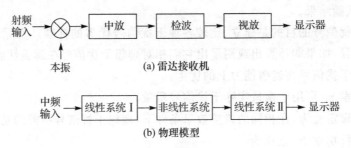

(a) 雷达接收机

(b) 物理模型

图 5.12 雷达接收机

1. 射频噪声对接收机的作用

在"统计无线电"课程中,已详细研究了噪声作用于雷达接收机时,接收机电路对噪声统计特性的影响。这里扼要地给出分析结果。设噪声的频谱宽度大于中放带宽 Δf_r,中放输出为窄带噪声

$$u_n(t) = U_n(t)\cos[\omega_i t + \phi(t)] \qquad (5.33)$$

式中:$U_n(t)$,ω_i,$\phi(t)$ 分别为包络、中频频率和相位。

当输入噪声为正态分布时,窄带线性系统的输出也为正态分布,即

$$W(u_n) = \frac{1}{\sqrt{2\pi}\sigma} e^{-\frac{u_n^2}{2\sigma^2}}$$

而包络 $U_n(t)$ 为瑞利分布,故

$$W(U_n)=\frac{U_n}{\sigma^2}e^{-\frac{U_n^2}{2\sigma^2}} \tag{5.34}$$

相位 $\phi(t)$ 在 $(-\pi,\pi)$ 区间内均匀分布,故

$$W(\phi)=\frac{1}{2\pi} \tag{5.35}$$

设输入的功率谱密度为 $G_i(f)$,中放的功率传输系数为 $|H(\omega)|^2$,则输出的功率谱密度为

$$G(f)=|H(\omega)|^2G_i(f) \tag{5.36}$$

对于矩形的输入谱特性和中放的频率特性,$G(f)$ 的一般形式为

$$G(f)=\begin{cases}\dfrac{\sigma^2}{\Delta f_r}, & |f-f_i|\leqslant\dfrac{\Delta f_r}{2}\\0, & 其他\end{cases} \tag{5.37}$$

式中:σ^2 为输出噪声的方差(即起伏功率)。

线性系统 I 输出噪声的谱特性,其特性决定于射频噪声干扰的功率谱和中放的频率特性。为计算方便,通常假设上述两者具有矩形特性,如图 5.13 所示。

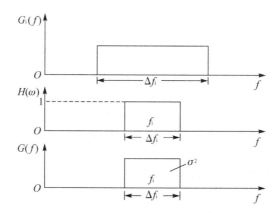

图 5.13　线性系统 I 的输入、输出频谱

由功率谱 $G(f)$ 可求得中放输出的相关函数 $B(\tau)$,它是功率谱的傅里叶反变换

$$B(\tau)=\int_0^\infty G(f)\cos(\omega\tau)\mathrm{d}f \tag{5.38}$$

将式(5.37)代入式(5.38),得

$$B(\tau)=\int_{f_i-\frac{\Delta f_r}{2}}^{f_i+\frac{\Delta f_r}{2}}\frac{\sigma^2}{\Delta f_r}\cos\omega\tau\mathrm{d}f=\sigma^2\frac{\sin(\pi\Delta f_r\tau)}{\pi\Delta f_r\tau}\cos\omega_i\tau \tag{5.39}$$

检波器的非线性特性取决于其输入的大小,严格地说,是取决于加在检波二极管两端的噪声或信号的大小。输入信号大时,检波特性近似为线性,即

$$U_o=\begin{cases}K_dU_i, & U_i\geqslant0\\0, & U_i<0\end{cases} \tag{5.40}$$

输入信号小时,检波特性为平方律特性

$$U_o=\frac{\alpha}{2}U_i^2 \tag{5.41}$$

式中:U_o 和 U_i 分别为检波器输出电压和输入信号的包络;K_d 和 α 为与检波器特性有关的常数。

在下面分析中,都以线性检波器为例。

当窄带噪声作用于线性检波器时,输出的噪声概率分布可由式(5.40)求得。

由式(5.40)可知,输出与输入间存在一定的关系,则 U_i 位于$(U_i,U_i+\Delta U_i)$区间内的概率等于 U_o 位于$(U_o,U_o+\Delta U_o)$区间内的概率,即

$$W(U_i)\Delta U_i = W(U_o)\Delta U_o$$

则

$$W(U_o)=W(U_i)\frac{\Delta U_i}{\Delta U_o}=\frac{1}{K_d}W(U_i),\quad U_i>0 \tag{5.42}$$

将式(5.34)中的 U_n 表示为 U_i,并代入上式得检波器输出电压的概率密度,即

$$W(U_o)=\frac{U_i}{K_d\sigma^2}\mathrm{e}^{-\frac{U_i^2}{2\sigma^2}}=\frac{U_o}{\sigma_o^2}\mathrm{e}^{-\frac{U_o^2}{2\sigma_o^2}} \tag{5.43}$$

式中:$U_o=K_dU_i$;$\sigma_o^2=K_d^2\sigma^2$。由式(5.43)可见,检波器输出的噪声概率分布为瑞利分布。求得其直流成分和起伏功率如下:

直流分量为

$$\overline{U}_o=\int_0^\infty U_oW(U_o)\mathrm{d}U_o=\sqrt{\frac{\pi}{2}}\sigma \tag{5.44}$$

总功率为

$$P_o=\int_0^\infty U_o^2W(U_o)\mathrm{d}U_o=2\sigma_o^2 \tag{5.45}$$

起伏功率为

$$P_o-\overline{U}_o^2=\sigma_o^2\left(2-\frac{\pi}{2}\right)=0.43\sigma^2 \tag{5.46}$$

检波器输出的功率谱是其相关函数的傅里叶变换。而检波器输出的相关函数 $B(\tau)$ 与输入相关函数 $B_i(\tau)$ 间存在如下关系:

$$B(\tau)=\frac{\pi K_d^2}{2}\sigma^2\left[1+\frac{\pi}{2}\rho(\tau)+\frac{1}{2}\rho^2(\tau)+\cdots\right] \tag{5.47}$$

式中:σ^2 为检波器输入(中放输出)的噪声功率;$\rho(\tau)$ 为检波器输入噪声的相关系数。

由式(5.39)可知

$$\rho(\tau)=\frac{B(\tau)}{\sigma^2}=\frac{\sin(\pi\Delta f_r\tau)}{\pi\Delta f_r\tau}\cos\omega_i\tau=\rho_0(\tau)\cos\omega_i\tau \tag{5.48}$$

其中

$$\rho_0(\tau)=\frac{\sin(\pi\Delta f_r\tau)}{\pi\Delta f_r\tau}$$

式(5.47)的方括弧内的级数收敛很快,可取前三项作近似计算,则

$$B(\tau)\approx\frac{\pi K_d^2}{2}\sigma^2\left[1+\frac{\rho_0^2(\tau)}{4}+\frac{\pi}{2}\rho_0(\tau)\cos\omega_i\tau+\frac{1}{4}\rho_0^2(\tau)\cos 2\omega_i\tau\right] \tag{5.49}$$

式中:方括号内的第一项为直流成分,第二项为视频成分,其他两项与 ω_0 有关。由于检波器负载的低通滤波作用,因而在负载上不会产生输出。即检波器负载上噪声电压的相关函数为

$$B(\tau)\approx\frac{\pi K_d^2}{2}\sigma^2\left[1+\frac{1}{4}\rho_0^2(\tau)\right] \tag{5.50}$$

相应的功率谱

$$G(f)=4\int_0^\infty B(\tau)\cos\omega\tau\,\mathrm{d}\tau=\frac{\pi}{2}K_d^2\sigma^2\delta(f)+\frac{\pi K_d^2\sigma^2}{4\Delta f_r^2}(\Delta f_r-f) \tag{5.51}$$

式中:等号右侧第一项是直流成分的功率谱,第二项为视频分量的功率谱。如图 5.14 所示,图中三角形内的面积表示噪声的起伏功率,等于 $0.39K_d^2\sigma^2$。视频噪声的最高频率决定于中放带宽 Δf_r。图 5.14 中也画出检波器输出的噪声频谱特性的精确曲线(图中虚线),这是当式(5.47)所取项数足够多时的结果,虚线下所包含的面积为 $0.43K_d^2\sigma^2$。

图中标注:$G(f)$，精确，近似，O，Δf_r，f

图 5.14　检波器输出的功率谱

2. 信号和射频噪声同时作用于接收机

设信号为

$$u_s(t)=U_s\cos\omega_0 t$$

当和射频噪声 $u_n(t)$ 同时作用于线性系统 Ⅰ 的输入时,由线性系统的性质(可用叠加定理)可知线性系统的输出为信号和噪声单独通过时的响应之和。而噪声输出为

$$u_n(t)=U_n(t)\cos[\omega_i t+\phi(t)]$$

信号输出为

$$u_s(t)=U_s\cos\omega_i t$$

则其合成电压 $u(t)$ 为

$$u(t)=(U_s+U_n\cos\phi)\cos\omega_i t-U_n\sin\phi\sin\omega_i t$$
$$=U\cos(\omega_i t+\phi) \tag{5.52}$$

式中:U 为合成信号的包络,其概率分布为

$$W(U)=\frac{U}{\sigma^2}e^{-\frac{U^2+U_s^2}{2\sigma^2}}I_0\left(\frac{UU_s}{\sigma^2}\right) \tag{5.53}$$

式(5.53)称为广义瑞利分布或莱斯(Rice)分布,其中

$$I_0\left(\frac{UU_s}{\sigma^2}\right)=\frac{1}{2\pi}\int_0^{2\pi}e^{\frac{UU_s\cos\varphi}{\sigma^2}}\,\mathrm{d}\varphi \tag{5.54}$$

为零阶虚辐角贝塞尔函数。当 $x=0$ 时,$I_0(x)=1$;当 x 很大时,$I_0(x)$ 可用下列级数近似:

$$I_0(x)=\frac{e^x}{\sqrt{2\pi x}}\left(1+\frac{1}{8x}-\frac{6}{128x^2}+\cdots\right) \tag{5.55}$$

这样,可以讨论取不同 U_s 时信号和噪声的合成包络的概率分布。

当 $U_s=0$ 时

$$W(U)=\frac{U}{\sigma^2}e^{-\frac{U^2}{2\sigma^2}}I_0(0)=\frac{U}{\sigma^2}e^{-\frac{U^2}{2\sigma^2}}$$

这就是噪声包络的概率分布——瑞利分布。

当 $U_s/\sigma\gg1$ 时

$$I_0\left(\frac{UU_s}{\sigma^2}\right)\approx\frac{\sigma}{\sqrt{2\pi UU_s}}e^{\frac{UU_s}{\sigma^2}}$$

将式(5.55)代入式(5.53)得

$$W(U) \approx \frac{1}{\sqrt{2\pi}\sigma} \mathrm{e}^{-\frac{(U-U_s)^2}{2\sigma^2}} \tag{5.56}$$

式(5.56)是正态分布表达式。图 5.15(a)中画出了 U_s/σ 值不同时的概率分布曲线。由图可见,随着信号-噪声比的增加,合成包络的概率分布由瑞利分布逐渐过渡到正态分布。

信号和噪声的相位概率分布为

$$W(\varphi) = \frac{1}{2\pi} \mathrm{e}^{-\frac{U_s^2}{\sigma^2}} + \frac{U_s \cos\varphi}{\sqrt{2\pi}\sigma} F\left(\frac{U_s}{\sigma}\cos\varphi\right) \mathrm{e}^{-\frac{U_s^2 \sin^2\varphi}{2\sigma^2}} \tag{5.57}$$

其中

$$F\left(\frac{U_s}{\sigma}\cos\varphi\right) = \frac{1}{2\pi} \int_{-\infty}^{U_s \cos\varphi/\sigma} \mathrm{e}^{-\frac{x^2}{2}} \mathrm{d}x$$

图 5.15(b)中画出了各种信号-噪声比下的 $W(\varphi)$ 曲线。

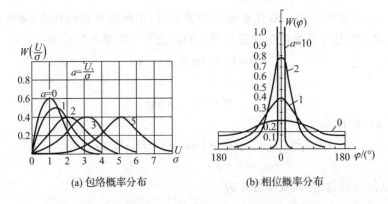

(a) 包络概率分布   (b) 相位概率分布

图 5.15   信号和噪声的包络概率分布和相位的概率分布

用类似于噪声作用于检波器的分析方法,可以求出信号和噪声同时作用时检波器输出的概率分布

$$W(U_o) = \frac{1}{K_d} W(U_i) = \frac{1}{K_d} \frac{U}{\sigma^2} \mathrm{e}^{-\frac{U^2+U_s^2}{2\sigma^2}} I_0\left(\frac{UU_s}{\sigma^2}\right) \tag{5.58}$$

式中:K_d 为线性检波器的传输系数,为常数;$W(U_i)$ 为中放输出的合成信号的包络,即式(5.42)。

5.3.2   射频噪声干扰对信号检测的影响

由式(5.48)和式(5.58)可知,在射频噪声干扰的单独作用下,接收机输出端的幅度分布是随机的。其效果相当于增加接收机的内部噪声。而在信号脉冲存在期间,信号不再是雷达发射的矩形脉冲,其幅度围绕着某一平均电平起伏变化。因此,在射频噪声干扰时,雷达检测信号具有概率性质。图 5.16(a)所示为接收机输出的波形。由于噪声在时间上具有连续性和幅度上具有随机性,当干扰-信号功率比足够大时,信号将被噪声淹没或遮盖。"遮盖性干扰"一词就是从这种现象中得来的。

但是比较图 5.15(a)中各个 U_s/σ 的曲线可以发现,信号存在时的概率分布特性不同于无信号时的分布特性。这种差别使雷达信号检测成为可能。

雷达信号检测的方法是:设置一个门限电平 V_T,将接收机输出的视频信号 U 与 V_T 比较。

若 $U>V_T$，则判为信号；若 $U<V_T$，则判为干扰。这种门限检测方法会产生两种错误：虚警和漏报。

虚警即把超过门限的噪声尖头判为信号所产生的错误。产生虚警的概率 P_{fa} 等于图 5.16(b) 中噪声电平超过 V_T 的面积。

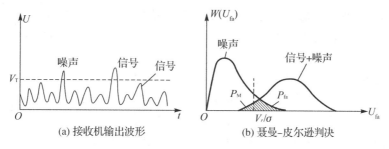

(a) 接收机输出波形　　　　　　(b) 聂曼–皮尔逊判决

图 5.16　信号检测

$$P_{fa} = \int_{V_T}^{\infty} \frac{U}{\sigma^2} e^{-\frac{U^2}{2\sigma^2}} dU \tag{5.59}$$

漏报即把信号加噪声的合成包络低于 V_T 时判为干扰（或噪声）产生了第二类错误。漏报概率 P_M 等于 $W_{S+N}(U \leqslant V_T)$ 曲线低于 V_T 的曲线面积，即

$$P_M = \int_{-\infty}^{V_T} \frac{U}{\sigma^2} e^{-\frac{U^2+U_s^2}{2\sigma^2}} I_0\left(\frac{UU_s}{\sigma^2}\right) dU \tag{5.60}$$

虚警和漏报都会给雷达带来不良的影响。虚警概率过高，会造成操作员的精神紧张和疲劳，甚至造成雷达操作员对雷达的不信任。高虚警概率也使自动化防空系统中的空情处理计算机饱和。漏报将会使国土防空产生灾难性的损失。因此，如何选择门限使这两类错误的概率之和最小，或者使这两种错误产生的损失最小，成为决策论中的重要课题。目前已提出了一些判决准则，用以设计最佳的判决门限，如理想观察者准则、贝叶斯准则等。由于这些准则需要知道目标出现的先验概率，或者由于对每种错误的代价无法作数值估量，上述准则都难以用于雷达信号检测中。目前常用的是聂曼–皮尔逊准则，如图 5.16(b) 所示。

聂曼–皮尔逊准则是在给定虚警概率的条件下，选定门限电平 V_T 使发现概率最大的判决准则。

根据虚警概率的定义，它和门限电平 V_T 的关系为

$$P_{fa} = \int_{V_T}^{\infty} W(U_n) dU_n = \int_{V_T}^{\infty} \frac{U_n}{\sigma^2} e^{-\frac{U_n^2}{2\sigma^2}} dU_n = e^{-\frac{V_T^2}{2\sigma^2}} \tag{5.61}$$

在给定 P_{fa} 时，门限电平 V_T 为

$$V_T = \left(\frac{2\sigma^2}{\ln P_F}\right)^{\frac{1}{2}} \tag{5.62}$$

正确发现概率为

$$P_d = \int_{V_T}^{\infty} W(U)_{S+N} dU = \int_{V_T}^{\infty} \frac{U}{\sigma^2} e^{-\frac{U^2+U_s^2}{2\sigma^2}} I_0\left(\frac{UU_s}{\sigma^2}\right) dU \tag{5.63}$$

由式(5.61)和式(5.63)可以画出不同 P_{fa} 下 P_d 与信号–噪声比 q 的关系，如图 5.17 所示。此图是小信号平方律检波情况下的发现概率特性，并考虑了 N 个脉冲视频积累的影响。

应当指出,在雷达设计中雷达发现概率定义为在接收机内部噪声中发现信号的能力。当雷达受到射频噪声干扰作用时,其效果为增加接收机内部噪声,必将降低雷达对目标的检测概率。要实现有效干扰,必须解决如下两个问题:检测概率应降到什么值才算有效干扰? 有效干扰所要求的干扰-信号功率比应为多大?

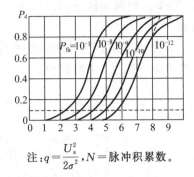

注：$q = \dfrac{U_s^2}{2\sigma^2}$，$N = $ 脉冲积累数。

图 5.17　信号检测特性

首先讨论第一个问题。

设雷达的虚警概率和发现概率已经给定,则由图 5.14 可确定相应的 q_0(q_0 表示雷达正常工作要求的最小信号-干扰功率比值)。如果干扰使雷达接收机中放输入端(通带内)的实际 q 值小于 q_0,则干扰是有效的。但干扰者无法知道被干扰雷达的 P_{fa} 和 P_d,而只能根据这些参数的一般范围估算。例如,设计的搜索雷达用来探测远距离目标,在最大作用距离时的信噪比很低,故 P_{fa} 一般选得较高,在 $10^{-10} \sim 10^{-6}$ 之间,而 P_d 选择在 0.5 左右。跟踪雷达常在大信噪比下工作,P_{fa} 常选得较低,可在 10^{-12} 以下,发现概率选得较高,如 0.9。这样,可认为干扰使 $q < q_0$ 即发现概率降到 0.5 以下(对搜索雷达)能够有效干扰。由图 5.17 可见,当信号-干扰比从 q_0 减少时,P_d 快速下降,而当信号-干扰功率比再继续减少时,P_d 下降变得缓慢。这样,从干扰功率有效利用观点来看,必存在一个最佳的 q_{opt}。在这个 q_{opt} 下,干扰功率的利用最经济且干扰可靠、有效。这个最佳的 q_{opt} 可由 P_d 的函数表示式(5.63)对 q 求二阶导数并令它为零求得。最简单的方法是将 P_d-q 曲线作线性近似,由直线与横轴的交点求出 q_{opt}。在该最佳信号-干扰功率比下,P_d 约为 0.1。故常取 $P_d = 0.1$ 作为有效干扰的衡量标准。

再来讨论第二个问题。

在确定了有效干扰标准后,就可以计算有效干扰下的干扰-信号功率比。这个比值称为压制系数,其定义为

$$K_a = \left(\frac{P_j}{P_s}\right)_{IF, min, P_d = 0.1} \tag{5.64}$$

它表示使 P_d 降到 0.1 时,接收机中放输入端通带内的最小干扰功率和信号功率之比。

根据定义,可以从图 5.17 的曲线求得给定 P_{fa} 下的压制系数。例如,$P_{fa} = 10^{-10}$,当脉冲积累数 N 取值范围为 $16 \sim 25$ 时,压制系数为

$$K_a = \left(\frac{P_j}{P_s}\right)_{P_d = 0.1} = \frac{\sqrt{N}}{q} = \frac{1}{5}\sqrt{N} = 0.8 \sim 1 \tag{5.65}$$

式(5.65)表明,如果接收机中放输入端的干扰-信号功率比约为 1,射频噪声干扰便能有效地干扰雷达。

最后,应说明式(5.64)有关功率的定义。为了测量方便,对干扰功率定义如下:

● 射频噪声干扰:P_j 为平均功率。

● 噪声调制干扰:P_j 为载波功率。

● 脉冲干扰:P_j 为脉冲功率。

对信号也定义如下:

● 脉冲信号:P_s 为脉冲功率。

● 连续波信号:P_s 为平均功率。

5.3.3　影响压制系数的因素

由于压制系数定义为在高频线性系统输入端通带内的最小干扰-信号功率比(且当 P_d 下降到 0.1 时),因此,影响压制系数的因素仅与进入雷达接收机中放的干扰信号波形、接收机对信号的处理方法和抗干扰措施以及检测信号的方法等有关。

1. 干扰信号波形的影响

干扰信号的波形(严格地说,干扰信号的时间特性)对遮盖性能有很大的影响。遮盖性能最好的是正态白噪声,但实际的微波噪声源的功率电平非常低,难以得到理想的功率要求。故常用的干扰信号都是非正态或接近正态的。

非正态噪声将降低干扰效果,降低的程度决定于噪声的品质因素 η_n。在达到与正态噪声同样的遮盖性能下,非正态噪声的干扰功率须增大到理想干扰功率的 η_n 倍。后续内容将对 η_n 进行详细讨论。

2. 接收机的信号处理方法的影响

接收机对信号处理是根据抗干扰要求提出来的。

当干扰为射频噪声时,中放带宽的选择对压制系数有着重要的影响。试验结果表明,当在 A 式显示器上观察目标时,发现信号的最小信号-干扰功率比与中放带宽 Δf_r 的关系可用如下经验公式表示:

$$C = \frac{4}{\left[1+\left(\frac{1}{\Delta f_r \tau}\right)\right]^2}\left(\frac{F_r}{K}\right)^{1/3} \tag{5.66}$$

式中:Δf_r 为中放带宽;τ 为脉冲宽度;F_r 为脉冲重复频率;K 为常数;C 为在 A 式显示器上发现目标所需的最小信号-干扰功率比的倒数。

式(5.66)表明,在给定脉冲宽度下,虽然 Δf_r 越小,通过中放的噪声功率越小,但信号能量损失很大,中放输出的信噪比较小;反之,Δf_r 太大,虽然信号能量能全部通过中放,但输出噪声功率也线性增加,使得中放输出的信噪比得不到多大改善。故 Δf_r 有一个最佳值,即

$$\Delta f_r \approx \frac{1\sim1.2}{\tau} \tag{5.67}$$

图 5.18 所示为 C 和 $\Delta f_r \tau$ 的关系,图中 F_r 为参变量。

随着抗干扰技术的发展,雷达发射的波形也变得越来越复杂。为了有效地加工回波信号,提高信噪比,雷达接收机的中频、视频电路也变得更加复杂。当用图 5.17 所示的信号检测特性曲线计算压制系数时,必须注意到图 5.17 所示的曲线是载频固定的矩形脉冲信号在典型的窄带中放条件下得到的。中频、视频电路对信号的加工方法不同,压制系数也不同。

下面以对相位编码的脉冲压缩雷达干扰为例,说明中频电路的特性对压制系数的影响。

相位编码脉压雷达发射的是宽脉冲,宽脉冲内又

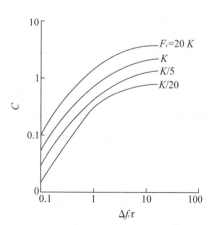

图 5.18　C 和 $\Delta f_r \tau$ 的关系

由许多等宽度的窄脉冲组成,各个窄脉冲内的振荡相位由一种称为巴克码的伪随机码控制。常用的是二相码(即相位只能取 $0°$ 或 $180°$)。其发射信号的波形如图 5.19(a)所示。

雷达接收机的中频电路由压缩滤波器和窄带滤波器组成,如图 5.19(b)所示。压缩滤波器的输出,变成脉宽等于窄脉冲宽度 τ_c、幅度为宽脉冲幅度 N 倍的压缩脉冲。这里 $N=\tau/\tau_c$,称为压缩比,τ 为宽脉冲的宽度。

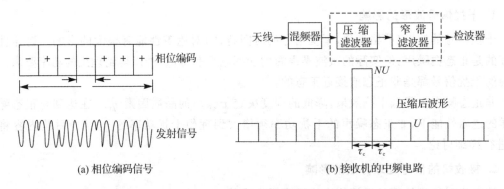

(a) 相位编码信号   (b) 接收机的中频电路

图 5.19　相位编码信号和接收机的中频电路

由于压缩结果,信号幅度增加到 N 倍或功率增加到 N^2 倍,压缩滤波器输出的噪声功率增加到 N 倍,则压缩引起的信号-干扰功率比增加到 N 倍。

与脉宽为 τ_c 的雷达相比,如果两雷达的脉冲幅度相同,即脉压雷达的窄带放大器的带宽等于普通脉冲雷达的带宽 Δf_r。在窄带放大器输出的干扰-信号功率比与普通雷达中放输出的干扰-信号功率比相同的条件下,对脉压雷达干扰时,中频电路输入端的干扰功率必须增加 N 倍。因为压制系数是以中频电路输入端的干扰-信号功率比定义的,则干扰脉压雷达时的压制系数 K_{apc} 为

$$K_{apc}=NK_a \tag{5.68}$$

式中:K_a 为干扰普通脉冲雷达所需的压制系数。

雷达接收机中的其他抗干扰技术也会影响压制系数,例如中频积累和视频积累等都会改善干扰-信号功率比。要实现有效干扰,须加在接收机输入的干扰功率必须大于无积累时的功率值。

3. 检测方法的影响

雷达检测信号可由自动门限检测器实现,也可以由操作员在显示器上发现目标。自动检测设备要求的信噪比要比人工检测的高。

当用显示器发现信号时,显示器的型号及亮度、余辉时间的长短也对压制系数产生影响。试验证明,幅度偏转显示器比辉度调制显示器的抗干扰能力强。这是因为:信号加噪声的包络分布服从广义瑞利分布,当信噪比大时,趋向于正态分布(见式(5.56)),这时的包络将围绕 U_s 起伏,在扫描基线上出现一个凹口,操作员可利用凹口特征发现信号。而在辉度调制显示器上,信号以亮点形式出现,雷达操作员无法利用凹口这个信息。

上面的讨论表明,对实际雷达压制系数的计算是十分复杂的。而且对干扰者来说,被干扰雷达的虚警概率、发现概率是未知的,雷达采用的抗干扰技术也是未知的。因此,压制系数的实际值只有通过对被干扰对象的实际试验才能准确确定。为了建立被干扰对象,通常用同类

型国内雷达或缴获的敌方雷达作为试验对象。随着计算机技术的发展,也可在计算机上根据各种手段获得的雷达情报做模拟试验。

5.4　噪声调制干扰

5.4.1　噪声调幅干扰

1. 噪声调幅干扰的特性

噪声调幅信号的波形及功率谱密度如图 5.20 所示。

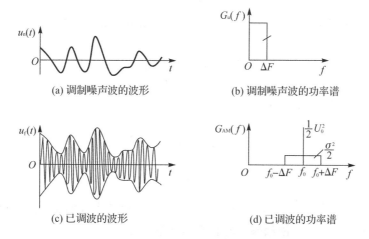

(a) 调制噪声波的波形　　　　(b) 调制噪声波的功率谱

(c) 已调波的波形　　　　(d) 已调波的功率谱

图 5.20　噪声调幅信号的波形及功率谱密度

若载波振荡 $u_0(t)=U_0\cos(\omega_j t+\phi)$ 的幅度随着调制噪声 $u_n(t)$(波形见图 5.20(a))的变化而变化,这种调制称为噪声调幅。

噪声调幅信号的数学表示式为(为简单起见,下面不考虑载波的初始相位)

$$u_j(t)=[U_0+u_n(t)]\cos \omega_j t \tag{5.69}$$

或

$$u_j(t)=A(t)\cos \omega_j t \tag{5.70}$$

式中:$A(t)=U_0+u_n(t)$。噪声调幅信号的波形图如图 5.20(c)所示。

$$B(\tau)=\frac{1}{2}B_A(\tau)\cos \omega_j \tau \tag{5.71}$$

其中

$$B_A(\tau)=[U_0+u_n(t)][U_0+u_n(t+\tau)]=$$
$$U_0^2+U_0 u(t)+u_0 u(t+\tau)+u(t)u(t+\tau) \tag{5.72}$$

若调制噪声的均值为 0,则

$$B_A(\tau)=U_0^2+B_u(\tau) \tag{5.73}$$

式中:$B_u(\tau)$ 为调制噪声的相关函数。

将式(5.73)代入式(5.71),得到噪声调幅信号的相关函数表示式

$$B(\tau) = \frac{U_0^2}{2}\cos\omega_j\tau + \frac{1}{2}\cos\omega_j\tau B_u(\tau) \tag{5.74}$$

式(5.74)就是著名的噪声调幅定理——噪声调幅信号的相关函数等于振幅为 1 的载波相关函数(乘以 U_0^2)加上载波相关函数与调制波相关函数的乘积。

噪声调幅波的相关函数表明噪声调幅信号的总功率为

$$B(0) = \frac{U_0^2}{2} + \frac{1}{2}B_u(0) = \frac{U_0^2}{2} + \frac{\sigma^2}{2} \tag{5.75}$$

等于载波功率与调制噪声功率 σ^2 和的一半。式(5.75)也可改写为

$$B(0) = \frac{U_0^2}{2}\left[1 + \left(\frac{\sigma}{U_0}\right)^2\right] = p_0(1 + m_{Ae}^2) \tag{5.76}$$

式中:$P_0 = U_0^2/2$ 为载波功率;$m_{Ae} = \sigma/U_0$ 为有效调制系数,表示幅度调制的深度,它与最大调制系数的关系如下:

$$m_A = \frac{\text{噪声最大值}(u_{nmax})}{\text{载波幅度}(U_0)}$$

将上式的分子、分母同乘以 σ,则有

$$m_A = \frac{u_{nmax}}{\sigma} \cdot \frac{\sigma}{U_0} = k_c m_{Ae}$$

即

$$m_{Ae} = \frac{m_A}{k_c} \tag{5.77}$$

式中:k_c 为噪声的峰值系数。一般 $m_A < 1$,当 $m_A > 1$ 时将产生过调制。严重过调制将烧毁振荡管。因此,当 $m_A = 1$ 时,未限幅噪声的有效调制系数为

$$m_{Ae} = \frac{1}{k_c} = \frac{1}{3} \sim \frac{1}{4} = \tag{5.78}$$

$$\frac{U_0^2}{2}\delta(f - f_j) + \frac{1}{4}\left[2\int_0^\infty B_u(\tau)\cos(\omega_j - \omega)\tau d\tau + 2\int_0^\infty B_u(\tau)\cos(\omega_j + \omega)\tau d\tau\right] =$$

$$\frac{U_0^2}{2}\delta(f - f_j) + \frac{1}{4}G_u(f_j - f) + \frac{1}{4}G_u(f_j + f) \tag{5.79}$$

式中:等号右边第一项代表载波的功率谱;$G_u(f_j - f)$ 表示调制噪声的频谱从视频 f 移动到 $(f_j - f)$ 处;$G_u(f_j + f)$ 则表示视频噪声频谱从 f 移动到 $(f_j + f)$ 处。因此,式(5.79)的物理意义如下:

① 噪声调幅信号的频谱由载频频谱和两个对称的旁频带组成;上旁频带是由调制噪声的频谱在频率轴上位移 f_j 得到的,而下旁频带则正好是上旁频带关于载频的影像,如图 5.20(b)和(d)所示。

② 噪声调幅信号的频谱宽度等于调制噪声频谱宽度的两倍。

③ 旁频功率为式(5.79)中等号右边后两项的功率谱密度曲线下的面积。它等于调制噪声功率的一半,或每个边带的功率为调制噪声功率的1/4。

由于雷达接收机检波器的输出正比于噪声调制信号的包络,因此起遮盖干扰作用的是旁频成分。

由式(5.75)知,旁频功率 P_{se} 为

$$P_{se}=\frac{\sigma^2}{2}=P_0 m_{Ae}^2$$

或
$$P_{se}=P_0\left(\frac{m_A}{k_c}\right)^2 \tag{5.80}$$

在不产生过调制条件下,即 $m_A\leqslant 1$ 时,旁频功率为

$$P_{se}=P_0/k_e^2\leqslant\left(\frac{1}{3\sim 4}\right)^2 P_0=\frac{1}{9\sim 16}P_0 \tag{5.81}$$

只占载波功率的很小一部分。

增加旁频功率的方法有两个:增加载波功率 P_0;调制的视频噪声放大后限幅(即减小峰值系数 k_c),再对载波调制。

第一种方法是增加载波功率以增加旁频功率,该方法效率低。因为旁频功率的大小仍然取决于式(5.81)。载波功率也受振荡管功率的限制。

第二种方法是限幅噪声调制提高 P_{se}/P_0 比,但限幅将使噪声的质量变坏,在噪声限幅电平处出现平顶,当信号位于平顶上时易被发现。这种由于限幅使噪声出现平顶的现象,称为"天花板效应"。"天花板效应"的影响与限幅电平的选择和限幅特性有关。

当限幅特性有如图 5.21 所示的双向折线限幅时,限幅特性为

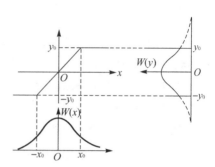

图 5.21　双向折线限幅

$$y=\begin{cases} kx, & |x|<x_0 \\ -y_0, & x\leqslant -x_0 \\ y_0, & x\geqslant x_0 \end{cases} \tag{5.82}$$

限幅器输出的噪声概率密度,可由概率相等原则求得,即

$$W(y)=W(x)\frac{dx}{dy}$$

当 $-x_0<x<x_0$ 时,$W(y)$ 与 $W(x)$ 呈线性关系,即

$$W(y)=\frac{1}{K}W(x)$$

式中:K 为限幅器特性的斜率,是常数。当 $x<-x_0$ 时噪声因限幅出现在 $y=-y_0$ 处;当 $x>x_0$ 时噪声则出现在 y_0 处,因此,在 $y=\pm y_0$ 处噪声出现的概率均为

$$P=\int_{y_0}^{\infty}W(y)dy=\int_{x_0}^{\infty}W(x)dx$$

显然,上述 P 值越大,"天花板效应"越明显。

衡量限幅程度的量为限幅系数 k_L

$$k_L=\frac{\sigma}{U_L} \tag{5.83}$$

式中:σ 是限幅前噪声的有效值;U_L 是限幅电平。限幅改变了噪声的峰值系数和噪声的均方根值。

限幅后的噪声峰值系数定义为

$$k_{oL} = \frac{U_L}{\sigma_L} \qquad (5.84)$$

式中：σ_L 为限幅后噪声的均方根值。它可根据限幅噪声的相关函数或概率密度求得。

将式(5.84)的 k_{oL} 代替式(5.77)中的 k_c，则限幅噪声调制的有效调制度为

$$m_{AeL} = \frac{m_A}{k_{oL}} \qquad (5.85)$$

不产生过调制($m_A \leqslant 1$)时的有效调制度与限幅系数的关系如图 5.22 所示，而限幅后的峰值系数正是 $m_A = 1$ 时的有效调制度的倒数。由图可见，限幅越严重，k_L 越大，限幅后噪声的峰值系数减少得越多，而有效调制度越大。

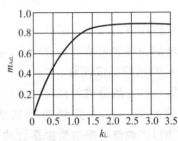

图 5.22　有效调制度与限幅系数的关系

由于限幅器是非线性元件，因而噪声限幅后将产生新的频率分量，使噪声的频谱宽度展宽。计算证明，当限幅系数小于 1 时，由限幅引起的频谱展宽不太大。图 5.22 画出了限幅的视频噪声调幅时引起的频谱变化。

2. 噪声调幅干扰的干扰效果

从 5.4.1 小节分析可以看到，噪声调幅干扰在中放输出的统计特性有别于最佳干扰波形。除了 $|f_j - f_0| > \frac{1}{2}\Delta f_r$ 外，它的瞬时值概率分布不同于正态分布。虽然分析中没有直接导出瞬时值的概率分布，但从中放输出的函数表达式和包络的概率分布特性可明显地感觉到这一点。

衡量干扰信号的优劣，除了遮盖性能外，还必须考虑能否容易得到足够大的干扰功率和足够宽的干扰带宽。前一个问题既表示干扰发射机产生大功率的难易程度，也表示在一定干扰功率下，干扰功率利用率的高低。

(1) 干扰的功率利用率

干扰的功率利用率与干扰机的参数设计有着密切的关系。尤其是频率瞄准误差 $\delta f = |f_j - f_0|$，对干扰功率利用率起着决定性的影响。

噪声调幅干扰的中放输出加到线性检波器时，不同的频率瞄准误差对干扰功率的利用率的影响如下：

① 当 $\delta f = |f_j - f_0| = 0$ 时，中放输出的干扰为调幅波

$$u(t) = [U_0 + u_n'(t)] \cos \omega_0 t$$

检波器的输出正比于 $u(t)$ 的包络，即

$$u_o(t) = K_d [U_0 + u_n'(t)] = K_d A(t), \quad A(t) \geqslant 0 \qquad (5.86)$$

式中：K_d 为检波器传输系数，为常数；$u_n'(t)$ 为调制噪声，其功率等于 $2P_{n1}$；$A(t)$ 为合成电压的包络，并等于 $U_0 + u_n'(t)$。

检波器输出 $u_o(t)$ 的相关函数为

$$B(\tau) = \overline{u_o(t)u_o(t+\tau)} = K_d^2 \overline{[U_0 + u_n'(t)][U_0 + u_n'(t+\tau)]} =$$
$$K_d^2 [U_0^2 + \overline{U_0 u_n'(t)} + \overline{U_0 u_n'(t+\tau)} + \overline{u_n'(t)u_n'(t+\tau)}] \qquad (5.87)$$
$$B(\tau) = K_d^2 U_0^2 + K_d^2 B_u(\tau) \qquad (5.88)$$

其中：$B_u(\tau)$ 为 $u_n(t)$ 的相关函数。由式(5.87)可求直流功率为 $K_d^2 U_0^2$ 和视频噪声功率为 $2K_d^2 P_{nl}$。

其功率谱可根据调幅波的频谱和调制波频谱之间的相互关系求得。这个关系是：调制波的功率谱是调幅波的功率谱沿频率轴搬移到原点，以纵坐标为轴左右折叠相加，再乘以系数 2 得到的。视频噪声功率谱在 $0 \sim \Delta f_r/2$ 内均匀分布，如图 5.23 所示。

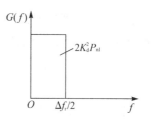

图 5.23　$\delta f = 0$ 时，检波器的视频输出

② 当 $\delta f = \dfrac{\Delta f_r}{2}$ 时，中放输出为载波加窄带噪声之和

$$u_j(t) = U_0 \cos \omega_j t + u_n'(t) \tag{5.89}$$

这里 $u_n'(t)$ 的频谱在 $f_j - (f_j + \Delta f_r)$ 内均匀分布，功率为 P_{nl}。

中放输出包络的概率密度为

$$W(U_i) = \frac{1}{\sqrt{2\pi}\sigma'} \exp\left[-\frac{(U_i - U_0)^2}{2\sigma'^2} \right] \tag{5.90}$$

则检波器输出的概率密度为

$$W(U) = \frac{W(U_i)}{K_d} = \frac{1}{K_d \sqrt{2\pi}\sigma'} e^{-\frac{(U_i - U_0)^2}{2\sigma'^2}} \tag{5.91}$$

由式(5.91)得直流功率为

$$\int_{-\infty}^{\infty} U W(U) dU = K_d^2 U_0^2$$

视频噪声功率为

$$\int_{-\infty}^{\infty} (U - U_0)^2 W(U) dU = K_d^2 (\sigma')^2 = K_d^2 P_{nl} \tag{5.92}$$

检波器输出的功率谱可根据检波器输出的相关函数求得。如图 5.24 所示，其中矩形部分是载波与噪声各频率分量相互作用产生的，三角形部分则是噪声各分量之间互相作用的结果。

③ 当 $\delta f > \dfrac{1}{2}\Delta f_r$ 时，窄带噪声输入检波器。检波器的输出功率如下：

直流功率为

$$\frac{\pi}{2} K_d^2 P_{nl}$$

视频噪声功率为

$$0.43 K_d^2 P_{nl} \tag{5.93}$$

其功率谱呈三角形分布，如图 5.25 所示。

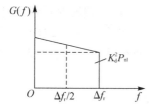

图 5.24　当 $|f_j - f_0| = \dfrac{1}{2}\Delta f_r$ 时检波器输出的视频频谱

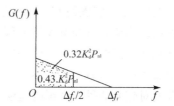

图 5.25　当 $\delta f > \dfrac{1}{2}\Delta f_r$ 时检波器输出的视频频谱

如果接在检波器后的视放带宽 $\Delta F = \Delta f_r/2$，则视放输出的视频噪声功率为 P_V：

- 当 $\delta f = 0$ 时，$P_V = 2K_d^2 P_{nl}$；

- 当 $\delta f = \dfrac{1}{2}\Delta f_r$ 时，$P_V = \dfrac{1}{2}K_d^2 P_{nl}$；

- 当 $\delta f > \dfrac{1}{2}\Delta f_r$ 时，$P_V = \dfrac{3}{4} \times 0.43 K_d^2 P_{nl} = 0.32 K_d^2 P_{nl}$。

由此可见，$\delta f \leqslant \Delta f_r/2$ 的视频噪声功率相对于 $\delta f > \Delta f_r/2$ 大得多。所以从功率利用的观点来看，δf 应尽可能小，一般取 $\delta f \leqslant \dfrac{1}{2}\Delta f_r$。

由于实际干扰机的频率与雷达的工作频率的误差存在，为了使干扰频谱覆盖雷达接收机的中放带宽，则干扰带宽应满足

$$\Delta f_j \geqslant \Delta f_r + 2\delta f = 2\Delta f_r \tag{5.94}$$

对特定雷达干扰时，Δf_j 取雷达接收机中放带宽的两倍是合适的。而阻塞干扰时，Δf_j 应根据需要选择。

（2）载波的影响

载波不仅影响干扰功率的利用率，也影响雷达信号的检测。当载波频率接近雷达信号频率时，两者的差拍会引起回波信号的严重失真和上下跳动。

设载波如图 5.26(a)所示

$$u_j(t) = U_0 \cos(\omega_j t + \phi_j)$$

回波信号为如下正弦信号中的一段（见图 5.26(b)）：

$$u_s(t) = U_s \cos(\omega_s t + \phi_s)$$

则合成信号为

$$u(t) = U_0 \cos(\omega_j t + \phi_j) + U_s \cos(\omega_s t + \phi_s) = U(t)\cos[\omega_0 t + \phi(t)] \tag{5.95}$$

其包络为

$$U(t) = \sqrt{U_0^2 + U_s^2 + 2U_0 U_s \cos(\Delta\omega t + \Delta\phi)} \tag{5.96}$$

其中

$$\left.\begin{array}{l} \Delta\omega t = (\omega_s - \omega_j)t \\ \Delta\phi = \phi_s - \phi_j \end{array}\right\} \tag{5.97}$$

当 $U_0 > U_s$ 时，式(5.96)可用如下幂级数近似：

$$U(t) = U_0\left[1 + \frac{U_s^2}{2U_0^2} + \frac{U_s}{U_0}\cos(\Delta\omega t + \Delta\phi)\right] \approx U_0 + U_s \cos(\Delta\omega t + \Delta\phi) \tag{5.98}$$

可见，信号幅度受余弦函数调制，余弦的频率等于差频 $\omega_0 - \omega_s$。

检波后，信号将围绕 U_0 上下跳动，如图 5.26(c)所示。在幅度偏转显示器上，信号沿基线上下跳动。当信号脉冲宽度与差频周期可比拟时，波形还会失真。图 5.26(d)所示为显示器上光标跳动的图像。可以证明，同一方向的脉冲出现概率近似为 $1/2$。这种光标跳动也使辉度显示器的信号积累效果变坏。

载波对信号的另一个影响是强载波压制弱信号。

载波压制弱信号的物理实质与强噪声压制弱信号的原理相同，这是由于连续的载波（正弦波）在检波器输出负载上产生很大的偏压，使得作用于检波二极管两端的（信号＋载波）的电压

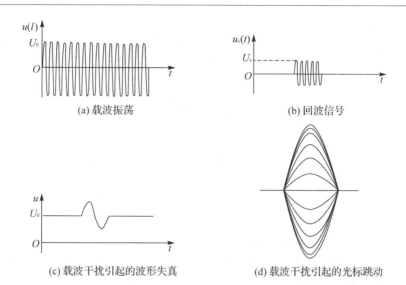

图 5.26　载波引起的波形失真和光标跳动

降低。换言之,信号检波发生在检波二极管特性的平方律部分。由式(5.98)可知,等式右边的第一项是载波的幅度;第二项是信号引起的直流分量的增量,无载波时该项应为 U_s,而在强载波时,直流分量的增量仅为 $U_s^2/(2U_0)$。

载波的压制效果可用检波器输出的信号-干扰功率比表示。由式(5.94)得到检波器输出的信号-干扰功率比为

$$\left(\frac{S}{J}\right)_o = \frac{\left(\frac{1}{2}\frac{U_s^2}{U_o}\right)^2}{U_o^2} = \frac{1}{4}\frac{U_s^2}{U_o^2}\cdot\left(\frac{U_s}{U_o}\right)^2 \tag{5.99}$$

它等于输入的信号-干扰功率比的平方除以 4。当 $U_0^2 \gg U_s^2$ 时,信号-干扰功率比的损失是相当可观的。

（3）限幅的影响

限幅对遮盖性能的影响表现在:限幅噪声调幅后,检波器输出是上下平顶的噪声。当信号出现在这平顶上时,可能被发现。限幅对遮盖性能的影响不仅和限幅系数 k_L 有关,也和干扰带宽 Δf_j 与接收机带宽 Δf_r 之比有关。如果用损失系数 F_c 表示在同样干扰效果下中放输出的限幅噪声调幅时的旁频功率与射频噪声功率之比,即

$$F_c = 10 \lg \frac{\text{中放通带内限幅噪声调幅的旁频功率}}{\text{中放通带内未限幅的射频功率}}\bigg|_{\text{相同的干扰效果}} \quad \text{(dB)} \tag{5.100}$$

则 F_c 与 k_L、$\beta = \Delta f_j/\Delta f_r$ 的关系如图 5.27 所示。

由图可见:k_L 越小,即限幅不严重时,限幅引起的损失 F_c 小;k_L 越大,F_c 也越大。在同一 k_L 下,β 越大,损失系数 F_c 越小。其原因是宽带限幅噪声通过窄带系统后,非正态噪声变成了正态噪声,降低了"天花板效应"的影响。

限幅系数越小,遮盖性能越好。但限幅系数影响有效调制系数 m_{Ae},k_L 越小,m_{Ae} 越小;反之,k_L 大,遮盖性能降低,但 m_{Ae} 增大,旁频功率增加。因此,k_L 应根据遮盖性能和有效调制系数折中选择。当 $\beta = \Delta f_j/\Delta f_r = 2$ 时,k_L 的最佳范围是 0.7～1。相应的 F_c 的范围为 5～7 dB。而有效调制度可由图 5.27 求得 m_{Ae} 的范围为 0.6～0.75。

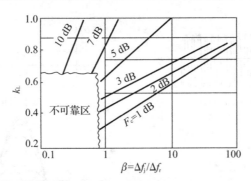

图 5.27　限幅损失 F_c 与限幅系数 k_L 及 β 的关系

（4）噪声调幅干扰的压制系数

通过上述分析，可以得到如下结论：

① 与最佳干扰信号相比，噪声调幅干扰的中放输出特性不服从正态分布。从遮盖性能来说，不如射频噪声。尤其是限幅产生的"天花板效应"，使遮盖性能降低。

② 适当选择干扰参数，可减少噪声调幅干扰与最佳干扰信号的差别。

③ 噪声调幅干扰对中载波的影响可改善干扰效果。

基于功率准则，噪声调幅干扰时压制系数 K_{aAM} 的计算方法如下：

① 根据定义，噪声调幅干扰的压制系数为

$$K_{aAM} = \left(\frac{P_o}{P_s}\right)_{in,PD=0,1}$$

为了利用射频噪声干扰时得到的压制系数值，将上式用旁频功率表示如下：

$$K_{aAM} = \frac{1}{m_{Ae}^2}\left(\frac{P_{nl}}{P_s}\right)$$

② 考虑限幅引起的遮盖性能损失。将 P_{nl} 表示为相同遮盖性能时的射频噪声功率即 $P_{nl} = F_c \cdot P_j$（这里 F_c 用绝对值表示），则

$$K_{aAM} = \frac{1}{m_{Ae}^2}F_c\left(\frac{P_j}{P_s}\right) = \frac{1}{m_{Ae}^2}F_c \cdot K_a$$

式中：K_a 为射频噪声干扰的压制系数。

③ 考虑载波的影响，干扰效果改善了 3 dB，即要求的干扰功率减少 1/2，则最后的压制系数表示为

$$K_{aAM} = \frac{1}{m_{Ae}^2}F_c \cdot K_a \cdot \frac{1}{2} \tag{5.101}$$

当干扰参数取表 5.2 中所列各典型值时，则

$$K_{aAM} = \frac{1}{(0.6\sim0.75)^2}\times(3\sim5)K_a \cdot \frac{1}{2} = (4\sim4.5)K_a$$

表 5.2　调幅干扰机的干扰参数的典型值

干扰参数	取值范围	干扰参数	取值范围
干扰带宽 Δf_j	接收机带宽 Δf_r 的 2 倍	限幅系数	$k_L=0.7\sim1$
调制噪声带宽	$\Delta F_n = \Delta f_r$	有效调制度	$m_{Ae}=0.6\sim0.7$
频率瞄准误差	$\delta f \leqslant \frac{1}{2}\Delta f_r$	压制系数	$K_{aAM}=(4\sim4.5)K_a$

5.4.2　噪声调频干扰

噪声调幅干扰是窄带干扰,因为它的频谱宽度只为调制噪声频谱宽度的两倍。而增加调制噪声的频谱宽度,将对调制器提出很高的要求,以使其线路非常复杂甚至难以实现。此外,振荡器的有限带宽也限制了噪声调幅的频谱宽度。随着扩展频谱雷达(如脉冲压缩雷达、频率分集雷达和频率捷变雷达等)的出现,以及为了使一部干扰机能同时干扰若干部频率接近的雷达,设计宽频带干扰机势在必行。而返波管、电压调谐磁控管以及电调谐固态微波信号源和宽带行波管的出现,为宽频带干扰机的设计提供了可能性。

产生宽频带干扰的主要方法是噪声调频干扰。

1. 噪声调频干扰的频谱特性

若载波的频率(或角频率)随调制电压的变化而变化,则这种调制称为调频。当调制电压为噪声时,则称其为噪声调频。噪声调频中的调制噪声和噪声调频干扰信号的波形及其频谱,如图 5.28 所示。

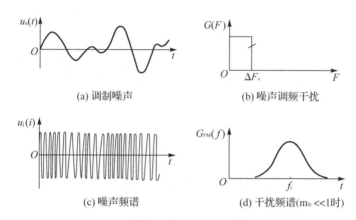

(a) 调制噪声　　　　　　　　(b) 噪声调频干扰

(c) 噪声频谱　　　　　　　　(d) 干扰频谱($m_\mathrm{fe} \ll 1$时)

图 5.28　调制噪声及噪声调频干扰信号

噪声调频时,振荡

$$U_0 \cos(\omega_\mathrm{j} t + \phi_0) = U_0 \cos \phi(t) \tag{5.102}$$

的角频率 $\omega(t)$ 与调制噪声 $u_\mathrm{n}(t)$ 之间有如下关系:

$$\omega(t) = \omega_\mathrm{j} + K_\mathrm{FM} u_\mathrm{n}(t) \tag{5.103}$$

式中:K_FM——调频互导或调谐率,表示每伏电压引起的(角)频率的变化。

将式(5.103)代入相位和频率的关系式

$$\phi(t) = \int_0^t \omega(t') \mathrm{d}t'$$

则得

$$\phi(t) = \omega_\mathrm{j} t + K_\mathrm{FM} \int_0^t u_\mathrm{n}(t') \mathrm{d}t'$$

再将上式代入式(5.101),可得噪声调频信号的一般表示式,即

$$u_\mathrm{j}(t) = U_0 \cos \left[\omega_\mathrm{j} t + K_\mathrm{FM} \int_0^t u_\mathrm{n}(t') \mathrm{d}t' \right] = U_0 \cos \left[\omega_\mathrm{j} t + \theta(t) \right] \tag{5.104}$$

式中:$\theta(t) = K_\mathrm{FM} \int_0^t u_\mathrm{n}(t') \mathrm{d}t' = K_\mathrm{FM} e(t)$, $e(t) = \int_0^t u_\mathrm{n}(t') \mathrm{d}t'$。

噪声调频信号也是非平稳随机过程,即时相关函数为

$$B(\tau,t)=[u_{\mathrm{j}}(t)u_{\mathrm{j}}(t+\tau)]=U_0^2\cos[\omega_{\mathrm{j}}t+\theta(t)]\cos[\omega_{\mathrm{j}}(t+\tau)+\theta(t+\tau)]=$$

$$\frac{U_0^2}{2}\cos[\omega_{\mathrm{j}}\tau+\theta(t+\tau)-\theta(t)]+\frac{U_0^2}{2}\cos[2\omega_{\mathrm{j}}t+\omega_{\mathrm{j}}\tau+\theta(t+\tau)+\theta(t)]=$$

$$\frac{U_0^2}{2}\cos\omega_{\mathrm{j}}\tau\cos x-\frac{U_0^2}{2}\sin\omega_{\mathrm{j}}\tau\sin x+\frac{U_0^2}{2}\cos(\omega_{\mathrm{j}}\tau+2\omega_{\mathrm{j}}t)\cos y-$$

$$\frac{U_0^2}{2}\sin(2\omega_{\mathrm{j}}t+\omega_{\mathrm{j}}\tau)\sin y \tag{5.105}$$

式中:

$$\left.\begin{array}{l}x=\theta(t+\tau)-\theta(t)\\y=\theta(t+\tau)+\theta(t)\end{array}\right\} \tag{5.106}$$

$B(\tau,t)$ 对时间取平均后,式(5.105)等号右边的后两项为 0,则得到噪声调频信号的相关函数为

$$B(\tau)=\frac{U_0^2}{2}\cos\omega_{\mathrm{j}}\tau\ \overline{\cos x}-\frac{U_0^2}{2}\sin\omega_{\mathrm{j}}\tau\ \overline{\sin x} \tag{5.107}$$

下面来计算 $\overline{\cos x}$ 和 $\overline{\sin x}$ 的值。

由于 $x=\theta(t+\tau)-\theta(t)$ 且 $\theta(t)=K_{\mathrm{FM}}e(t)$,而 $e(t)$ 是调制噪声的积分,变换后其分布律不变,即 $e(t)$ 也服从正态分布,又由于 K_{FM} 是与时间无关的常数,即可得到 $\theta(t)$ 和 $x(t)$ 均为正态分布。这样,$x(t)$ 的概率密度 $W(x)$ 为

$$W(x)=\frac{1}{\sqrt{2\pi}\ \overline{x^2}}e^{-\frac{x^2}{2\overline{x^2}}} \tag{5.108}$$

式中:$\overline{x^2}$ 为 $x(t)$ 的均方值(它的解法将在下面讨论),因此

$$\overline{\cos x}=\int_{-\infty}^{\infty}\cos x\,W(x)\mathrm{d}x=e^{-\frac{\overline{x^2}}{2}}$$

$$\overline{\sin x}=\int_{-\infty}^{\infty}\sin x\,W(x)\mathrm{d}x=0 \tag{5.109}$$

将式(5.109)代入式(5.107),则

$$B(\tau)=\frac{U_0^2}{2}e^{-\frac{\overline{x^2}}{2}}\cos\omega_{\mathrm{j}}\tau \tag{5.110}$$

式(5.110)中 $\overline{x^2}$ 的值为

$$\overline{x^2(t)}=\overline{[\theta(t+\tau)-\theta(t)]^2}=\overline{K_{\mathrm{FM}}^2\,[e(t+\tau)-e(t)]^2}=2K_{\mathrm{FM}}^2\,[B_{\mathrm{e}}(0)-B_{\mathrm{e}}(\tau)] \tag{5.111}$$

式中:$B_{\mathrm{e}}(t)$ 为 $e(t)$ 的相关函数。它可由 $e(t)$ 的功率谱密度的傅里叶变换求得。

设调制噪声 $u_{\mathrm{n}}(t)$ 的功率谱密度为 $G(F)$,若

$$G(F)=\begin{cases}\dfrac{\sigma^2}{\Delta F_{\mathrm{n}}}, & 0<F<\Delta F_{\mathrm{n}}\\[2mm]0, & F\ \text{为其他值}\end{cases} \tag{5.112}$$

则 $e(t)$ 的功率谱密度 $G_{\mathrm{e}}(F)$ 与 $G(F)$ 有如下关系:

$$G_{\mathrm{e}}(F)=\frac{1}{\Omega^2}G(F) \tag{5.113}$$

式中:$\Omega = 2\pi F$。若 $e(t)$ 的相关函数为

$$B_e(\tau) = \int_0^\infty G_e(F)\cos\Omega\tau\,\mathrm{d}F = \int_0^{\Delta F_n} G_e(F)\cos\Omega\tau\,\mathrm{d}F$$

$$\overline{x^2} = 2K_{FM}^2\left[B_e(0) - B_e(\tau)\right] = 2K_{FM}^2\int_0^{\Delta F_n}\frac{\sigma^2}{\Delta F_n}\frac{1}{\Omega^2}(1 - \cos\Omega\tau)\,\mathrm{d}F =$$

$$2m_{fe}^2\Delta\Omega_n\int_0^{\Delta\Omega_n}\frac{1 - \cos\Omega\tau}{\Omega^2}\,\mathrm{d}\Omega \tag{5.114}$$

式中:$\Delta\Omega_n = 2\pi\Delta F_n$,为调制噪声的频谱密度;而

$$m_{fe} = \frac{K_{FM}\sigma}{\Delta\Omega_n} = \frac{\omega_{de}}{\Delta\Omega_n} \tag{5.115}$$

为噪声调频信号的有效调频指数,等于有效频偏 ω_{de} 与调制噪声的频谱宽度 $\Delta\Omega_n$ 之比。

由式(5.110)求得噪声调频信号功率谱的表示式为

$$G(\omega) = 4\int_0^\infty B(\tau)\cos\omega\tau\,\mathrm{d}\tau = 2U_0^2\int_0^\infty\cos\omega_j\tau\cos\tau\,\mathrm{e}^{-\frac{\overline{x^2}}{2}}\,\mathrm{d}\tau =$$

$$U_0^2\left[\int_0^\infty \mathrm{e}^{-\frac{\overline{x^2}}{2}}\cos(\omega_j - \omega)\tau\,\mathrm{d}\tau + \int_0^\infty \mathrm{e}^{-\frac{\overline{x^2}}{2}}\cos(\omega_j + \omega)\tau\,\mathrm{d}\tau\right]$$

上式等号右边的第二个积分式中,指数乘数与 $\cos(\omega_j + \omega)\tau$ 相比显得很小,故可以忽略。最后得

$$G(\omega) = U_0^2\int_0^\infty \mathrm{e}^{-\frac{\overline{x^2}}{2}}\cos(\omega_j - \omega)\tau\,\mathrm{d}\tau =$$

$$U_0^2\int_0^\infty\exp\left[-m_{fe}^2\Delta\Omega_n\int_0^{\Delta\Omega_n}\frac{1 - \cos\Omega\tau}{\Omega^2}\,\mathrm{d}\Omega\right]\cos(\omega_j - \omega)\tau\,\mathrm{d}\tau \tag{5.116}$$

上式中的积分只有当 $m_{fe} \gg 1$ 和 $m_{fe} < 1$ 时才能求解。

(1) 当 $m_{fe} \gg 1$ 时

此时,积分号内的指数随 τ 增大而快速衰减,使积分下降为 0。为了得到积分值,τ 必须很小,这时 $\cos\Omega\tau$ 可按级数展开,并取前两项,即

$$\cos\Omega\tau \approx 1 - \frac{(\Omega\tau)^2}{2}$$

代入式(5.116),有

$$G(\omega) = U_0^2\int_0^\infty\exp\left(\frac{-m_{fe}^2\Delta\Omega_n^2\tau^2}{2}\right)\cos(\omega_j - \omega)\tau\,\mathrm{d}\tau =$$

$$U_0^2\int_0^\infty\exp\left(-\frac{\omega_{de}^2\tau^2}{2}\right)\cos(\omega_j - \omega)\tau\,\mathrm{d}\tau = \frac{U_0^2}{2}\frac{\sqrt{2\pi}}{\omega_{de}}\mathrm{e}^{-\frac{(\omega - \omega_j)^2}{2\omega_{de}^2}}$$

或

$$G(f) = \frac{U_0^2}{2}\frac{1}{\sqrt{2\pi}f_{de}}\mathrm{e}^{-\frac{(f - f_j)^2}{2f_{de}^2}} \tag{5.117}$$

由式(5.117)可以得到 $m_{fe} \gg 1$ 时噪声调频信号、频谱特性的重要结论:

① 噪声调频信号的功率谱密度与调制噪声的概率密度 $W(u_n)$ 有线性关系。当调制噪声的概率密度为正态分布时,噪声调频信号的功率谱密度也为正态分布。这种关系不仅对噪声调频时成立,对其他调制信号也适用。利用这种线性关系,可大大简化噪声调频干扰信号的功

率谱的计算方法。即可用作图法求解，其步骤是：先画出振荡器的调谐特性，即 f 与 $u_n(t)$ 的关系，如图 5.29(a)所示，调谐特性的斜率为 K_{FM}（这里以 MHz/V 为单位）。然后画出调制电压与频率的一一对应关系。调制噪声电压的均值 E_0 相应于振荡器的载波频率 f_0，则 u_n 位于 $(u_n, u_n+\Delta u_n)$ 区间内的概率等于频率位于 $(f, f+\Delta f)$ 区间内的概率，如图 5.29(c)和(e)所示。即

$$W(f)\Delta f = W(u)\Delta u$$

或

$$W(f) = \frac{1}{K_{FM}}W(u)$$

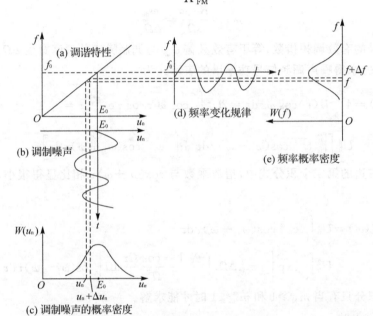

图 5.29　用准线性法求已调频波功率谱

最后将上式表示的频率概率密度乘以载波功率，得到功率谱密度表示式，即

$$G(f) = \frac{U_0^2}{2}W(f)$$

这种近似分析方法称为准线性法。

② 噪声调频信号的功率等于载波功率。因为功率谱曲线下的面积等于功率，则对 $G(f)$ 积分得

$$P = \int_{-\infty}^{\infty} G(f)df = \frac{U_0^2}{2}$$

上式表明，噪声调频时调制噪声功率不对已调波的功率产生影响。这与调幅时不同。

③ 噪声调频信号的干扰带宽（半功率带宽）为

$$\Delta f_j = 2\sqrt{2\ln 2}\, f_{de} = 2\sqrt{2\ln 2}\, K_{FM}\sigma \tag{5.118}$$

可以看出，干扰带宽与调制噪声带宽 ΔF_n 无关（注意：仅在 $m_{fe}\gg 1$ 条件下成立），而取决于调制噪声的功率 σ^2 和调谐斜率 K_{FM}。

（2）当 $m_{fe} < 1$ 时

这时调制噪声的带宽 ΔF_n 很大。式（5.116）中的 $\dfrac{1-\cos \Omega\tau}{\Omega^2}$ 写成 $\left(\dfrac{\sin y}{y}\right)^2$ 的形式，这里 $y=\Omega\tau/2$；而 $\displaystyle\int_0^\infty (\sin y/y)^2 \mathrm{d}y$ 可用 $\pi/2$ 近似，即

$$\int_0^\infty m_{fe}^2 \Delta\Omega_n \frac{1-\cos \Omega\tau}{\Omega^2}\mathrm{d}\Omega \approx \frac{\pi}{2} m_{fe}^2 \Delta\Omega_n$$

则式（5.116）积分后得

$$G(f)=\frac{U_0^2}{2}\frac{\dfrac{f_{de}^2}{2\Delta F_n}}{\left(\dfrac{\pi f_{de}^2}{2\Delta F_n}\right)^2+(f-f_j)^2} \tag{5.119}$$

功率谱密度如图 5.30 所示。推导可得半功率干扰带宽为

$$\Delta f_j = \frac{\pi f_{de}^2}{\Delta F_n} = \pi m_{fe}^2 \Delta F_n \tag{5.120}$$

（3）当 m_{fe} 介于上述两种情况之间时

当 m_{fe} 介于上述两种情况之间时，功率谱密度如图 5.30 所示。它们的频谱密度 Δf_j 可根据图 5.31 求得。图 5.31 所示为将 $m_{fe}\gg 1$ 时的 Δf_j 表示式（5.118）变成 m_{fe} 的函数，即

$$\Delta f_j = 2\sqrt{2\ln 2}\,f_{de} = 2\sqrt{2\ln 2}\,m_{fe}\Delta F_n$$

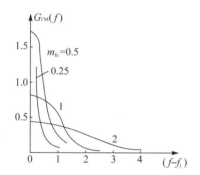

图 5.30　不同 m_{fe} 时的频谱

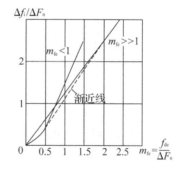

图 5.31　干扰带宽 Δf_j 与调制指数 m_{fe} 的关系

然后画出 Δf_j 与 m_{fe} 的关系曲线以及 $m_{fe} < 1$ 时 Δf_j 与 m_{fe} 的曲线与这两条曲线的渐近线。由图 5.31 可见，当 $m_{fe} = 0.75$ 时，两曲线相交。因此，当 $m_{fe} < 0.75$ 时，可用式（5.120）计算 Δf_j；而当 $m_{fe} > 0.75$ 时，用式（5.118）作近似计算。

2. 中放输出干扰的统计特性

图 5.32 所示为中放输出的波形。由于中放频率特性的影响，等幅的噪声调频波的各频率分量的幅度受到调制，形成了调幅调频波。但是，对于图 5.32（a）中所示的情况，由于频率的摆动范围 $2f_d$ 小于中放的带宽 Δf_r，其幅度起伏是不大的。

随着噪声调频干扰带宽的增大，当频率扫过中放带宽时，输出一个钟形脉冲；而当频率超出中放带宽时，输出逐渐减少到零，如图 5.32（b）所示。在频率来回通过中放通带时，输出的是随机脉冲序列。这些随机脉冲的幅度、宽度和间隔的分布规律与频率变化速度有关。

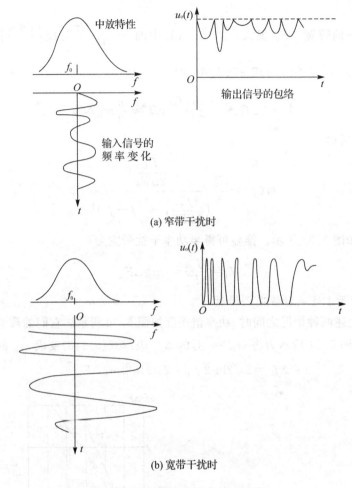

(a) 窄带干扰时

(b) 宽带干扰时

图 5.32　噪声调频波的中放输出

从以上讨论可以看到,噪声调频波对线性系统的作用与动态频率响应相似。当频率随时间线性变化的信号

$$u_i(t) = U_{im}\cos\left(\omega_0 t + \frac{\pi v_f}{2}t^2\right)$$

作用于传输函数如下式表示的中放时,有

$$H(\omega) = K_0 \exp\left[-(\omega - \omega_0)^2/2b^2\right]$$

式中:$b^2 = \pi^2 \Delta f_r^2/\ln 2$,其中 Δf_r 为 3 dB 功率点的带宽。因此输出的响应为

$$U_o(t) = \frac{K_0 U_{im}}{\sqrt[4]{1+a^2}}\exp\left[\frac{av_f}{2(1+a^2)}(t-t_0)^2\right] \tag{5.121}$$

式中:v_f 为信号频率的变化速度;$a = \frac{\ln 2}{\pi^2(\Delta f_r)^2}v_f$; $t_0 = \omega_0/v_f$。

当 $a \ll 1$ 时(即信号频率的变化速度 v_f 很低时),

$$u_o(t) \approx A\exp\left[-\frac{av_f}{2}(t-t_0)^2\right] = A\exp\left[-\frac{\ln 2}{2\pi^2(\Delta f_r/v_f)^2}(t-t_0)^2\right] \tag{5.122}$$

此时中放的输出是幅度恒定($A = K_0 U_{im}$)的脉冲,其宽度随接收机带宽 Δf_r 的增大而增大,而随频率变化速度 v_f 的增大而减小。

当 $a \gg 1$ 时,式(5.121)可近似为

$$u_o(t) \approx A \frac{\pi \Delta f_r}{\sqrt{\ln 2 \cdot v_f}} \exp \left[-\frac{(t-t_0)^2}{2\ln 2/\pi^2 \Delta f_r^2} \right] \tag{5.123}$$

由式(5.123)可见,中放输出的 3 dB 脉冲宽度不随 v_f 而变化,而仅决定于 Δf_r 的倒数。脉冲幅度是 Δf_r 的增函数,是 v_f 的减函数。

利用上面的结果,可研究接收机对噪声调频干扰的响应。干扰带宽大于接收机带宽时,如果调制噪声的上限频率低,即扫过接收机通带的时间 t 大于等于接收机的响应时间 t_y,则中放输出为固定幅度、随机宽度的脉冲序列。由于干扰脉冲的幅度是恒定的,这种干扰将产生类似于限幅噪声调幅干扰时的"天花板效应",遮盖性能较差,但随着调制噪声上限频率的提高,随机脉冲开始重叠。当调制噪声的上限频率足够高时,重叠得很厉害。根据中心极限定理,此时中放输出的噪声和射频噪声干扰一样,其概率分布基本上是正态分布。

随机脉冲重叠的条件是:中放的暂态响应时间远大于脉冲的间隔。

中放带宽为 Δf_r 时,其暂态响应时间 t_y 近似为

$$t_y = \frac{1}{\Delta f_r} \tag{5.124}$$

而脉冲的平均间隔则与调制噪声带宽 ΔF_n、频率瞄准误差 δf 有关。

当 $\delta f = 0$ 且中放的频率特性为矩形时,单位时间内频率从一个方向越出通带,然后重新进入通带的总时间为

$$t_\Sigma = T \int_{t_0 + \frac{\Delta f_r}{2}}^\infty \frac{1}{\sqrt{2\pi} f_{de}} e^{-\frac{(f-f_0)^2}{2f_{de}^2}} df \tag{5.125}$$

令 $x = (f-f_0)/f_{de}$,且取 $T = 1$ s,则式(5.125)可变形为

$$t_\Sigma = \int_{x_0}^\infty \frac{1}{\sqrt{2\pi}} e^{-\frac{x^2}{2}} dx = \frac{1}{2}[1 - \Phi(x_0)] \tag{5.126}$$

式中: $x_0 = \frac{\Delta f_r}{2f_{de}}$; $\Phi(x_0) = \frac{2}{\sqrt{2\pi}} \int_0^{x_0} e^{-x^2} dx$ 为误差函数,如图 5.33 所示。

单位时间内频率以正斜率越出通频带 Δf_r 的平均次数 $\overline{N}$ 为

$$\overline{N} = \frac{1}{2\pi} \sqrt{-R''(0)} e^{-\frac{x_0^2}{2}} \tag{5.127}$$

式中: $R''(0)$ 是瞬时频率 $\omega(t)$ 的相关系数 $R(\tau)$ 在 $\tau = 0$ 处的二阶导数。它与调制噪声的功率谱 $G(F)$ 的关系为

$$R''(0) = -\left(\frac{2\pi}{\sigma}\right)^2 \int_0^\infty F^2 G(F) dF \tag{5.128}$$

式中: σ^2 为调制噪声的功率。当调制噪声的功率谱 $G(F)$ 为矩形特性

$$G(F) = \begin{cases} \sigma^2/\Delta F_n, & 0 \leqslant F \leqslant \Delta F_n \\ 0, & F \text{ 为其他值} \end{cases} \tag{5.129}$$

时,则求得式(5.128)的结果为

$$R''(0) = -\left(\frac{2\pi}{\sigma}\right)^2 \int_0^\infty F^2 \frac{\sigma^2}{\Delta F_n} dF = -\frac{(2\pi)^2}{3} \Delta F_n^2 \tag{5.130}$$

将式(5.130)代入式(5.127),得到以单方向(正斜率)越出中放通频带的平均数 $\overline{N}$,即

$$\overline{N}=\frac{\Delta F_n}{\sqrt{3}}e^{-\frac{1}{2}x_0^2} \tag{5.131}$$

频率越出通频带的平均时间

$$\overline{\theta}=\frac{t_\Sigma}{\overline{N}}=\frac{\frac{1}{2}\left[1-\Phi(x_0)\right]}{\Delta F_n(e^{-\frac{1}{2}x_0^2})/\sqrt{3}} \tag{5.132}$$

或

$$\Delta F_n\overline{\theta}=\frac{\sqrt{3}}{2}\left[1-\Phi(x_0)\right]e^{\frac{1}{2}x_0^2} \tag{5.133}$$

由式(5.133)得到 $\Delta F_n\overline{\theta}-x_0$ 的曲线,如图 5.34 所示。

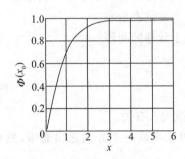

图 5.33 $\Phi(x_0)-x_0$ 曲线

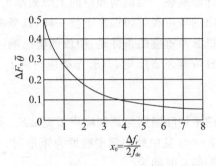

图 5.34 $\Delta F_n\overline{\theta}-x_0$ 的关系

现在再回来讨论干扰脉冲的重叠条件。利用关系式 $t_y\approx\frac{1}{\Delta f_r}$,则

$$t_y=\frac{1}{\Delta f_r}\gg\overline{\theta}$$

可写成

$$\Delta f_r\overline{\theta}\leqslant 1$$

或

$$\Delta F_n\gg(\Delta F_n\overline{\theta})\Delta f_r \tag{5.134}$$

对于给定 Δf_j 和 Δf_r 可求出 x_0,再从图 5.33 查得 $\overline{\theta}\cdot\Delta F_n$ 值。最后根据式(5.134),算得给定 Δf_r 时所要求的 ΔF_n 值。

最后,应当说明式(5.134)中"远大于"的含义。为使中放输出的噪声满足正态分布,ΔF_n 须满足以下条件:

$$\Delta F_n=(5\sim10)(\Delta F_n\overline{\theta})\Delta f_r \tag{5.135}$$

3. 影响干扰效果的因素

影响干扰效果的主要因素有干扰带宽、频率瞄准误差和调制噪声的频谱宽度,这些因素影响检波器输出的噪声功率,也影响噪声的时域统计特性。

5.5 脉冲干扰

脉冲干扰可分为规则脉冲干扰和随机脉冲干扰两种。

5.5.1　规则脉冲干扰

规则脉冲干扰是由脉冲参数(幅度、宽度和重复频率)恒定的干扰脉冲产生的,例如从雷达周围的其他脉冲辐射源(或其他雷达)产生的干扰脉冲。如果规则脉冲的重频是雷达脉冲重复频率的整数倍,则这种干扰就被称为同步脉冲干扰。同步脉冲干扰在雷达的幅度偏转显示器(如 A 式显示器)上产生"栅栏状"干扰,即干扰脉冲出现在扫描线的特定时刻。而在辉度调制显示器(如 PPI 显示器)上出现一段圆弧,看起来好像是假目标。如果干扰脉冲的重频与雷达脉冲重频不成整数倍关系,则这种脉冲干扰称为异步脉冲干扰。其干扰脉冲在 A 式显示器上产生来回移动的脉冲,而在 PPI 显示器上产生"车辐状"干扰。

规则脉冲干扰虽然给操作员或自动检测器检测目标带来麻烦。但由于目标回波的图像不同于干扰脉冲产生的图像(例如没有回波那样的幅度变化或一定规律的运动),在干扰脉冲频率不太高时,干扰不影响信号的发现。此外,这种规则干扰是可以用简单的抗干扰电路来抑制的,因而规则脉冲干扰的遮盖效果很差。

5.5.2　随机脉冲干扰

随机脉冲干扰的脉冲幅度、宽度和脉冲间隔都是随机变化的。当脉冲的平均间隔小于接收机的暂态响应时间时,中放输出是由这些脉冲的响应相互重叠所产生的随机起伏,其概率分布接近于正态分布,并有着和噪声调频干扰相似的效果。

经验表明,当随机脉冲干扰和连续噪声干扰组合使用时,干扰效果将比它们单独使用时要好。

随机脉冲和连续噪声的组合干扰是由随机脉冲对连续噪声干扰(如射频噪声干扰和噪声调频干扰等)调幅产生的。例如,双模行波管的射频输入为连续噪声干扰信号,而随机脉冲加到行波管的控制极,使行波管在随机脉冲出现时刻处于脉冲工作状态。这时,行波管的输出就是随机脉冲调制的噪声干扰。

试验证明,如果随机脉冲的平均宽度等于雷达脉冲宽度,而随机脉冲的平均重频远高于雷达重频时,脉冲调制的连续噪声干扰的干扰效果将比射频噪声干扰或宽带噪声调频干扰($m_{fe}<1$)的干扰效果改善 10～12 dB,如图 5.35 所示。图中黑点表示发现概率为 50% 时对中频或视频信号-干扰功率比的要求。当发现概率不为 50% 时,可用图 5.36 的发现概率与视频信号-干扰功率比$(S/J)_V$曲线查得相应的视频信号-干扰功率比的增量,再从图 5.35 的曲线可查得中频输出的信号-干扰功率比$(S/J)_{IF}$或干扰-信号功率比。

随机脉冲可由限幅视频噪声的方法得到。随机脉冲的平均宽度与重频和视频噪声的频谱宽度、功率谱曲线形状和限幅电平有关。

表 5.3 给出在各噪声功率谱形状下,噪声电平超过限幅电平 U_L 的平均尖头数 $\overline{N}$,随机脉冲的平均宽度

$$\tau = \frac{1}{N}\int_{U_L}^{\infty} W(u)\mathrm{d}u = \frac{1}{2N}\left[1-\varPhi\left(\frac{U_L}{\sigma}\right)\right] \tag{5.136}$$

式中:积分的值表示单位时间内噪声幅度超过 U_L 的时间;$\varPhi\left(\dfrac{U_L}{\sigma}\right)=\dfrac{2}{\sqrt{2\pi}}\int_0^{U_L/\sigma} \mathrm{e}^{-\frac{x^2}{2}}\mathrm{d}x$ 为误差函数。

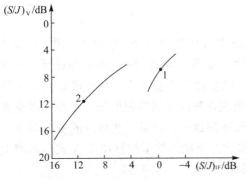

注:1为射频噪声干扰；
2为随机脉冲加噪声调频。

图 5.35　随机脉冲加连续噪声干扰
效果与各种噪声干扰效果的比较

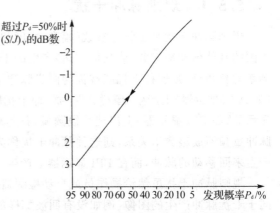

图 5.36　发现概率不为 50% 时的内插曲线

表 5.3　各种噪声功率谱时的尖头平均数

编　号	噪声的功率谱 $G(F)$	平均尖头数 $\overline{N}$
1	$G(F)=\dfrac{\sigma^2}{\Delta F_n}\exp\left[-0.7\left(\dfrac{F}{\Delta F_n}\right)^2\right]$	$\overline{N}=\dfrac{\Delta F_n}{\sqrt{1.4}}e^{-\frac{U_L^2}{2\sigma^2}}$
2	$G(F)=\dfrac{\sigma^2}{\Delta F_n}\left[1+0.41\left(\dfrac{F}{\Delta F_n}\right)^2\right]^{-2}$	$\overline{N}=\dfrac{\Delta F_n}{0.541\,3}e^{-\frac{U_L^2}{2\sigma^2}}$
3	$G(F)=\begin{cases}\dfrac{\sigma^2}{\Delta F_n}, & 0\leqslant F\leqslant\Delta F_n\\ 0, & F\text{ 为其他值}\end{cases}$	$\overline{N}=\dfrac{\Delta F_n}{\sqrt{3}}e^{-\frac{U_L^2}{2\sigma^2}}$

注:σ^2 为噪声的起伏功率;ΔF_n 为 3 dB 带宽;U_L 为限幅电平。

例如:当 $G(f)$ 为矩形分布,$U_L=0$ 时

$$P(u>0)=\frac{1}{2}\left[1-\Phi\left(\frac{U_L}{\sigma}\right)\right]=\frac{1}{2}$$

$$\overline{N}=\frac{\Delta F_n}{\sqrt{3}}e^{-\frac{U_L^2}{2\sigma^2}}=\frac{\Delta F_n}{\sqrt{3}}$$

则

$$\overline{\tau}=\frac{\sqrt{3}}{2\Delta F_n}=\frac{0.866}{\Delta F_n}$$

如果雷达脉冲宽度为 τ,且与中放带宽 Δf_r 的关系为 $\tau=\dfrac{1}{\Delta f_r}$,则噪声的频谱宽度 ΔF_n 约等于雷达接收机的带宽 Δf_r。

脉冲的平均重复周期 $\overline{T_p}$ 等于单位时间 T 内 $u<U_L$ 的时间除以 $\overline{N}$,即

$$\overline{T_p}=\frac{P(u<U_L)}{\overline{N}}=\frac{1}{N}\int_{-\infty}^{U_L}W(u)\mathrm{d}u \tag{5.137}$$

在上述条件下,T_p 等于 $\bar{\tau}$。因此,为了使随机脉冲的平均宽度等于雷达的脉冲宽度,而脉冲的平均重频大于雷达脉冲重频,可通过适当选择噪声的频谱宽度和限幅电平的方法来实现。

随机脉冲干扰在对脉码调制的雷达、制导和通信系统干扰方面都有着广泛的应用。它不仅能破坏原来的编码信号,还能产生假码。

习　题

1. 简述电子干扰的定义。
2. 简述电子干扰的分类依据以及电子干扰的分类。
3. 简述干扰机的组成。
4. 简述干扰机的种类。
5. 实现对目标的干扰需要满足的条件?
6. 假设搜索雷达 P_{fa} 为 10^{-9},脉冲积累数为 36,为使射频噪声干扰能够有效干扰该雷达,计算所需要干扰–信号功率比。
7. 设雷达回波信号为 $u_s(t)=U_s\cos(\omega_s t+\phi_s)$,与雷达信号频率接近的干扰信号 $u_j(t)=U_0\cos(\omega_j t+\phi_j)$ 同时进入该雷达接收机。

   (1) 推导雷达接收机接收到合成信号的包络表达式。

   (2) 分析该干扰信号对雷达检波的影响。

第6章 电子进攻之电磁欺骗

6.1 概　述

6.1.1 欺骗性干扰的优缺点

欺骗性干扰的产生和发展与雷达技术的发展密切相关。早期的雷达大多是搜索雷达,它们的工作频率固定,发射功率也低。这样的雷达干扰,瞄准式噪声干扰完全可以胜任。第二次世界大战后,雷达的功率快速增加,其占据的频带不断扩容,迫使遮盖性干扰机增加其干扰功率或干扰带宽,致使干扰功率谱密度下降。这种以连续波平均功率对抗雷达的脉冲功率的方法,显然是不经济的。尤其是在跟踪雷达出现后,更促进了人们寻求更巧妙的干扰方法。

跟踪雷达是高炮、导弹和歼击机的神经中枢,与计算机、武器系统组合,构成火控系统。火控系统是电子战中最具威胁的系统,对这些系统的干扰直接关系着突防的成功率和攻击机的生存率,因此对这些系统的干扰通常是电子战中迫切需要解决的问题。

跟踪雷达与搜索雷达的不同点是:

① 大多数跟踪雷达是自动跟踪的。自动跟踪系统对目标的识别能力远低于人工控制的系统。换句话说,跟踪雷达容易被欺骗。

② 跟踪系统是窄带系统,其频带宽度常以赫兹计。用瞄准式噪声干扰时,功率的利用率也很低。而欺骗式干扰时则可达到很高的功率利用率。

③ 有的自动跟踪系统具有跟踪干扰源的能力。虽然噪声干扰可能会使雷达丢失距离信息,但不能完全破坏其角度信息。有的导弹(如反辐射导弹)只要有角度信息就能工作。因此,噪声干扰源容易成为这些导弹的信标。虽然欺骗性干扰也辐射电磁波,但它含有角度欺骗信息,故导弹寻向辐射源时,最终会使导弹偏离目标。

由于跟踪雷达在电子战中的主要地位促进了欺骗性干扰的发展,也由于欺骗性干扰的上述特点,使欺骗性干扰在电子对抗舞台上起着日益重要的作用。应当指出,欺骗性干扰以对跟踪雷达干扰为主,但也可用来对搜索雷达的迷惑和欺骗。

欺骗性干扰的缺点如下:

① 它需要更多、更详细的雷达信息。这与欺骗性干扰产生假目标的目的有关。要产生使雷达难以分辨的假目标,不仅需要与雷达回波参数有关的信息,也需要知道雷达分辨真假目标的方法和能力。

② 对系统的收发天线隔离的要求高。某些欺骗干扰是采用对接收信号放大和假目标信息调制后重发出去的方法实现的。由于接收和发射同时工作,收发天线之间的耦合会引起系统自激而失去干扰能力。此外,有的跟踪信道具有很强的抗欺骗干扰能力,尤其是在雷达操作员介入的情况下,欺骗干扰能被识别并能采用人工跟踪方式抗干扰。这时,用遮盖性干扰破坏雷达从搜索转入跟踪,这是有效的干扰方法。

6.1.2　欺骗性干扰的分类

根据产生欺骗性干扰方法的不同,可分为转发式干扰和应答式干扰。

① 转发式干扰——至少在欺骗程序的部分时间内,自动地放大和重发输入端接收的信号。

实现转发式干扰的干扰机,称为转发式干扰机,其原理如图 6.1 所示。接收信号经宽频带射频放大器放大后,加到输出级功率放大器将其放大后发射出去。转发式干扰亦称放大-回答式干扰。干扰波形产生器对接收信号进行解调,产生欺骗信号后调制末级功率放大器。干扰波形产生器也可以直接产生欺骗干扰波形,调制末级功放。

转发式干扰机的射频信息,既可通过输入信号放大后取得,也可通过将输入的射频信号下变频到中频,放大后再上变频到输入信号所相应的频率的方法得到。

② 应答式干扰——干扰信号的射频不是对输入信号自动放大产生的,而是用频率记忆器或调谐振荡器的方法间接获得的。发射信号的频率近似等于输入信号的频率。

应答式干扰机的原理如图 6.2 所示。输入信号经宽带放大后,检出脉冲前沿后启动两个振荡器 VCO_1 和 VCO_2 的调谐装置。当 VCO_1 的频率与输入信号混频后的中频落在中放通带内时,调谐装置停止工作,VCO_2 作为发射机开始工作。如果使 VCO_2 与 VCO_1 的频率差一中频,则发射频率近似等于输入信号频率。

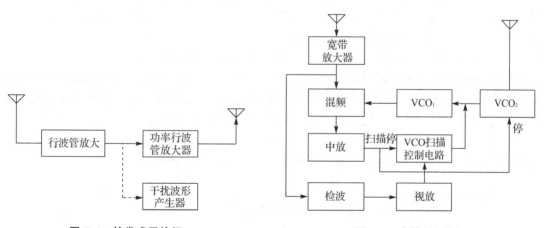

图 6.1　转发式干扰机　　　　　　　图 6.2　应答式干扰机

欺骗性干扰也可按照被干扰的自动跟踪信道区分为:

● 对距离自动跟踪信道的干扰;

● 对角度自动跟踪信道的干扰;

● 对速度自动跟踪信道的干扰;

● 对各跟踪信道的综合干扰。

无论对哪种信道干扰,欺骗干扰都可用下面两种方式实现。

① 仅由干扰控制自动跟踪环路。这时在跟踪环路内产生很大的干扰-信号功率比,跟踪误差随着干扰产生的假目标慢慢偏离真实目标而逐渐增大。这种干扰称为拖引式干扰。

② 干扰和回波同时作用于自动跟踪环路。这时,在跟踪回路内产生有限的干扰-信号功率比,系统输出误差是有限的。这种干扰称为非拖引式干扰。

应当指出,这种区分方法并非是绝对的。当非拖引式干扰下的干扰–信号功率比大到某个临界值时,它也能使跟踪系统产生非常大的跟踪误差。

6.1.3　欺骗性干扰的干扰效果度量

欺骗性干扰一般不影响工作于搜索状态的雷达对目标的检测,只能产生多方向、多批次攻击的假象。但是大量的假目标会使目标分配系统中的计算机的处理数据量增加,延长目标分配系统对下一级雷达分配目标的时间。这种延迟时间的增加可使下一级雷达测量目标位置的精度降低,使整个防空系统的性能变差。严重时,可使下一级雷达来不及转入正常工作状态。过多的假目标也会引起计算机过载,使整个防空系统瘫痪。

欺骗性干扰对跟踪雷达产生的影响更为直接,也更加严重。主要影响是妨碍跟踪雷达对真正目标的截获和跟踪。当雷达错误地跟踪上假目标或真、假目标的信号同时进入自动跟踪系统时,都将使跟踪误差大大增加。用信息准则描述欺骗干扰的效果,可以描述为干扰使雷达系统的信息流通量发生改变,或雷达得到的信息受到损失。但由于无法知道先验概率,故信息准则不适宜于描述干扰效果。

但对于欺骗干扰的主要对象——跟踪雷达来说,它的主要质量指标是跟踪误差。因此,通常用干扰引起的跟踪误差的大小来比较各种干扰信号的优劣。

那么,有效干扰必须产生多大的跟踪误差呢?这与干扰对象有关。如果干扰的对象是远程引导系统中的导弹跟踪雷达或歼击机。从战术要求来说,干扰必须使远程引导结束时的失误量大于自身引导系统所能修正的失误量。如果干扰对象是高炮雷达或寻的制导雷达,则干扰必须产生的跟踪误差,应使炮弹或导弹的爆炸点大于目标的杀伤半径。

但是,干扰能够引起的跟踪误差与干扰–信号比有关。因为自动跟踪系统都是闭环的控制系统,如图 6.3(a)所示。敏感器测得目标的位置参数后,将参数输入到比较器内并将其与控制对象的位置参数比较。如果比较器的输出为0,则控制对象的位置不变,且其位置参数代表了目标的位置参数。如果误差输出不为0,该误差信号经放大后,由执行元件产生控制力,使控制对象的参数改变,直到最后又使误差为0,系统才处于稳定状态。

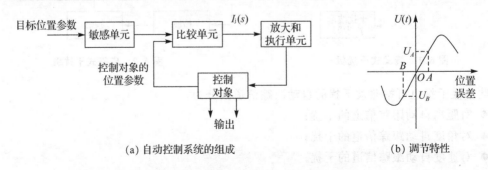

(a) 自动控制系统的组成　　　　(b) 调节特性

图 6.3　自动控制系统的组成和调节特性

如果干扰与回波信号同时作用于敏感器,且设控制对象的位置位于图 6.3(b)中的 O 点,目标位于 A 点,干扰引起的假目标在 B 点。目标产生的误差电压 U_A,产生了使控制对象运动到 A 点的力。干扰产生的误差电压为 $-U_B$,产生了使控制对象运动到 B 点的力。若 $U_A = U_B$,则控制对象位于 AB 的中点 O。如果真目标的回波非常强,致使假目标(B)的影响可以忽略,此时,控制对象将稳定地位于 A 点,跟踪误差为 0。反之,如果假目标信号远强于目标回波,使目标回波的影响可忽略,则控制对象稳定于 B 点,此时的跟踪误差最大。可见跟踪误差与干扰信号比有关,或者说,在规定跟踪误差下,可用接收机高频系统输入端的干扰–信号功率比衡量干扰信号的优劣。这种衡量准则是功率准则在欺骗性干扰的应用。而产生给定跟踪误差所需的输入干扰–信号功率比,则称为压制参数 K_a,其为

$$K_a = (P_j/P_s)_{in,s=const} \tag{6.1}$$

而所需的干扰–信号电压比,记为

$$K_e = (U_j/U_s)_{in,\varepsilon=const} \tag{6.2}$$

最后应指出,实际情况下要产生很大的跟踪误差是比较困难的。试验经验表明,如果干扰引起跟踪系统不稳定工作,雷达无法连续地送出目标的位置参数,则雷达将完全失去功能。

6.2　欺骗性干扰的最佳波形

欺骗性干扰是用假目标迷惑或欺骗雷达的。为了有效地干扰,干扰产生的假目标应当使雷达无法识别。换言之,干扰波形必须与目标回波的波形相似。

目标回波信号的一般表示式为

$$u_T(t) = A_T(t-\tau)\cos[(\omega_0-\omega_d)(t-\tau)] \tag{6.3}$$

式中:$A_T(t-\tau)$——回波的幅度调制,它含有目标的角信息;

ω_0——载波角频率;

ω_d——多普勒角频率,含有目标的速度信息;

τ——回波信号相对于发射信号的延时,含有距离信息。

当考虑目标的加速度等其他影响时,目标回波信号的表示式更复杂。

由式(6.3)可见,目标的位置信息可用多维空间的矢量表示。这个矢量在各坐标轴上的投影将目标的各特征参数(角度、距离、速度等)。产生与真实目标相似的假目标实际就是在多维空间中产生与真实目标特征矢量相似的另一特征矢量。真目标可用特征矢量 $O(a_1,a_2,\cdots,a_n)$ 表示,其中 $a_1,a_2,\cdots,a_n$ 为特征参数。若 $a_1,a_2,\cdots,a_n$ 为完全确定的值,则产生假目标的问题就可以归结为用干扰设备重现特征矢量的问题。

对于真实目标,每个特征参量是随机变量,或者是给定目标的时间随机函数。因此,目标的特征矢量是多维随机变量或多维随机过程。这就要求采用概率的方法描述真假目标的相似度。

下面就以单个特征参数模拟的最简单情况为例进行讨论。

设真实目标特征矢量的第 k 个特征参量有 n 个离散取值,且相应取值出现概率用下面的全概率列表示:

$$\boldsymbol{\alpha}_k(R) = \begin{pmatrix} \alpha_k^1 & \cdots & \alpha_k^j & \cdots & \alpha_k^N \\ P(\alpha_k^1/R) & \cdots & P(\alpha_k^j/R) & \cdots & P(\alpha_k^N/R) \end{pmatrix} \tag{6.4}$$

假目标的特征矢量第 k 个特征参量的全概率列为

$$\boldsymbol{\alpha}_k(F) = \begin{pmatrix} \alpha_k^1 & \cdots & \alpha_k^j & \cdots & \alpha_k^N \\ P(\alpha_k^1/F) & \cdots & P(\alpha_k^j/F) & \cdots & P(\alpha_k^N/F) \end{pmatrix} \tag{6.5}$$

式(6.4)和式(6.5)的 $P(\alpha_k^i/R)$ 和 $P(\alpha_k^i/F)$ 满足下列条件:

$$\sum_{i=1}^{N} P(\alpha_k^i/R) = \sum_{i=1}^{N} P(\alpha_k^i/F) = 1$$

式(6.4)和式(6.5)是真、假目标的特征。

假设现在有一个目标,它的第 k 个特征参量取值为 α_k^i,其先验概率为 $P(\alpha_k^i)$,则雷达接收后可能判为真实目标(α_k^i/R),也可能判为假目标(α_k^i/F)。判为真目标的后验概率为 $P(\alpha_k^i/R)$。雷达得到关于真实目标的信息量为

$$I_R = -\log_a^i(\alpha_k^i) - [-\log_a(\alpha_k^i/R)] = \log_a \frac{P(\alpha_k^i/R)}{P(\alpha_k^i)} \tag{6.6}$$

雷达接收 α_k^i 后判为假目标时,雷达得到假目标的信息量为

$$I_F = \log_a \frac{P(\alpha_k^i/F)}{P(\alpha_k^i)} \tag{6.7}$$

式中:$P(\alpha_k^i/F)$ 为假目标的后验概率。

式(6.6)和式(6.7)的差值为 $\quad I_R - I_F = \log_a \frac{P(\alpha_k^i/R)}{P(\alpha_k^i/F)} \tag{6.8}$

表示了假目标与真目标的相似程度。

如果分别对真目标的第 k 个特征参量和假目标的第 k 个特征参量的所有可能 α_k 的差值式(6.8)求平均,则得该特征所代表真目标假设的平均信息量

$$I(R) = \sum_{i=1}^{N} P(\alpha_k^i/R) \log_a \frac{P(\alpha_k^i/R)}{P(\alpha_k^i/F)} \tag{6.9}$$

和认为所识别目标是假目标的平均信息量

$$I(F) = \sum_{i=1}^{N} P(\alpha_k^i/F) \log_a \frac{P(\alpha_k^i/R)}{P(\alpha_k^i/F)} \tag{6.10}$$

式(6.9)和式(6.10)之差

$$\Delta I = I(R) - I(F) = \sum_{i=1}^{N} [P(\alpha_k^i/R) - P(\alpha_k^i/F)] \log_a \frac{P(\alpha_k^i/R)}{P(\alpha_k^i/F)}$$

用特征矢量的第 k 个特征参量作为真、假目标假设的散度。对于有效的欺骗干扰,应使散度为 0,即当 $P(\alpha_k^i/R) = P(\alpha_k^i/F)$ 时,雷达就难以分辨出真、假目标。

这个结果表明,从假目标模拟真实目标的角度来说,欺骗干扰产生的假目标的统计特性,必须具有真实目标的统计特性。但是欺骗干扰信号具有两重性,除了相似性外,还必须有欺骗性。

欺骗性意味着真、假目标特征矢量中的某些特征参数是有差异的。有差别,雷达就可能鉴别出假目标。实际上,雷达的鉴别能力有限(它受雷达的分辨力限制),且不同跟踪信道的鉴别能力各不相同。因此,只要假目标的特征矢量(或特征参量)位于雷达的分辨范围内,雷达就难以鉴别。

欺骗信息的内容与所干扰的信道有关。如果干扰雷达的角跟踪信道,则欺骗干扰波形中应为角欺骗的信息。同样干扰其他信道时,其欺骗信息也不同。由于雷达提取目标的位置信息的内容不同,干扰波形也将不同。

总之,最佳欺骗干扰波形与真实目标特征矢量的统计特征的波形相似,但它的某个或某些特征参量含有足以妨碍雷达精确测量目标位置参数的信息,且这欺骗信息又应在雷达的分辨

范围内。当选择对具体雷达跟踪信道干扰时,必须仔细研究雷达跟踪信道提取信息的内容、方法,也必须研究它的识别能力。

6.3　对线性扫描角跟踪系统的干扰

线性目标扫描角跟踪技术,广泛用于方位-仰角边搜索-边跟踪雷达中。雷达有两副天线和收-发系统,其中一个天线在方位上的一定扇面内往返扫描,另一天线则在仰角平面上扫描。

下面以仰角平面为例加以讨论。仰角上窄波束宽度的天线,从 OA 方向向 OB 方向扫描,如图 6.4(a)所示。到达 OB 后快速返回 OA 的方向,扫描方式为锯齿形。

当波束扫过目标时,在显示器上出现回波脉冲群,如图 6.4(b)上半部分所示。其幅度由天线波束的包络调制,目标的角度则根据从开始扫描(OA 方向)到回波脉冲群最大值方向的夹角计算。仰角的跟踪原理为:回波信号通过两个宽度相等的前后闸门(称为角波门)(见图 6.4(b)下半部分),若两个闸门通过强度不等的信号,会形成误差信号,闸门将其送到误差控制系统,使角波门的中心向回波脉冲群的中心方向运动,直到误差信号为 0。这时,角波门中心的方向代表目标的方向,从而连续输出目标的仰角数据。方位的角跟踪原理与仰角的跟踪原理相同。

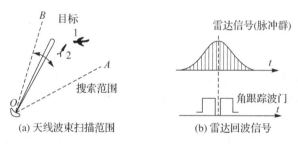

(a) 天线波束扫描范围　　　　(b) 雷达回波信号

图 6.4　线性扫描系统的跟踪原理

由于波束在扇面范围内扫描,当波束离开目标方向时,角波门无信号通过,即误差信号消失。为了使角波门仍停留在原来的目标位置,需要一个记忆装置。模拟记忆器是有惯性的低频滤波网络,它的时常数必须设计成:目标运动时,使下一组回波脉冲群仍位于角波门内,否则将中断对快速运动目标的跟踪。

如果系统丢失目标,波束就转入搜索状态,即角波门在一个大的角扇面内搜索,当角波门捕获目标后,搜索停止,转入跟踪。角波门的搜索速度必须有效地防止被干扰捕获,即角波门需在目标方向停留一段时间,连续地收到几个回波脉冲群后才转入跟踪。

线性扫描角跟踪雷达的扫描方式,与一般搜索雷达相似。干扰机收到它们的信号虽然都是最大信号方向图调制的包络形状,但其在数量上差别较大,倘若再加上雷达的其他参数的差别,很容易将这类雷达与搜索雷达区分开来。一般搜索雷达的天线波束较宽,搜索速度慢,多为圆周搜索;而线性扫描雷达属于精测雷达,天线波束较窄,搜索及跟踪都是扇形扫描,从发现目标转为跟踪时,为了提高数据率,其扇扫速度也同时增大。所以,线性扫描雷达的脉冲群宽度范围通常为 $10\sim15$ ms,而搜索雷达则为其数倍。此外,雷达的波段、极化、脉冲宽度、脉冲重复频率等参数也都可能有较大差别,这可以用来判断雷达所属的类型。弄清了敌方雷达的类型才好确定合适的干扰方法和干扰样式。

下面讨论对线性扫描角跟踪系统的干扰方法。

从原理上讲,用配置在目标上的连续噪声干扰是不能干扰这种角跟踪系统的,因为窄的波束扫描及对称的波门比较,使雷达仍能对干扰源进行跟踪。线性扫描系统的跟踪精度不高,积分和比较的时间较长,噪声的起伏对角跟踪的影响也不大。但噪声干扰可以对线性扫描雷达的接收显示系统和距离系统进行干扰,使它不能观测目标,也不能测得距离数据。由于指令制导系统需要用距离数据来确定目标和导弹的提前量,没有距离数据也就无法实现对导弹的制导,因而这时噪声干扰仍具有很强的干扰效果。

对线性扫描雷达的角跟踪系统采取欺骗干扰是有效的。下面对此加以详细分析。

为了使欺骗干扰产生的假目标模拟真目标,假目标信号的特征参数(这里主要是脉冲群的包络)必须与真实目标信号的特征参数一致。因而干扰机接收到每个脉冲后,依次无延迟地发射脉冲,以致它们到达雷达时,具有和真实目标相同的天线方向图调制。当雷达天线再次扫过目标方向时,干扰脉冲群的峰值相对于接收信号脉冲群的峰值延迟一个角度 θ。且 θ 在以后各次接收信号后按抛物线规律递增,直到 θ 递增到偏离真实目标回波峰值方向许多度时,突然关闭干扰机。上述 θ 递增的程序过程称为拖引,而关机的时间段称为停拖。

干扰机关机后,雷达角波门内没有干扰产生的假目标信号,此时,雷达角波门只对目标回波脉冲比较。由于这时角波门已偏离目标回波脉冲群的最大方向,于是角波门又向相反方向运动,直到重新使角波门位于真实目标回波脉冲群的中心。然后,干扰机可重复上述拖引-停拖程序,造成角波门来回摆动,无法连续给出目标的角数据。

这种欺骗干扰称为角波门的拖引。其时序如图 6.5 所示。

试验证明,当干扰-信号功率比为 10～20 dB 时,干扰信号能可靠地捕获波门。而拖引的速度和加速度决定于角跟踪系统的时常数,即决定于该系统设计来跟踪目标的最大角速度和角加速度。

同步挖孔式干扰是对线性扫描雷达欺骗干扰的另一种方法。其工作原理如下:干扰机接收信号后,检出天线调制信号的包络。如果在包络中心附近切去约等于角波门宽度的一部分后,再对接收信号射频脉冲调幅,则进入波门内的信号是被强干扰压制的真实目标回波。然后,挖孔脉冲相对于接收信号峰值作单方向运动(例如向右),则角波门左闸门内的(信号＋干扰)能量大于右闸门,引起角波门向左移动。同步挖孔式干扰如图 6.6 所示。挖孔脉冲移动规律可以匀速,也可以匀加速,但其运动速度仍受随动系统的时常数限制。

对暴露式线性扫描系统欺骗干扰是易于实现的。这是因为它的天线扫描有规律性,而且易侦察到天线的扫描调制。

线性扫描雷达抗干扰的方法有:隐蔽扫描和随机改变天线扫描方向。前者是通过反侦察达到反欺骗的,后者则是基于干扰脉冲群具有总是朝一个方向变化的特点,利用改变天线扫描方向来实现反欺骗的。

对隐蔽扫描的线扫雷达进行干扰,只有利用事先获取的情报,确知这是线性扫描雷达,并且知道天线扫描参数后才有可能实现。例如已知天线作锯齿式扫描,周期为 T_a,扫描范围为 $\theta_2 - \theta_1 = \Delta\theta$,波束宽度为 θ_a,则可算得回波脉冲群宽度,即

$$T_p = \frac{\theta_a}{\Delta\theta} T_a \tag{6.11}$$

然后产生周期为 T_p 的脉冲,对接收的射频脉冲调幅,如图 6.7 所示。试验证明这种干扰具有

良好的效果。

如果无法知道上述天线扫描参数,通常用变周期的方法来调制接收的射频脉冲。周期的变化范围应大于等于可能的脉冲群宽度的范围,如图 6.7(b)所示。方波周期可以随机变化,也可线性变化。

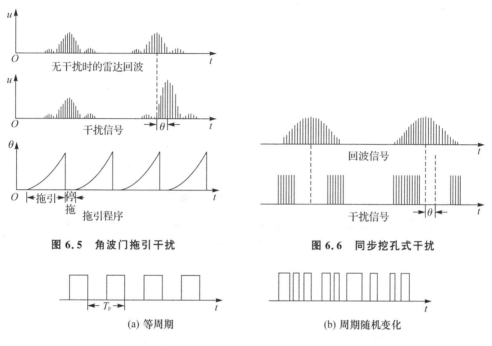

图 6.5　角波门拖引干扰　　　　　　图 6.6　同步挖孔式干扰

(a) 等周期　　　　　　　(b) 周期随机变化

图 6.7　对隐蔽式线性扫描雷达干扰的调制波形

6.4　对单脉冲角跟踪的欺骗

单脉冲雷达是 20 世纪 50 年代初期出现的一种精密跟踪雷达。它利用同时比较水平面上两个波束中目标信号的幅度或相位的方法确定方位,利用垂直面上的两个波束来确定仰角。理论上可由单个回波脉冲定向,因而具有高的抗干扰性。任何幅度调制的干扰,对它没有干扰效果。单脉冲角跟踪技术是目前抗干扰性能最强的一种跟踪技术,这种技术在雷达中已得到广泛的应用。

6.4.1　单脉冲角跟踪的工作原理及其测向特性

任何目标的回波信号都含有幅度和相位信息,雷达可以利用其中任一信息来确定目标的方向。

利用目标幅度信息用于定向的系统称为振幅法定向系统;利用相位信息用于定向的系统则称为相位法定向系统;同时利用幅度和相位信息的,称为综合定向系统。图 6.8 所示为振幅法和相位法测角的原理。对于单脉冲振幅法测角系统,两天线配置在一起,但它们的波束最大方向分别偏离瞄准轴 OA 以 θ_B 角。当目标(M)以 θ 方向(相对于瞄准轴,下同)到达时,通过比较天线 1 接收到的电压 u_1 和天线 2 接收到的电压 u_2,根据两者的比值,确定偏角 θ。相位法测向时,两天线相隔一定距离 l,目标回波信号(以 M 点发出)到达两天线的路径差不同,使天线 1 接收信号的相位延后一个 $\Delta\phi$ 值,即为

$$\Delta\phi = \frac{2\pi}{\lambda} \cdot \Delta R = \frac{2\pi}{\lambda} l \cdot \sin\theta \tag{6.12}$$

在 λ 和 l 给定后,$\Delta\phi$ 与 θ 成正比。式中:θ 为目标方向的偏角,λ 为雷达的工作波长。

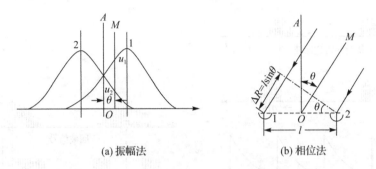

(a) 振幅法　　　　　　　(b) 相位法

图 6.8　振幅法和相位法测角的原理

无论振幅法定向还是相位法定向,都需要两个或两个以上的天线才能实现。

单脉冲雷达种类很多,常见的是振幅和差式单脉冲。图 6.9 所示为单平面振幅和差式单脉冲的工作原理。天线 1 和 2 的方向图如图 6.9 所示。

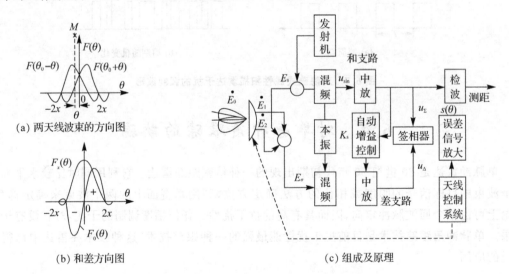

(a) 两天线波束的方向图

(b) 和差方向图　　　　　　　(c) 组成及原理

图 6.9　振幅和差式单脉冲系统的工作原理

若空间的信号从 θ 方向到达,则波束 1 输出的信号为

$$E_1 = E_m F(\theta_0 - \theta) e^{j\omega t} \tag{6.13}$$

波束 2 输出的信号为

$$E_2 = E_m F(\theta_0 + \theta) e^{j\omega t} \tag{6.14}$$

天线输出的信号加到波束形成网络如图 6.9(c) 中的圆圈所示。它有两种输出,其中一路对两波束输出信号相加,另一路则对两输出信号相减,分别得到和信号 E_Σ

$$E_\Sigma = E_m [F(\theta_0 - \theta) + F(\theta_0 + \theta)] e^{j\omega t} \tag{6.15}$$

和差信号 E_Δ

$$E_\Delta = E_m \left[F(\theta_0 - \theta) - F(\theta_0 + \theta) \right] e^{j\omega t} \tag{6.16}$$

因此,和差信号与目标偏角的关系可以等效图 6.9(b)所示的两个方向接收到的信号被分别加到对和差信号处理的接收通信的输入端。即以 $F_\Sigma(\theta)$ 方向图接收的信号加到和支路,而由 $F_\Delta(\theta)$ 方向图接收的信号直接加到差支路的输入端。这样就撇开了波束形成网络的影响,简化了讨论的问题。图 6.9(b)中的和波束是由图 6.9(a)中的两波束相加得到的。差波束 $F_\Delta(\theta)$ 则由图 6.9(a)中的两波束相减得到的,它的形状与瞄准轴对称,但符号相反。

设和、差两信道有相同的放大倍数和相移,且中放的放大倍数在无 AGC 时为 K_θ,有 AGC 时为 K_s,则

$$K_s = \frac{K_0}{1 + \alpha K_2 U_{\sin}} \tag{6.17}$$

式中:α 为中放调节特性的斜率;K_2 为 AGC 的传输系数。应当注意的是,在和差比幅单脉冲雷达中,常用和通道输入信号的平均值 $U_{\sin}$ 调节 AGC。

这里

$$U_{\sin} = E_m \left[F(\theta_0 - \theta) + F(\theta_0 + \theta) \right] \tag{6.18}$$

将式(6.18)代入式(6.17)得

$$K_s = \frac{K_0}{1 + \alpha E_m K_2 \left[F(\theta_0 - \theta) + F(\theta_0 + \theta) \right]} \tag{6.19}$$

则,和支路的中放输出为

$$u_\Sigma(t) = E_m K_s \left[F(\theta_0 - \theta) + F(\theta_0 + \theta) \right] \exp(j\omega_{1F} t) = \\ \frac{K_0 E_m^t \left[F(\theta_0 - \theta) + F(\theta_0 + \theta) \right]}{1 + \alpha E_m K_2 \left[F(\theta_0 - \theta) + F(\theta_0 + \theta) \right]} \exp(j\omega_{1F} t) \tag{6.20}$$

式中:ω_{1F} 为中频角频率。

差支路的中放输出为

$$u_\Delta(t) = E_m K_s \left[F(\theta_0 - \theta) - F(\theta_0 + \theta) \right] \exp(j\omega_{1F} t) = \\ \frac{K_0 E_m \left[F(\theta_0 - \theta) - F(\theta_0 + \theta) \right]}{1 + \alpha E_m K_2 \left[F(\theta_0 - \theta) + F(\theta_0 + \theta) \right]} \exp(j w_{1F} t) \tag{6.21}$$

两支路输出加到相位检波器(鉴相器)以便完成输入信号的相乘和平均,得到输出误差信号。此误差信号为

$$U_d = K_{pd} \frac{Q^2 \left[F^2(\theta_0 - \theta) - F^2(\theta_0 + \theta) \right]}{\{1 + Q \left[F(\theta_0 - \theta) + F(\theta_0 + \theta) \right]\}^2} \tag{6.22}$$

式中:K_{pd} 为常数,并且

$$K_{pd} = \frac{K_0^2 K'}{2\alpha^2 K_0^2} \tag{6.23}$$

式中:K' 为常数。式(6.22)中的 Q 是与信号强度 E_m 有关的量,即

$$Q = \alpha K_2 E_m \tag{6.24}$$

测向特性如图 6.10 所示。图中 $F(\theta)$ 可用下面的函数表示:

$$F(\theta) = \frac{\sin \frac{\pi}{\lambda} \theta}{\frac{\pi}{\lambda} \theta} \tag{6.25}$$

当 θ 较小时,式(6.22)中的 $F(\theta_0 \pm \theta)$ 可近似为

$$F(\theta_0 \mp \theta) = F(\theta_0) + F'(\theta_0) \cdot \theta$$

则式(6.22)变为

$$U_d = K_{pd} \frac{F'(\theta_0)}{F(\theta_0)} \theta = K_{pd} \mu \theta$$

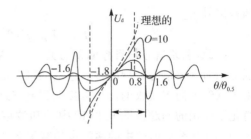

图 6.10   比幅和差单脉冲的测向特性

误差信号 U_d 与 d 呈线性关系。和圆锥扫描角跟踪系统一样,U_d 的作用也是产生一个力矩,使天线瞄准轴向方向运动,最后,误差信号为 0,达到稳定平衡状态。

6.4.2   对单脉冲角跟踪系统的干扰方法

由于单脉冲雷达能瞬时比较回波信号幅度的比值以完成目标的定向,因此单点干扰无法改变误差电压以达到干扰目的。但是应当指出,对于单脉冲雷达来说,除了测向系统外,还有距离跟踪系统或速度跟踪系统,这些系统的抗干扰能力并不比其他雷达好,因此,可以通过干扰这些系统,达到干扰单脉冲雷达的目的。要指出的另一点是,上述分析中都是在将雷达系统性能理想化后得到的。当和、差两支路的增益不同或相位延迟不同时,存在着附加的角误差,尤其是两支路在宽带干扰下的动态特性的不一致,更会引起较大的误差。试验证明,用噪声调制干扰仍有很好的干扰效果。最后要指出的是,单脉冲雷达采用 AGC 防止过载。因此可以通过自动增益欺骗方法,改变误差电压的大小。故而,断续噪声干扰在实际中仍有使用。

就对单脉冲角跟踪系统本身干扰来说,也存在着一些值得探讨的方法。

1. 交叉极化干扰

在 6.4.1 小节中关于天线方向图的讨论中,得到的天线方向图或方向性函数表示式,都是以下面的假设为前提的:即一种极化形式的信号,在天线上感应相同极化的电流。但是,实际的天线并非如此。图 6.11 所示为当偶极子激励时,抛物面天线上的场强分布。在垂直极化信号激励时,除了同极化电场外,口面上还存在着水平极化场。这里的水平极化与主极化(垂直极化)正交,故称为交叉极化。同样,在水平极化信号激励时,也存在正交的垂直极化分量。测量表明:交叉极化的天线增益要比主极化增益低 20~40 dB,或双程的正交极化的天线增益比主极化增益低 40~80 dB。因此,在无交叉极化干扰时,常用主极化增益计算,仍十分精确。

交叉极化分量的大小与辐射器偏离焦点的程度、反射面的曲率等几何因素有密切关系。当辐射器偏离焦点时,抛物面口面上的电流分布的振幅不对称,结果使交叉极化分量增加。振幅比较单脉冲系统中,它的辐射器是偏离焦点的,此时测得天线的主极化方向图与交叉极化的方向图如图 6.12 所示。由图所见,交叉极化信号方向偏离瞄准轴。显然,如果干扰机发射交叉极化信号,且功率大于干扰机方向上主极化天线增益与交叉极化天线的增益比,雷达将使用交叉极化波束进行跟踪,使得瞄准轴偏离目标。

下面讨论交叉极化干扰的效果。

设干扰机辐射信号 E 中包含一对正交分量 E_x 和 E_y。E_x 与天线的主极化方向相同,E_y 与主极化方向正交。比幅单脉冲接收到的信号为:对于天线 I,以主极化波束接收同极化信号 E_x,以正交极化波束接收 E_y,则合成输出电压为

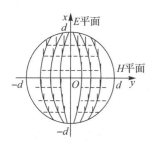

图 6.11 偶极子激励时，抛物面口面上的场分布

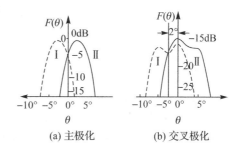

(a) 主极化   (b) 交叉极化

图 6.12 振幅和差单脉冲雷达的主极化和正交极化方向图

$$u_1(\theta) = F_{1x}(\theta)E_x + F_{1y}(\theta)E_y \tag{6.26}$$

天线 Ⅱ 的输出为

$$u_2(\theta) = F_{2x}(\theta)E_x + F_{2y}(\theta)E_y \tag{6.27}$$

上述两式中的方向图函数 $F(\theta)$ 与口面上场的分布有关。当考虑正交极化影响时，口面（直径 $L = 2d$）上场的分布如下：

对天线 Ⅰ

$$\psi_1(x) = \psi_{1x}(x) + \psi_{1y}(x) \tag{6.28}$$

式中：$\psi_{1x}(x)$ 和 $\psi_{1y}(x)$ 分别表示确定主极化分量和正交极化分量的激励场的函数，其值为

$$\psi_{1x}(x) = f_1(x)\exp[j(Kx\cos\alpha_0)], \quad -d \leqslant x \leqslant d \tag{6.29}$$

式中：$f_1(x)$——天线口面上场的振幅分布；

K——相位传输系数，在自由空间 $K = \dfrac{2\pi}{\lambda}$；

α_0——空间波束最大值方向与等信号方向的夹角。

正交激励场的分布为

$$\psi_{1y}(x) = \begin{cases} a_k f_1(x)\exp[j(Kx\cos\alpha_0 + \phi_1)], & -d \leqslant x \leqslant 0 \\ a_k f_1(x)\exp[j(Kx\cos\alpha_0 + \phi_1 + \pi)], & 0 < x \leqslant d \end{cases} \tag{6.30}$$

式中：a_k——正交极化场的幅度与主极化场幅度之比，$\alpha_k < 1$；

ϕ_1——正交极化与主极化的相移。

式(6.30)指数中的 π 表示正交极化场的抛物面中心的两侧有反相场。

对天线 Ⅱ，相应的口面场分布为

$$\psi_2(x) = \psi_{2x}(x) + \psi_{2y}(x) \tag{6.31}$$

且 $\psi_{2x}(x)$ 和 $\psi_{2y}(x)$ 分别为

$$\psi_{2x}(x) = f_2(x)\exp[j(-Kx\cos\alpha_0)] \tag{6.32}$$

$$\psi_{2y}(x) = \begin{cases} a_k f_2(x)\exp[j(Kx\cos\alpha_0 + \phi_1)], \\ a_k f_2(x)\exp[j(Kx\cos\alpha_0 + \phi_1 + \pi)] \end{cases} \tag{6.33}$$

式中：$f_2(x)$ 为天线口面上场的振幅分布。为方便，设 $f_1(x) = f_2(x)$，且有均匀分布

$$f_1(x) = f_2(x) = \frac{1}{2d} \tag{6.34}$$

干扰信号 E 在 (x, y) 平面上的分量，可写为

$$E_x = E_0 \exp(\mathrm{j}K\cos\alpha) \tag{6.35}$$

$$E_y = E_0 b \exp[\mathrm{j}(Kx\cos\alpha + \phi_2)] \tag{6.36}$$

式中:E_0——干扰信号的幅度;

　　α——干扰信号方向与等信号的空间夹角;

　　b——正交分量幅度与主极化分量幅度的比;

　　ϕ_2——正交分量相对主极化分量的相移。

天线波束的输出是 $\psi(x)$ 和 E 的点乘积在天线口面 x 轴向的积分。因此,对于波束Ⅰ,其输出

$$u_1 = \int_{-d}^{d} \psi_1(x) \cdot (E_x + E_y)\,\mathrm{d}x \tag{6.37}$$

将式(6.28)、式(6.35)和式(6.36)代入上式,得

$$u_1 = \frac{E_0}{2d}\left\{\int_{-d}^{d}\exp(\mathrm{j}Kx(\cos\alpha+\cos\alpha_0))\mathrm{d}x + \right.$$
$$a_K b \exp \mathrm{j}\phi\left[\int_{-d}^{0}\exp(\mathrm{j}Kx(\cos\alpha+\cos\alpha_0))\mathrm{d}x - \right.$$
$$\left.\left.\int_{0}^{d}\exp(\mathrm{j}Kx(\cos\alpha+\cos\alpha_0))\mathrm{d}x\right]\right\} \tag{6.38}$$

式中:$\phi = \phi_1 + \phi_2$。

天线Ⅱ输出

$$u_2 = \int_{-d}^{d}\psi_2(x)\cdot[E_x+E_y]\,\mathrm{d}x =$$
$$\frac{E_0}{2d}\left\{\left[\int_{-d}^{d}\exp(\mathrm{j}Kx(\cos\alpha-\cos\alpha_0))\mathrm{d}x + \right.\right.$$
$$a_K b \exp \mathrm{j}\phi\left[\int_{-d}^{0}\exp(\mathrm{j}Kx(\cos\alpha-\cos\alpha_0))\mathrm{d}x - \right.$$
$$\left.\left.\int_{0}^{d}\exp(\mathrm{j}Kx(\cos\alpha-\cos\alpha_0))\mathrm{d}x\right]\right\} \tag{6.39}$$

式(6.38)和式(6.39)积分后得

$$u_1 = 2E_0\left[\frac{\sin m}{m} - \mathrm{j}2a_K b\exp\left(\mathrm{j}\phi\frac{\sin^2\frac{m}{2}}{m}\right)\right] \tag{6.40}$$

$$u_2 = 2E_0\left[\frac{\sin n}{n} - \mathrm{j}2a_K b\exp\left(\mathrm{j}\phi\frac{\sin^2\frac{n}{2}}{n}\right)\right] \tag{6.41}$$

式中

$$m = Kd(\cos\alpha - \cos\alpha_0) \tag{6.42}$$

$$n = Kd(\cos\alpha + \cos\alpha_0) \tag{6.43}$$

则天线输出的和信号 $u_{\sum}$ 为

$$u_{\sum} = u_1 + u_2 = 2E_0\left\{\frac{\sin m}{m} + \frac{\sin n}{n} - \mathrm{j}2a_K b\exp\left[\mathrm{j}\phi\left(\frac{\sin^2\frac{m}{2}}{m} + \frac{\sin^2\frac{m}{2}}{n}\right)\right]\right\} \tag{6.44}$$

差信号 u_Δ 为

$$u_\Delta = u_1 - u_2 = 2E_0 \left\{ \frac{\sin m}{m} - \frac{\sin n}{n} - j2a_K b \exp\left[j\phi\left(\frac{\sin^2\frac{m}{2}}{m} - \frac{\sin^2\frac{m}{2}}{n} \right) \right] \right\} \tag{6.45}$$

当和、差信号加到相位检波器后,输出等于 u_Σ、u_Δ 之积的平均值,即

$$U_d = \left[\left(\frac{\sin^2 m}{m^2} - \frac{\sin^2 n}{n^2} \right) + 4a_K b \left(\frac{\sin^2\frac{m}{2}}{m} \cdot \frac{\sin^2 m}{m} - \frac{\sin^2\frac{m}{2}}{n} \cdot \frac{\sin^2 n}{n} \right) \sin\phi + \right.$$

$$4a_K^2 b^2 \left(\frac{\sin^4\frac{4m}{2}}{m^2} - \frac{\sin^4\frac{n}{2}}{n^2} \right) \right] \div \left[\left(\frac{\sin^2 m}{m^2} + \frac{\sin^2 n}{n^2} \right) + \right.$$

$$4a_K b \left(\frac{\sin m}{m} + \frac{\sin n}{n^2} \right) \left(\frac{\sin^2\frac{m}{2}}{m} + \frac{\sin^2\frac{n}{2}}{n} \right) \sin\phi +$$

$$\left. 4a_K^2 b \left(\frac{\sin^2\frac{m}{2}}{m} + \frac{\sin^2\frac{m}{2}}{n} \right)^2 \right] \tag{6.46}$$

式中:m、n 都是偏角 α 的函数。

在 xz 单平面内,由于方向图的仰角 $\varepsilon = 0°$,则由图 6.12 可得

$$\overline{OA}\cos\alpha_0 = \overline{OA}\cos\varepsilon \cdot \sin\theta_0 = \overline{OA}\sin\theta_0$$

即

$$\cos\alpha_0 = \sin\theta_0 \tag{6.47}$$

同样可写出

$$\cos\alpha = \sin\theta \tag{6.48}$$

将式(6.47)、式(6.48)代入式(6.42)、式(6.43),则

$$m = Kd(\cos\alpha - \cos\alpha_0) = Kd(\sin\theta - \sin\theta_0)$$
$$n = Kd(\cos\alpha + \cos\alpha_0) = Kd(\sin\theta + \sin\theta_0) \tag{6.49}$$

根据天线的半功率波束宽度 $\theta_{0.5}$ 与天线口面尺寸 $2d$ 间的关系

$$\theta_{0.5} = \frac{A\lambda}{2d} \quad \text{或} \quad 2d = \frac{A\lambda}{\theta_{0.5}}$$

及

$$\theta_0 = 0.5\theta_{0.5}$$

则式(6.49)可改写为

$$m = \frac{A\pi}{\theta_{0.5}}(\sin\theta - \sin\theta_0) \left.\vphantom{\frac{A\pi}{\theta_{0.5}}}\right\}$$
$$n = \frac{A\pi}{\theta_{0.5}}(\sin\theta + \sin\theta_0) \tag{6.50}$$

式中:A 为天线口面利用系数,是常数。

将式(6.50)的 m,n 代入式(6.46),可得到 $U_d \sim \theta$ 最后关系式。

图 6.13 所示为包括正交极化影响的测向特性。这里,假设 $\theta_{0.5} = 1°$,干扰的两正交分量的

相移 ϕ_2 与激励场交叉分量的相移 ϕ_1 之和 ϕ 等于 90°。

由图可见，当 $a_Kb=0$，即正交分量为 0 时，天线用主极化接收，稳定点位于瞄准轴方向 O，随着正交分量的增加，测向特性的稳定点偏移；当 a_Kb 趋于 ∞，即只有交叉极化分量起作用时，最大瞄准轴的偏移等于波束宽度 $\theta_{0.5}$。

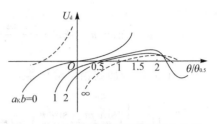

图 6.13　正交极化干扰时的测向特性

交叉极化干扰对于正交两分量的相位差十分敏感。图 6.13 画出了 ϕ 与角误差的关系。图 6.14(a) 所示为目标反射信号的极化方向和干扰的极化方向。当干扰的极化方向与目标极化的夹角小于 90°时，角误差快速下降。当 $(\phi-90°)$ 为 2°时，干扰效果下降 29 dB。

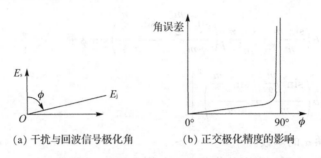

(a) 干扰与回波信号极化角　　　(b) 正交极化精度的影响

图 6.14　干扰功率给定时，正交极化对精度的影响

产生正交极化干扰的方法如图 6.15 所示，它由两个行波管链组成。其中一路接收水平极化，而以垂直极化发射；另一路接收垂直极化，经 180°相移后，由水平极化天线发射。为了消除由于两接收放大通路的放大增益和相位的不一致性引起的正交极化偏离，通常还须对行波管链进行幅度和相位的调制。

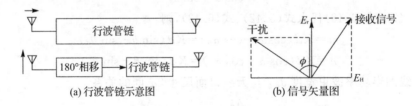

(a) 行波管链示意图　　　　　(b) 信号矢量图

注：↑表示垂直极化；→表示水平极化。

图 6.15　正交极化的产生

2. 非相干干扰

由位于跟踪系统不可分辨的角度范围内的两个以上干扰源产生的干扰，称为多点干扰。

如果两个干扰源的相位独立无关，则称这种干扰为非相干干扰；反之，如果两干扰源的相位保持确定的关系，则称相干干扰。下面先讨论由两独立干扰源产生非相干干扰的情况。

设有两干扰源 O_1 和 O_2（见图 6.16），其中干扰源 O_1 的信号为

$$u_1(t)=U_1\cos \omega_1 t$$

干扰源 O_2 的信号为

$$u_2(t)=U_2\cos \omega_2 t$$

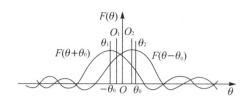

图 6.16　两点源干扰方向的几何位置

则天线输出的和差信号分别为

$$u_\Sigma = U_1 \left[F(\theta_0 + \theta_1) + F(\theta_0 - \theta_1) \cos \omega_1 t \right] + U_2 \left[F(\theta_0 + \theta_2) - F(\theta_0 - \theta_2) \cos \omega_2 t \right]$$

$$(6.51)$$

$$\begin{aligned}
u_\Delta &= U_1 \left[F(\theta_0 - \theta_1) \cos \omega_1 t + U_2 F(\theta_0 - \theta_2) \cos \omega_2 t \right] - \\
&\quad U_1 F(\theta_0 + \theta_1) \cos \omega_1 t - U_2 F(\theta_0 + \theta_2) \cos \omega_2 t = \\
&\quad U_1 \left[F(\theta_0 - \theta_1) - F(\theta_0 + \theta_1) \right] \cos \omega_1 t + \\
&\quad U_2 \left[F(\theta_0 - \theta_2) - F(\theta_0 + \theta_2) \right] \cos \omega_2 t
\end{aligned}$$

$$(6.52)$$

经混频和中放放大后，加到相位检波器。当 AGC 系统已结束暂态过程，并且自动跟踪系统稳定时，相位检波器输出的误差信号为（其推导过程略）

$$U_d = K_{pd} \left\{ U_1^2 \left[F^2(\theta_0 - \theta_1) - F^2(\theta_0 + \theta_1) \right] + U_2^2 \left[F^2(\theta_0 - \theta_2) - F^2(\theta_0 + \theta_2) \right] \right\} \quad (6.53)$$

若令

$$\left. \begin{aligned} \beta &= \frac{U_1}{U_2} \\ \theta_1 &= \theta \\ \theta_2 &= \Delta\theta - \theta \end{aligned} \right\} \quad (6.54)$$

则式（6.53）可变为

$$U_d = K_{pd} \left\{ \beta^2 \left[F^2(\theta_0 - \theta) - F^2(\theta_0 + \theta) \right] + \left[F^2(\theta_0 - \Delta\theta + \theta) - F^2(\theta_0 + \Delta\theta - \theta) \right] \right\} \quad (6.55)$$

由式（6.55）可以画出给定 $F(\theta)$ 表达式

$$F(\theta) = e^{-1.4 \left(\frac{\theta}{\theta_{0.5}} \right)^2}$$

的测向特性，如图 6.17 所示（条件 $\beta = 1$）。

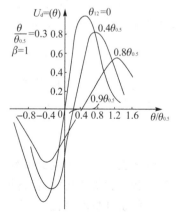

当 $\Delta\theta < 0.9\theta_{0.5}$ 时，测向特性只有一个稳定点，且随 $\Delta\theta$ 的增加而偏离单目标定向的稳定点的角度越大。当 $\theta_{1,2} \approx 0.9\theta_{0.5}$ 时，测向特性变得平坦，系统进入随遇稳定状态，在外界因素影响下，它会偏到两个干扰源中的一个。也就是说，此时，跟踪系统能将两目标分开。故定义该临界角为分辨角，实际雷达的分辨角 $\Delta\theta_R$ 为（0.8～0.9）$\theta_{0.5}$。显然，两干扰源夹角大于分辨角时，干扰效果极差。故实际非相干干扰时，两干扰源的夹角小于分辨角。

图 6.17　两点源干扰的测向特性

当 θ_1、θ_2 较小时，式（6.55）的稳定平衡条件可写为

$$\beta^2 \left[F^2(\theta_0 - \theta) - F^2(\theta_0 + \theta) \right] + \left[F^2(\theta_0 - \Delta\theta + \theta) - F^2(\theta_0 + \Delta\theta - \theta) \right] = 0 \quad (6.56)$$

将 $F(\theta_0 \mp \theta)$ 作如下近似：

$$F(\theta_0 \mp \theta) = F(\theta_0) \pm F'(\theta_0)\theta = F(\theta_0)(1 \pm \mu\theta) \tag{6.57}$$

并代入式(6.56),则

$$\theta = \frac{\Delta\theta}{1+\beta^2} \tag{6.58}$$

式中:θ 是瞄准轴与 O_1 的偏角;$\beta = \dfrac{U_1}{U_2}$。

当 $U_1 = U_2$ 时,则式(6.58)变为

$$\theta = \frac{\Delta\theta}{2}$$

上式表明,当两干扰源等信号强度时,天线稳定点位于两目标中间。由于 $\Delta\theta$ 的最大值受分辨角的限制,因此,最大目标偏角

$$\theta_1 = \theta_2 = \frac{1}{2}\Delta\theta_R \approx \frac{1}{2}(0.8 \sim 0.9)\theta_{0.5} \tag{6.59}$$

当 U_1 或 U_2 中的一个为 0,即只有一个干扰源时,$\theta = 0$ 或 $\Delta\theta$。这表示天线将跟踪一个干扰源。这构成了闪烁干扰的基本原理。

闪烁干扰通常都是通过两部(或多部)同类型的干扰机,按一定程序开关机来破坏雷达对其中任一目标的跟踪。在这种情况下,雷达时而跟踪这一目标,时而跟踪另一目标。因此,雷达会随着干扰转换的节拍而产生追摆,因而无法测定目标和跟踪目标。在闪烁干扰下,使得本来可以分辨的目标也不能分辨了,因为天线的追摆使得两目标之间的最小分辨角增加了。对于来袭导弹,由于闪烁干扰使目标临界分辨角增加,因而也必然会导致导弹脱靶量增加。因此,国外的一些研究人员都把闪烁干扰当作干扰寻的导弹瞄准系统的一种有效干扰方法。

闪烁干扰的一个重要参数是干扰机的交换周期(闪烁周期)。为了使跟踪系统能够跟踪正在移动着的能量中心,则干扰机的最小开机(辐射)时间应和跟踪系统的时常数相适应,也就是干扰机的交换频率应和雷达的角跟踪系统的带宽 ΔF 相匹配。

因此,如果干扰机以矩形规律(方波)进行开关机,且每部干扰机的最小辐射(开机)时间等于跟踪系统的时常数,以及雷达接收机采用快速自动增益控制系统时,则有

$$\frac{T_K}{2} \geqslant \frac{1}{\Delta F} \tag{6.60}$$

式中:T_K 为干扰机的交换周期。

由此可得干扰机的交换频率为

$$F_K \leqslant \frac{\Delta F}{2} \tag{6.61}$$

闪烁干扰的另一个重要参数是干扰机的功率。

当一台干扰机关机时,雷达接收到的是它的回波功率 P_{s1}(P_{s1} 正比于目标反射面积 σ_{t1})。另一台干扰机开机时,雷达接收的功率为 $P_{s2} + P_{j2}$,其中 P_{s2} 正比于携带该干扰机的目标的反射面积 σ_{t2}。

为了满足平衡条件($U_d = 0$),有

$$(P_{j2} + P_{s2}) = P_{s1}\theta_1 \tag{6.62}$$

当两目标的有效反射面积相等,即 $P_{s1} = P_{s2}$ 且 $P_{i1} = P_{i2} = P_j$ 时,稳定平衡条件为

$$(P_j + P_s)(\Delta\theta - \theta) = P_s\theta \tag{6.63}$$

或

$$\frac{P_{\mathrm{j}}}{P_{\mathrm{s}}} = \left| \frac{2\theta - \Delta\theta}{\Delta\theta - \theta} \right| \tag{6.64}$$

由式(6.64)画出 $K_{\mathrm{a}} = P_{\mathrm{j}}/P_{\mathrm{s}}$ 与偏角 θ 的关系,如图 6.18 所示。根据对天线摆动范围的要求,可由图 6.18 确定干扰–信号功率比,即压制系数 K_{a}。例如,要求天线在两目标夹角 0.8 范围内即 $\theta/\Delta\theta = 0.8$ 追摆角时

$$K_{\mathrm{a}} = P_{\mathrm{j}}/P_{\mathrm{s}} = 3$$

如果目标间的距离较大,使其夹角超过了天线方向图的线性部分,则应根据实际方向图重新计算。

作为闪烁干扰的一个应用例子是对寻的制导系统的误引干扰。其基本原理是:在导弹跟踪系统不可分辨的角度范围内,用两部以上的干扰机采取顺序开机的办法把导弹引导到远离目标和干扰机之外,如图 6.19 所示。

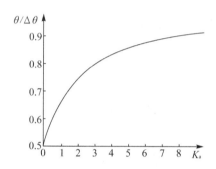

图 6.18　追摆角与压制系数的关系

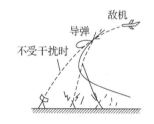

图 6.19　对自引导弹的误引干扰

反雷达导弹通常都具有单脉冲被动式自动跟踪系统,能跟踪雷达的辐射而命中雷达目标。弹上天线不能太大,而且为了捕捉目标,其天线波束宽度不能太窄,$\theta_{0.5}$ 一般取 $5° \sim 8°$ 或更大;波束偏角 $\theta_0 \approx \frac{1}{2}\theta_{0.5}$;发射距离为 $10 \sim 20\ \mathrm{km}$;速度(考虑了飞机的速度)为 $2 \sim 4$ 倍声速;因此,从发射到结束的飞行时间为 $10 \sim 30\ \mathrm{s}$。

对导弹进行误引干扰时,干扰站的配置距离 d_1、d_2 等的选择很重要。在顺序开机的情况下,要求干扰站和目标(雷达)对导弹的夹角 θ_{Mj} 应小于其波束偏角 θ_0,如图 6.20 所示,即

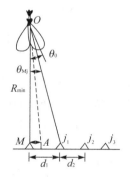

图 6.20　误引干扰时干扰站的配置距离

$$\theta_{\mathrm{Mj}} \leqslant \theta_0$$

设导弹的最小发射距离为 R_{min},则有

$$d_1 = R_{\mathrm{min}} \tan\theta_{\mathrm{Mj}} \leqslant R_{\mathrm{min}} \tan\theta_0$$

距离 d_1 还须保证导弹的跟踪点大于目标的安全半径 r。由式(6.64)可得

$$r = \frac{K}{1+K} \cdot d_1 \tag{6.65}$$

式中:K 为干扰机和雷达辐射功率之比,即 $K = P_{\mathrm{j}}/P_{\mathrm{so}}$。

第二台干扰机 J_2 与第一台干扰机之间的距离 d_2 要根据导弹指向 J_1 时的距离(小于 R_{min})来确定,因此 $d_2 < d_1$。

干扰机的开机关机时间要根据被干扰的跟踪系统的时常数及导弹的速度确定。开机关机应由指挥中心统一控制,自动按程序进行。

3. 相干干扰

由两个高频相位保持一定关系的干扰源产生的干扰,称为相干干扰。

相干干扰的参数选择适当时,可以使单脉冲雷达的瞄准轴超出两干扰源连线之间的方向,而产生很大的角误差。

相干干扰的原理:① 雷达天线对目标的定向,就其实质来说,是以目标回波的波前法线方向确定的;② 两点源在天线处的合成波前方向可能是以两点源连线中点为圆心的圆球面,也可能是平滑变化的斜面,当天线的口面尺寸小于这个斜面时,雷达天线的指向将偏离两点源连线中点的方向。

设两干扰源 O_1 和 O_2 的距离为 $l(l \gg \lambda)$,干扰源 O_1 的振荡 e_1 和干扰源 O_2 的振荡 e_2 反相,分别为

$$e_1 = E_1 e^{j\omega t}$$

$$e_2 = E_2 e^{j(\omega t - \pi)}$$

则在空间某点 N(与两干扰源中点 O 的距离 $r_0 \gg l$)的合成场强为

$$e = E_1 e^{j(\omega t + \frac{2\pi}{\lambda}\gamma_1)} + E_2 e^{j(\omega t + \frac{2\pi}{\lambda}\gamma_2 - \pi)} \tag{6.66}$$

式中:λ 为干扰源工作波长;r_1 和 r_2 分别为 O_1、O_2 到观察点 N 的距离。当 $r_1 \neq r_2$ 时,路程差 Δr(即 $r_2 - r_1$)引起的相位差为

$$\Delta\phi = \frac{2\pi}{\lambda}\Delta r = \frac{2\pi}{\lambda}l\sin\theta \tag{6.67}$$

式中:θ 为 N 点与 O 点连线相对 O_1O_2 的法线方向的夹角,如图 6.21 所示。

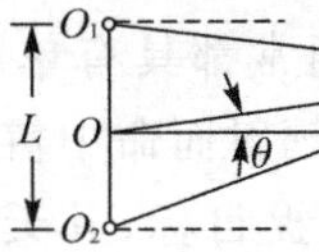

设 $2\pi r_1/\lambda = 0$(这样假设并不影响合成电场的幅度和相位差计算),则式(6.66)的复包络为

图 6.21　两点源干扰的几何关系

$$E = [E_1(1 + j\theta)] + E_2[\cos(\Delta\phi - 180°) + j\sin(\Delta\phi - 180°)] =$$
$$E_1 - E_2\cos\Delta\phi - jE_2\sin\Delta\phi \tag{6.68}$$

由式(6.68)求得合成电场的模为

$$|E| = E_1\sqrt{(1 - \beta\cos\Delta\phi)^2 + \beta^2\sin^2\Delta\phi} =$$
$$E_1\sqrt{1 + \beta^2 - 2\beta\cos\left(\frac{2\pi}{\lambda}l\sin\theta\right)} \tag{6.69}$$

其相位为

$$\phi = \text{arccot}\frac{\beta\sin\Delta\phi}{\beta\cos\Delta\phi - 1} \tag{6.70}$$

式中:$\beta = E_2/E_1$。

当 $\beta = 1$ 时,式(6.69)和式(6.70)变为

$$|E| = \sqrt{2}E_1\sin\frac{\Delta\phi}{2} \tag{6.71}$$

$$\phi = \operatorname{arccot}\left(\cot\frac{\Delta\phi}{2}\right) \tag{6.72}$$

由式(6.71)和式(6.72)画得的合成电场的振幅和相位特性如图 6.22(a)所示。

由图 6.22(a)可知,当两干扰源具有相同幅度而相位反相时,合成电场的等位面一个波瓣过渡到另一波瓣时,相位突变 π 弧度。当两干扰源幅度不同时,按式(6.71)和式(6.72)画出的合成电场的幅度、相位特性如图 6.22(b)所示。此时相位特性在一定角范围内缓慢地从 ϕ 变到 $\phi\pm\pi$。而缓变区的变化斜率与 β 有关。β 偏离 1 越远,斜率越小。

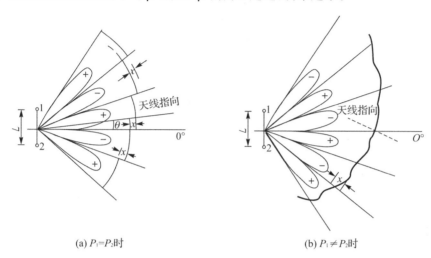

(a) $P_1 = P_2$ 时　　　　　　　　　　　　　(b) $P_1 \neq P_2$ 时

图 6.22　两干扰源(同相)的合成电场的振幅和相位特性

上面的分析表明,如果在相位突变区或缓变区中有一个雷达,其天线口面尺寸小于缓变区尺寸,则天线的瞄准轴方向(即波前的法线方向)将偏离出两干扰源方向之外,产生相对于不相干干扰更大的角误差。

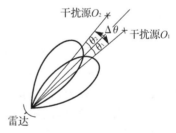

下面讨论相干干扰引起的角误差。

为讨论方便,设两干扰源离雷达的距离保持恒定,即先不考虑由于它们的路径差而引起的相位差;又设两干扰源位于天线方向图的线性区内(见图 6.23)。两干扰源的信号分别为

图 6.23　相干干扰时,干扰源与雷达的相对角关系

$$E_{01} = E_1 \mathrm{e}^{\mathrm{j}\omega t}, \quad E_{02} = E_2 \mathrm{e}^{\mathrm{j}(\omega t + \phi)}$$

式中:E_1、E_2 分别为干扰源 O_1 和 O_1 的幅度;ϕ 为干扰源 O_2 相对干扰源 O_1 的相位差。

右天线收到的信号为

$$u_{s1} = E_1 F(\theta_0 - \theta_1)\mathrm{e}^{\mathrm{j}\omega t} + E_2 F(\theta_0 + \theta_2)\mathrm{e}^{\mathrm{j}(\omega t + \phi)} \tag{6.73}$$

其模为

$$U_{s1} = |u_{s1}| = [E_1^2 F^2(\theta_0 - \theta_1) + E_2^2 F^2(\theta_0 + \theta_2) +$$
$$2E_1 E_2 F(\theta_0 - \theta_1)F(\theta_0 + \theta_2)\cos\phi]^{1/2} \tag{6.74}$$

左天线收到的信号为

$$u_{s2} = E_1 F(\theta_0 + \theta_1)\mathrm{e}^{\mathrm{j}\omega t} + E_2 F(\theta_0 - \theta_2)\mathrm{e}^{\mathrm{j}(\omega t + \phi)} \tag{6.75}$$

其模为

$$U_{s2} = |u_{s2}| = [E_1^2 F^2(\theta_0+\theta_1) + E_2^2 F^2(\theta_0-\theta_2) +$$
$$2E_1 E_2 F(\theta_0+\theta_1)F(\theta_0-\theta_2) \cdot \cos \phi]^{1/2} \qquad (6.76)$$

天线稳定平衡条件:误差信号为 0。如果忽略中放、鉴相器传输系数的影响,则稳定平衡条件为

$$U_{s1} - U_{s2} = 0 \qquad (6.77)$$

当 θ 为小角度时,利用下面近似的方向图函数展开式

$$F(\theta_0 \pm \theta) = F(\theta_0)(1 \mp \mu\theta)$$

代入式(6.74)和式(6.76)后,再将结果代入式(6.94),则得

$$\theta_1 + \beta\theta_1 \cos \varphi - \beta^2 \theta_2 - \beta\theta_2 \cos \phi = 0 \qquad (6.78)$$

其中

$$\left. \begin{array}{l} \theta_1 = \theta - \dfrac{\Delta\theta}{2} \\[2mm] \theta_2 = \theta + \dfrac{\Delta\theta}{2} \\[2mm] \beta = E_2/E_1 \end{array} \right\} \qquad (6.79)$$

$\Delta\theta$ 为两干扰源的夹角。将式(6.79)代入式(6.78),化简后可得到瞄准轴相对于两干扰源中心线的偏离角 θ,即

$$\theta = \frac{1-\beta^2}{1+\beta^2+2\beta\cos \phi} \cdot \frac{\Delta\theta}{2} \qquad (6.80)$$

下面讨论两干扰源相位差 ϕ、幅度比 β 对误差角 θ 的影响。

① 当 $\phi=0$ 时,即两干扰源同相时,

$$\theta = \frac{(1-\beta^2)}{(1+\beta^2)} \cdot \frac{\Delta\theta}{2} = \frac{1-\beta}{1+\beta} \cdot \frac{\Delta\theta}{2} \qquad (6.81)$$

当 $\beta=0$ 即 $E_2=0$ 时,$\theta=\Delta\theta/2$,这时,瞄准轴指向干扰源 O_1;当 β 趋于 ∞,即 $E_1=0$ 时,$\theta=-\Delta\theta/2$,这时瞄准轴指向干扰源 O_2;在等信号强度时,即 $\beta=E_2/E_1=1$ 时,$\theta=0$,此时瞄准轴指向两干扰源的中心线方向;在 β 不为上述特殊值时,瞄准轴位于两干扰源之间,且靠近信号幅度较大的干扰源。总之,同相相干干扰时,瞄准轴位于两干扰源之间。由于两干扰源的最大张角小于分辨角,故最大误差 $\theta_{\max}=\Delta\theta_R/2$,即 $(0.4\sim0.5)\theta_{0.5}$。

② 当 $\phi=\pi$ 时,即两干扰源反相时,式(6.81)变为

$$\theta = \frac{1+\beta}{1-\beta} \cdot \frac{\Delta\theta}{2} \qquad (6.82)$$

当 $\beta=0$ 和 β 趋于 ∞ 时,θ 分别为 $\Delta\theta/2$ 或 $-\Delta\theta/2$,瞄准轴指向干扰源 O_1 或 O_2;当 $\beta=1$ 时,$\theta\to\infty$,这意味着瞄准轴将偏离两干扰中心非常大的角度。但实际上产生的偏角是有限的,约为 $0.68\theta_{0.5}$,当 $L=3$ m,飞机与雷达距离为 18.5 km 时,此值为干扰源张角 $\Delta\theta$ 的 18 倍,产生错误结果的原因是将方向图线性近似引起的。因此,式(6.81)只有 $\tan \theta=0$ 的条件下才适用。严格地说,式(6.82)的适用范围为:$\Delta\theta/\theta_{0.5}$ 为 $(0.02, 0.04]$,$\beta\leq0.9$ 或 $\beta\geq1.1$。

相干干扰的干扰效果,即天线的跟踪误差与 ϕ、β 的关系如图 6.24 所示。由图可知,当 ϕ 偏离 180°且以很小的相位差时,干扰效果将显著下降。这一点值得注意。无论是由一架飞机两翼上的两部干扰机,还是由两架飞机上的干扰机实施相干干扰时,由于飞机偏航,总是难以

保证两干扰源到雷达的距离永远相等,如果不加以相位修正,将使干扰效果下降。

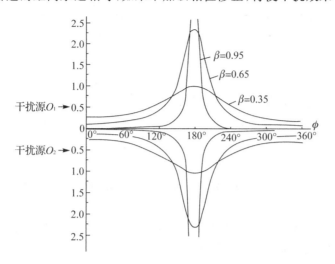

图 6.24　角误差特性

修正偏航引起相位差的方法:将两干扰机收到的雷达信号的相位差(或时间差)记录下来,然后将先接收到的信号的相位、延迟所测得的相位差值转发出去,而后收到信号的干扰机则作不延迟转发。这样,干扰机自动地实现了相位跟踪。也可以用图 6.25 中所示的两对天线进行相位跟踪。图中画出了两干扰源的中心线方向偏离瞄准轴时,天线 1 收到的相位比天线 2 收到的相位差 $2\pi L \sin\theta/\lambda$,天线 1 的接收信号移相 $180°$ 并放大后由天线 $1'$ 转发出去,天线 2

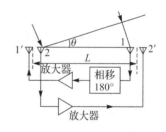

图 6.25　两对天线的相位跟踪

收到的信号经相同增益的放大器放大后由天线 $2'$ 转发,其转发的信号刚好与天线 $1'$ 转发的信号在雷达天线口面上反相。

反相相干干扰虽然具有很好的干扰效果,但要求干扰功率很大。这是由于两个干扰源在天线口面上的功率相互抵消,仅当剩余功率大于回波信号功率时才起到欺骗的作用。可以求出,当考虑回波信号的影响时的干扰角的均值为

$$<\theta>=\begin{cases} \dfrac{\Delta\theta}{2}\dfrac{1-\beta^2}{1+\beta^2+2\beta\cos\phi}, & K_{js}>1 \\ 0, & K_{js}>1 \end{cases} \qquad (6.83)$$

方差为

$$\sigma_0^2=\begin{cases} \dfrac{1}{2}\left(\dfrac{\Delta\theta}{2}\right)^2|Z|^2\dfrac{K_{js}}{K_{js}-1}, & K_{js}>1 \\ \dfrac{1}{2}\left(\dfrac{\Delta\theta}{2}\right)^2|Z|^2\dfrac{K_{js}}{1-K_{js}}, & K_{js}>1 \end{cases} \qquad (6.84)$$

式中:$\Delta\theta$ 为干扰源张角;β 为两干扰源的振幅比;$|Z|=\dfrac{\sqrt{(1-\beta^2)^2+4\beta^2\sin^2\phi}}{1+2\beta\cos\phi+\beta^2}$;

$K_{js}=\dfrac{1+2\beta\cos\phi+\beta^2}{a^2}$。

K_{js} 表示两干扰源在天线口面上合成功率与回波功率 a^2 之比。由式（6.83）和式（6.84）可见，K_{js} 影响天线跟踪轴的摆动中心。当 $K_{js}<1$ 时，围绕目标方向摆动，且均方根偏差 σ_θ 较小；而当 $K_{js}>1$ 时，则可使其摆动中心偏离到两目标张角之外，但摆动的方差减小。计算还指出，要使相干干扰有效，必须满足下列三个条件：$|\beta|<4$ dB；$|\phi-180°|<20°$；参考干扰源（即归一化的功率为 1 的干扰源）功率和同波信号频率 a^2 之比大于 6 dB。

实现相干干扰的最大困难在于产生大于 1 的 K_{js} 值。但是如果在使用反相相干干扰前，能将跟踪雷达的距离波门或速度波门从目标回波上拖开，或迫使雷达进入被动角跟踪状态，则小的干扰功率就可以产生无穷大的干扰-信号功率比 K_{js}。

6.5 对自动距离跟踪系统的干扰

自动距离跟踪系统是跟踪雷达（炮瞄雷达、制导雷达、截击瞄准雷达）必须具备的系统。它用来自动获取距离数据和目标选择以保证自动方向跟踪系统的正常工作。距离跟踪系统也广泛用于轰炸瞄准雷达及导航系统中进行自动测距。简单的雷达自动测距机基本上只是一个自动距离跟踪系统。

6.5.1 自动距离跟踪系统的特点

自动距离跟踪系统是一个视频工作系统。它用一对以发射脉冲为参考时间的距离波门在时间鉴别器上与来自接收机的目标回波脉冲进行比较，当距离波门与回波脉冲对准时，时间鉴别器没有误差信号输出；当波门与回波重合但没有对准时有误差信号输出，再通过控制元件产生一个调整电压，但距离波门朝着减小误差的方向移动，从而实现了对目标回波的自动跟踪。

自动距离跟踪系统有自动及半自动两种：自动的系统从搜索目标到跟踪目标完全是自动的；半自动系统多为机电式的系统，它由操纵员在距离显示器上把距离波门调整到目标上，然后系统才对目标进行跟踪。距离波门由电机带动，在跟踪过程中需要操纵员根据目标速度变化的情况随时调整波门的跟踪速度。

图 6.26 所示为一种自动搜索截获的距离跟踪系统原理。工作过程是：当未跟踪到目标时，搜索电压产生器输出的搜索电压（慢锯齿波）加至积分器，控制距离波门在整个自动测距范围内往复搜索，如图 6.27 所示。慢扫电压与快锯齿波（由触发脉冲触发）比较，产生如图 6.27(c) 的比较电压输出和图 6.27(d) 的距离波门。当距离波门扫到回波信号时，搜索截获转换器控制继电器将搜索电压断开，停止搜索并转为跟踪。为了不致因偶然的干扰脉冲或噪声尖头造成系统的错误转换，截获转换器应在连续接收多个回波脉冲后才能使继电器动作，通常转换所需脉冲数大于 10 个。另外还须在接收机中加限幅器及噪声电平的自动控制电路，以防止噪声进入系统而造成系统的错误转换。限幅电平通常取最小回波信号（在最大跟踪距离上）的幅度的 1/2。

跟踪过程的波形如图 6.28 所示。当距离波门对准回波脉冲的中心线时，前后波门所选通的信号相等，经过差压检波加至积分器所产生的放电和充电电压亦相等，故输出电压 U_0 是不变化的；当距离波门偏离回波中心线时，差压检波对积分器的充、放电电平不相等，因此产生调整电压 ΔU_0，使 T_0 向着 T_i 变化，使波门对准回波中心，实现了对目标的跟踪。

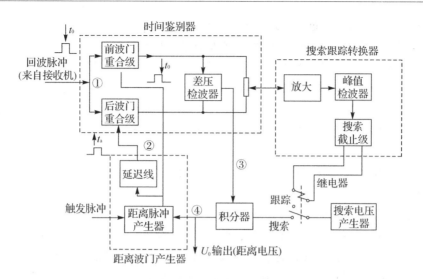

图 6.26　自动搜索截获转换的距离跟踪系统原理

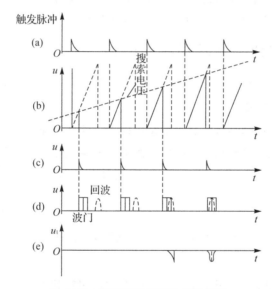

图 6.27　距离跟踪系统的搜索过程

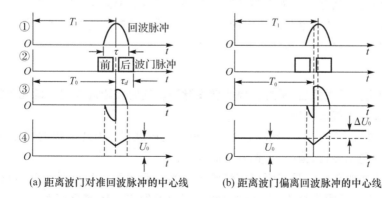

(a) 距离波门对准回波脉冲的中心线　　(b) 距离波门偏离回波脉冲的中心线

图 6.28　跟踪过程波形

由距离跟踪系统的跟踪过程,可以得出如下的结论:

① 距离跟踪系统对来自接收机的视频脉冲信号进行跟踪。

② 跟踪系统要正常工作,就要求有一定的信号–噪声比,但信号噪声比较小时系统不易跟踪目标,为了限制噪声的影响,通常都有限幅器和噪声电平自动增益控制电路。

③ 系统为了正确截获和跟踪目标,要求连续接收多个回波脉冲才完成搜索截获转换,对于半自动的距离跟踪系统可以根据具体情况控制搜索截获的转换,因此它抗干扰性比自动的强。

④ 系统中利用了积分器,对偶然的干扰有一定的抗干扰能力。

对自动距离跟踪系统进行干扰的实质是:在搜索过程中使系统跟踪在干扰信号上,或者在跟踪过程中使系统锁定干扰信号而丢失目标信号。

脉冲干扰和噪声干扰都能有效干扰自动距离跟踪系统。脉冲干扰,其功率小、效果大,但在显示器上容易察觉,采用人工跟踪就可以反干扰。虽然噪声干扰所需功率大,效果不如脉冲干扰明显,但即使操纵员已经发现受到干扰,也难于反干扰。

干扰效果的估量仍常用压制系数的概念,其含义是使系统产生指定的测距误差或对目标跟踪失锁时雷达接收机输入端的最小干扰–信号功率比(P_j/P_s)或电压比(U_j/U_s)。

6.5.2 对自动距离跟踪系统的欺骗

对自动距离跟踪系统的主要欺骗技术是距离波门拖引。其方法如下。

1. 干扰脉冲捕获距离波门

干扰机收到雷达照射脉冲后,以最小的延迟转发一个干扰脉冲,其幅度 U_j 大于回波幅度 U_s,使雷达的自动增益控制系统(AGC)动作,调节中放装置增益使中放工作于线性区。由于 AGC 系统的惯性,它的调节时间 t_{aj} 反比于 AGC 闭环系统的带宽(约 2 Hz),故调节时间

$$t_{aj} \geqslant 0.5 \text{ s} \tag{6.85}$$

在 t_{aj} 时间内,干扰脉冲与回波脉冲在时间上基本重合,其目的是防止雷达识别出假目标,实际上干扰脉冲有 150～200 ns 的延迟。这段捕获距离波门的时间常称为停拖时间。

2. 拖引距离波门

干扰脉冲捕获距离波门后,干扰机每收到一个雷达照射脉冲后,逐渐增加转发脉冲的延迟时间,使距离波门随干扰脉冲移动而离开回波脉冲,直至波门偏离目标回波若干个波门宽度。实际雷达的距离波门在脉冲重复周期内的移动速度有限,它决定于跟踪系统的时常数,即决定于系统设计来跟踪的目标最大运动速度或加速度。

3. 关　机

当距离波门拖离最大值后,干扰机停止转发脉冲。这时在距离波门内既无目标回波,也无干扰脉冲,雷达又转入搜索状态。

雷达可能再次捕获目标,转入跟踪。干扰又重复上述过程。因此干扰的程序如图 6.29(a)所示,每个周期内包括停拖、拖引、关机三个时间段。

应当指出,有些跟踪雷达具有距离记忆装置。当它开始跟踪目标时,记下目标的距离;如果干扰机拖引结束时关闭干扰机,距离波门能立即返回原来的距离重新跟踪。对这种具有距离波门记忆的雷达干扰,欺骗程序只包括停拖和拖引两个过程,如图 6.29(b)所示。

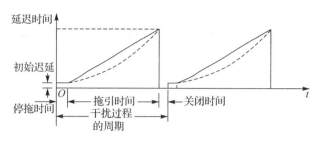

(a) 对无距离波门记忆的雷达干扰程序

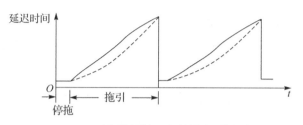

(b) 对有距离波门记忆的雷达干扰程序

图 6.29　拖距干扰的程序

　　由上述干扰过程可知,拖距干扰的效果取决于干扰-信号功率比,也取决于每个周期内子程序的工作时间的正确设计。

　　拖距干扰时,若干扰-信号电压比为 1.3～1.5,则可有效地捕获距离波门。

　　干扰过程各阶段的时间,应当基于如下原则设计:

　　① 干扰捕获距离波门的时间,应大于或等于自动增益控制系统的调节时间 t_{aj};

　　② 拖引的时间决定于最大延迟时间(距离波门偏离目标回波的最大时间差)的要求和允许的拖引速度。

　　设拖引速度是均匀的,即在每一个脉冲重复周期 T_r 内,干扰脉冲都比前一周期的脉冲延迟 Δt($\Delta t = T_j - T_0$,这里 T_j 为干扰脉冲的周期),则干扰脉冲移动速度 v_j 为

$$v_j = \frac{\Delta t}{T_r} \tag{6.86}$$

而 v_j 必须小于或等于跟踪系统的最大跟踪速度,即小于等于最大波门移动速度 v'_{max},表示为

$$v_j \leqslant v'_{max} \tag{6.87}$$

　　正如上面提到的,v'_{max} 取决于所能跟踪的目标的最大飞行速度 v_{max}。若目标的最大飞行速度为 v_{max},则在一个脉冲重复周期 T_r 内移动的距离为

$$\Delta R = v_{max} T_r = \frac{1}{2} c \Delta t'$$

则距离波门的最大移动速度为

$$v'_{max} = \frac{\Delta t'}{T_r} = \frac{2 v_{max}}{c} \tag{6.88}$$

继续推导可得

$$v_j = \frac{\Delta t}{T_r} \leqslant \frac{2 r_{max}}{c} = v'_{max} \tag{6.89}$$

式中:v_{max} 为目标飞行速度,c 为光速。

在给定最大目标飞行速度 v_{max} 或最大的距离波门移动速度 v'_{max} 后,若能求出拖引过程结束时,距离波门相对回波的最大延迟时间 τ_{max}(一般为 $10\sim20\ \mu s$),则拖引过程的时间 T 便可由下式求得:

$$T=\frac{\tau_{max}}{v_j}=\frac{\tau_{max}}{\Delta t}T_r=NT_r \tag{6.90}$$

式中:

$$N=\frac{\tau_{max}}{\Delta t} \tag{6.91}$$

表示拖引时间段必须经历的信号脉冲数。

【例 6.1】 雷达设计来跟踪的最大目标的运动速度 $v_{max}=340\ m/s$,重复频率 $F_r=2\ 000\ Hz$,则一个重复周期内,回波的延迟时间变化量

$$\Delta t=\left(\frac{2\times340}{3\times10^8}\times\frac{1}{2\ 000}\right)ns=1.13\ ns$$

当拖引的最大延时为 $10\sim20\ \mu s$ 时,所需的时间为

$$T=\frac{(10\sim20)\times10^{-6}}{1.13\times10^{-9}}T_r=(8\ 849\sim17\ 698)T_r=4.4\sim8.8\ s$$

即连续拖引所需的脉冲数 $N=8\ 849\sim17\ 698$ 个。

对于一般跟踪雷达的干扰,拖引所需的时间 T 为 $5\sim10\ s$。

最后,讨论一下停机时间。它取决于雷达从搜索转入跟踪的时间。

干扰机关机后,距离波门内就无回波和干扰脉冲,雷达转入搜索状态。由图 6.29 可知,距离波门必须在一定的距离范围内搜索,而且这种搜索的速度很慢,在 10 个左右回波脉冲时间内,回波信号才能落入距离波门中,雷达方可由搜索状态可靠地转入跟踪状态。因此,由搜索到跟踪的时间(即干扰机关机时间),取决于搜索距离范围和距离波门的宽度(约等于两倍脉冲宽度)。上述参数给定后,关机时间也就确定了。

实现拖距欺骗干扰,必须解决的问题是储频或频率记忆。这是拖距干扰特有的问题。因为在拖引过程中,转发脉冲须迟后于接收的雷达脉冲,为使接收脉冲消失后仍能转发,必须记忆接收脉冲的频率。

必须指出,距离波门拖引干扰和角欺骗干扰综合使用时,可增加大多数欺骗干扰的干扰效果。方法是先将距离波门从目标回波上拖离至最大值后,立即接通角欺骗干扰。这时,距离波门内没有信号,干扰信号比为无穷大。

拖距的方式有前拖和后拖两种。前拖时,距离跟踪波门向距离减少方向运动,在雷达荧光屏上产生目标逼近雷达的假象。前拖干扰时,干扰脉冲必须导前于回波。后拖时则相反,假目标背离雷达方向运动,干扰脉冲迟后于回波。

影响拖距干扰效果的因素,除了上述的干扰-信号功率比和拖引速度外,另一个重要的因素是干扰脉冲对回波的最小延时量。如果干扰脉冲在时间上不能与回波前沿重合,延迟量超过回波的上升时间,雷达可能识别干扰信号,并用脉冲前沿跟踪技术抗干扰。即对视频脉冲前沿微分,得到回波脉冲的前沿,而距离波门只跟踪这个前沿脉冲。

对脉冲前沿跟踪雷达欺骗干扰的方法有:

① 减少干扰脉冲相对于回波脉冲的延迟时间。雷达回波脉冲的上升时间决定于雷达的

测距精度。当测距精度为 20～30 m 时,上升边时间为 100～150 ns。如果干扰脉冲的延迟时间小于这个值,雷达就难以利用微分脉冲前沿跟踪技术。

② 增大延迟时间。使干扰脉冲先于回波到达,并向前拖引距离波门。

雷达抗前拖干扰的方法之一为脉冲后沿跟踪。脉冲后沿跟踪是雷达对输入的视频(回波)脉冲微分,并跟踪其后沿。对具有后沿跟踪能力雷达欺骗干扰的方法是在接收雷达信号后,干扰机回答一组脉冲,当脉冲组的重复频率接近于但不等于雷达脉冲的重复频率时,只要适当选择脉冲组的延迟时间,这些脉冲组将在距离跟踪门内慢慢地移动回波脉冲。由于干扰脉冲先通过目标回波的后沿,雷达很难进行后沿跟踪。这种干扰也将破坏雷达丢失距离波门后的重新捕获。

抗前拖的另一种方法为重频捷变。重频捷变的原理是破坏干扰机的重频跟踪,使干扰机无法产生导前的干扰脉冲。但当重频变化量较小时,脉冲组干扰仍是有效的。如果重频变化范围较大,噪声或杂乱脉冲干扰是有效的干扰方法。

6.6　对速度跟踪系统的欺骗

几乎在所有制导雷达中都有速度跟踪系统。其主要途径是:选择一定速度的运动目标,把制导电路锁定在这个目标上,对它进行自动跟踪。

速度跟踪的基本原理是跟踪目标的多普勒频率。

6.6.1　速度跟踪系统的原理

当一物体向着辐射源运动时,物体收到的频率会偏离辐射源发射的频率。这种由目标和辐射源的相对运动引起的频率偏移现象,称为多普勒效应。频率偏移量 f_d 称为多普勒频率,它表示为

$$f_d = \frac{v_r}{c} f_0 \tag{6.92}$$

或

$$f_d = \frac{v_r}{\lambda}$$

式中:v_r——物体相对辐射源运动的径向速度;

c——光速;

f_0——辐射源的发射频率;

λ——波长,$\lambda = c/f_0$。

在雷达中,接收机输入端的多普勒频率为式(6.92)的两倍,即

$$f_d = \frac{2v_r}{\lambda} = \frac{2}{c} v_r f_0 \tag{6.93}$$

由于雷达工作频率 f_0(或波长 λ)是已知的,则 f_d 与 v_r 成正比。因此,可根据测得的频率 f_d 计算目标的径向速度。

利用多普勒频率工作的雷达有两类:连续波多普勒雷达和脉冲多普勒雷达。

图 6.30 所示为连续波多普勒雷达的原理,它用于对距离数据的精度要求不高的跟踪雷达中,例如某些导弹雷达。连续波多普勒雷达的特点是,为了检出回波中的多普勒频率,必须有

一个稳定的参考频率(等于发射频率或与发射频率保持某种严密频率关系的频率)。图中直接用发射频率 f_0 作为参考。回波频率 $f_0 \pm f_d$ 与 f_0 混频后,在多普勒频率滤波器的输出端便会得到音频频率范围的多普勒频率(f_d),多普勒滤波器的带宽决定于雷达的波段和目标可能的最大运动速度。例如,对声速和亚声速的目标跟踪时,多普勒频率 f_d 在米波时为 $100 \sim 600$ Hz,在分米波时为 $1 \sim 3$ kHz;而对于导弹导引头的制导雷达,目标相对于导弹上雷达的运动速度可达几倍到十几倍声速。这时对于 10 cm 波段雷达,f_d 为十几千赫到几百千赫;而对于 3 cm 波段的雷达来说,f_d 为几十千赫到几百千赫。因此,多普勒滤波器的带宽必须有足够宽度,以使多普勒频率通过。

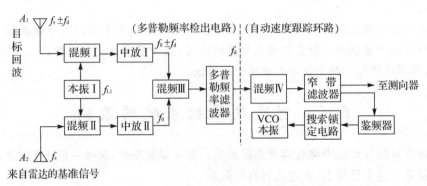

图 6.30　连续波雷达原理

多普勒滤波器的输出加到速度跟踪系统。速度跟踪系统原理如图 6.30 右边部分所示。为了讨论方便,这部分电路重画,如图 6.31 所示。图中包括混频器、VCO、窄带滤波器与超外差接收机的混频器、可调本振、中放相似,窄带滤波器也是中心频率固定、带宽一定的滤波器。

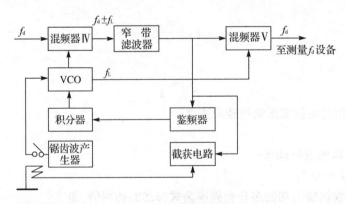

图 6.31　速度跟踪电路

设窄带滤波器中心频率为 f_D,带宽为 Δf_D,当 VCO 输出频率 f_L 与多普勒滤波器输出的 f_d 混频后,其和频位于 Δf_D 内,窄带滤波器输出的频率为 $f_d + f_L$ 的信号并加到鉴相器。鉴相器是两个失调的频率检波器,其电路如图 6.32(a)所示,两个频率检波器的谐振频率对称位于中心频率 f_D(即窄带滤波器的中心频率)两侧,最大值与 f_D 之差均为 Δf_d。

鉴频器的特性如图 6.32(b)所示,并可用下面的公式表示:

$$g_1(f) = g(\Delta f_d - \Delta f) = \frac{1}{\sqrt{1+(\alpha_d - \alpha)^2}}$$
$$g_2(f) = g(\Delta f_d + \Delta f) = \frac{1}{\sqrt{1+(\alpha_d + \alpha)^2}} \Biggr\} \quad (6.94)$$

式中：$\alpha_d = \dfrac{\Delta f_d}{\Delta f_{0.7}}$，$\alpha = \dfrac{\Delta f}{\Delta f_{0.7}}$，$\Delta f_{0.7}$ 为谐振曲线 0.707 电平的带宽，Δf 为相对于 f_D 的频率差。

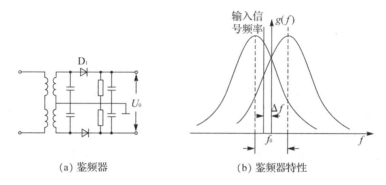

(a) 鉴频器　　　　　　　　　(b) 鉴频器特性

图 6.32　鉴频器及其特性

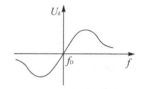

图 6.33　鉴频器的鉴频特性

当输入信号频率 $(f_d + f_L)$ 等于鉴频器中心频率时，鉴频器输出为零；当 $(f_d + f_L)$ 低于或高于 f_D 时，将输出一个误差电压。误差电压与频率差的关系如图 6.33 所示。由图可知，当 $(f_d + f_L)$ 不等于 f_D 时，输出一个误差电压 U_d，该电压加到积分器，然后控制 VCO 频率变化，使 f_d 和 VCO 输出频率和等于 f_D，鉴频器处于稳定状态。这样，由于 f_d 的变化，引起了 f_L 的变化，因此 f_L 中包含着 f_d 的信息。但是速度自动跟踪系统的输出不是 f_L，而是 f_L 与窄频滤波器输出频率在混频器 V 混频后取得的差频。

由于目标在飞行中速度的变化，即存在加速度。为了使速度跟踪系统能跟踪具有加速度的目标，该系统必须有足够的带宽。设目标的加速度为

$$a = \frac{\Delta V_R}{\Delta T} = v'_r$$

它所引起的多普勒频率变化可以求得。因为

$$v_r = \frac{\lambda}{2} f_d$$

则

$$v'_r = \frac{\lambda}{2} f'_d$$

或

$$v_f = \frac{2}{\lambda} a \quad (6.95)$$

速度跟踪系统必须使得频率扫过 Δf_D 的时间 Δt 大于或等于跟踪环路中的滤波器的响应时间。频率扫过 Δf_D 的时间 Δt 为

$$\Delta t = \frac{\Delta f_D}{v_f} \tag{6.96}$$

环路滤波器的响应时间 t_y 近似等于 Δf_D 的倒数,即

$$t_y = \frac{1}{\Delta f_D} \tag{6.97}$$

当 $\Delta t \geqslant t_y$ 时

$$\frac{\Delta f_D}{v_f} \geqslant \frac{1}{\Delta f_D}$$

或

$$\Delta f_D \geqslant \sqrt{v_f} = \sqrt{\frac{2a}{\lambda}} \tag{6.98}$$

例如,当 $\lambda = 3$ cm,目标的运动加速度为 $5g$(g 为重力加速度)时,$\Delta f_D = 57$ Hz。可见,实际的多普勒跟踪系统的带宽 Δf_D 是很窄的。Δf_D 窄,可减少接收机内部噪声的影响,提高多普勒频率跟踪精度。但 Δf_D 太窄,速度跟踪回路的搜索时间很长。为了缩短搜索时间,Δf_d 或者是可变的(搜索时宽带,跟踪时窄带),或者搜索、跟踪时都用宽带。因此,某些跟踪变速飞行导弹的自动跟踪系统,其带宽可达几千赫兹到 100 kHz。

连续多普勒雷达的固有缺点是发射机以 100% 的工作比工作,使得接收天线与发射天线间的隔离成为严重的问题。为了解决收发隔离,连续波雷达的发射功率必须很低。另一种解决方法是采用脉冲多普勒工作方式。

脉冲多普勒雷达的原理如图 6.34(a)所示。与连续波多普勒雷达一样,为了得到多普勒频率,必须有一个相位稳定的参考振荡器——相干振荡器。发射脉冲仅仅是对相干振荡的取样。该取样脉冲为

$$u_s(t) = U_s \cos(\omega_0 t + \phi_s)$$

这样的脉冲串发射后,得到的回波脉冲信号为

$$u_r(t) = U_r \cos[\omega_0(t - t_r)\phi_r]$$

式中:U_s,U_r 分别为发射脉冲的幅度和接收脉冲的幅度;ϕ_s 和 ϕ_r 分别为它们的起始相位;t_r 为回波脉冲相对发射脉冲的延迟,且

$$t_r = \frac{2R}{c}$$

u_s 和 u_r 经相干检波后,检波器输出的脉冲串的包络为

$$U = \sqrt{U_s^2 + U_r^2 + 2U_s U_r \cos\phi} \tag{6.99}$$

式中

$$\phi = \phi_s + \omega_0 t_r - \phi_r = \phi_s - \phi_r + \omega_0 \frac{2R}{c} \tag{6.100}$$

当 $U_s \geqslant U_r$ 时,式(6.99)可写为

$$U = U_s \left(1 + \frac{U_r^2}{2U_s^1} + \frac{U_r}{U_s} \cos\phi\right)$$

相干检波器的输出,只含低频部分

$$U_d = K_d U_r \cos\phi$$

如果目标固定不动,则 ϕ 为常数,检波器输出为幅度固定的脉冲如图 6.34(b)所示。当目标运动,即 $R = R_0 + v_r t$ 时,有

$$\phi = \phi_s - \phi_r - \phi_r + [2\omega_0(R_0 + v_r t)/c] = \phi_0 + \omega_d t$$

式中: $\phi_0 = \phi_s - \phi_r + \omega_0 \dfrac{2R_0}{c}$, $\omega_d = \omega_0 \dfrac{2v_r}{c}$ 为多普勒角频率。

因此,对于运动目标,相干检波器输出的幅度正弦变化的脉冲如图 6.34(c)所示,其包络的调制频率等于多普勒频率。峰值检波后取出多普勒频率分量,加到速度跟踪电路。

速度跟踪的原理与连续波多普勒雷达的速度跟踪原理相同。

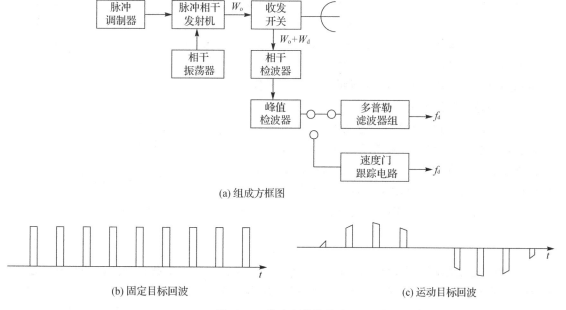

(a) 组成方框图

(b) 固定目标回波　　　　　　　　　　　(c) 运动目标回波

图 6.34　脉冲多普勒雷达

6.6.2　对速度跟踪系统的干扰

由于连续波多普勒雷达和脉冲多普勒雷达都是用跟踪目标的多普勒频率的方法选择目标的,因而干扰的目的是使雷达无法获得目标的多普勒频率或者将速度门从真目标的多普勒频率上拖引开。

虽然这两种多普勒雷达在频谱上覆盖多普勒频率的干扰,在原理上能阻碍敌方雷达获得目标的多普勒频率。但由于多普勒滤波器的带宽很窄,对瞄准式干扰机来说,其频率引导的精度必须很高。对于阻塞式干扰来说,进入速度波门的干扰功率利用率很低。而欺骗回答式干扰则有很高的功率利用率,而且实现起来非常方便。

欺骗干扰的方法主要有速度波门拖引和固定的假多普勒频率干扰。

1. 速度波门拖引

速度波门拖引干扰,和角波门拖引及距离波门拖引的工作原理相同,都是先产生与真目标回波的参数完全相同的假目标形状参数,使雷达不能识别真假。而假目标信号的幅度比真目标回波幅度强,使跟踪波门只对假目标起作用。

速度波门拖引的程序如下:

首先使放大接收的连续波或脉冲信号再辐射出去。由于跟踪雷达都有 AGC 电路，当重发的干扰信号足够强时，将使 AGC 动作，接收机的增益降低，使回波的多普勒信号幅度减小，干扰捕获速度波门。

然后，增加或降低转发信号的多普勒频率，使速度波门随着干扰信号的假多普勒频率的移动而移动。拖引时，拖引速度必须低于雷达的速度跟踪能力，即多普勒频率的拖引速度为

$$v_拖 \leqslant \frac{2a}{\lambda} \tag{6.101}$$

对于 $a \leqslant 5g$ 的雷达，拖引速度为每秒几千赫兹。拖离的频率范围为 5～10 倍速度波门的带宽（在 3 cm 波段，典型值为 50 kHz）。当干扰将速度波门拖引到要求的频率后，干扰机停止发射，而进入程序的第三阶段——断开干扰机。此时，速度波门内既没有回波也没有干扰，速度波门又进入搜索状态。当波门重新捕获了目标的多普勒频率时，便又重复上述干扰过程。

简而言之，速度波门拖引干扰的程序包括停拖、拖引和关机三个阶段，如图 6.35 所示。下面分别叙述成功实现速度波门拖引的条件。

在停拖阶段，为使干扰捕获速度波门，通常要求进入雷达接收机的干扰-信号功率比 $K_a \geqslant 10$ dB。并且停拖期的时间应大于雷达的自动增益控制回路的响应时间。后者约等于自动增益控制回路带宽的倒

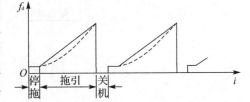

图 6.35　速度门拖引程序

数，其典型值为 0.5 s。拖引时，拖引速度必须小于等于雷达速度门的最大跟踪速度，即

$$v_拖 \leqslant \frac{2}{\lambda} a \tag{6.102}$$

式中：a 为雷达能跟踪的目标最大加速度；λ 为雷达工作波长。而干扰机产生的假目标的多普勒频率与目标回波的多普勒频率的最大差值（即多普勒频率拖引量），应为速度门带宽的 5～10 倍，并使最大的多普勒频率小于多普勒滤波器的带宽 Δf_d。根据多普勒频率拖引量和拖引速度，可计算出拖引期的时间。其典型值范围为 5～10 s。

干扰机关机后，速度波门内既无回波又无干扰，速度门转入搜索。关机时间应小于速度波门由搜索到重新截获目标的多普勒频率的平均时间，一般在 1 s 以下。

应当指出，速度跟踪系统也与角波门跟踪、距离波门跟踪时一样，可以采用速度记忆抗干扰。即当干扰机关机后，能很快地返回到目标的多普勒频率上重新跟踪。这时，干扰程序中将不包含关机过程。

速度跟踪系统的另一种抗干扰方法是目标的运动速度鉴别。这种方法常用于脉冲多普勒雷达中。脉冲多普勒雷达具有距离跟踪和速度跟踪能力。目标距离的变化率有着速度的量纲。如果速度波门拖引的速度和极性不同于距离门的移动速度和方向，则雷达可用距离变化速度限制速度门的移动速度，使速度波门拖引失效。或者根据两者测得的目标运动方向的不同来识别干扰。

在这种情况，必须对距离波门和速度波门同时干扰，而且干扰产生的假目标运动速度和方向一致。

2. 固定的假多普勒频率干扰

由鉴频器的工作特性（见图 6.36）可以发现，速度跟踪系统的鉴频特性十分类似于角跟踪

系统的测向特性。当干扰的多普勒频率与信号的多普勒频率均位于鉴频特性的线性区时,必将使速度波门跟踪在干扰和信号的多普勒频率之间。下面我们来讨论这种情况。

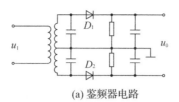

(a) 鉴频器电路

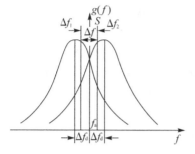

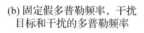

(b) 固定假多普勒频率,干扰
目标和干扰的多普勒频率

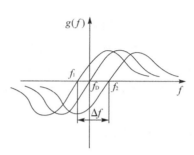

注: $g(f)$ 为 $U_d(f)$,f 为 Δf。
(c) 鉴频特性因干扰引起漂移

图 6.36　鉴频器电路及假多普勒频率干扰

设鉴频器输入端的信号电压和干扰电压分别为

$$\left.\begin{array}{l} u_j(t)=U_j\cos\omega_1 t \\ u_s(t)=U_s\cos\omega_2 t \end{array}\right\} \tag{6.103}$$

由于二者频率的不同(见图 6.36(b)),因而加在鉴频器检波器 D_1(见图 6.36(a))的电压为

$$u_1=U_j g(\Delta f_d-\Delta f_1)\cos(\omega_1 t+\phi_1)+U_s g(\Delta f_d-\Delta f_2)\cos(\omega_2 t+\phi_2)$$

加在 D_2 上的电压为

$$u_2=U_j g(\Delta f_d+\Delta f_1)\cos(\omega_1 t+\phi_1')+U_s g(\Delta f_d+\Delta f_2)\cos(\omega_2 t+\phi_2')$$

式中:ϕ_1、ϕ_2、ϕ_1'、ϕ_2' 均是高频振荡的相移。

经平方律检波和 RC 滤波后得到的输出电压为

$$U_d=u_0=K_s^2 u_s^2\{b^2[g^2(\Delta f_d-\Delta f_1)-g^2(\Delta f_d+\Delta f_1)]+$$
$$g^2(\Delta f_d-\Delta f_1+\Delta f)-g^2(\Delta f_d+\Delta f_2-\Delta f_1)\} \tag{6.104}$$

式中:K 为常数;$b=U_j/U_s$;$\Delta f=f_1-f_2$。

由式(6.104)画出的 U_d - Δf 的曲线如图 6.36(c)所示。

当系统平均时,式(6.104)中 $U_d=0$,即

$$b^2[g^2(\Delta f_d-\Delta f_1)-g^2(\Delta f_d+\Delta f_1)]^2+g^2(\Delta f_d-\Delta f_2+\Delta f)-$$
$$g^2(\Delta f_d+\Delta f_2-\Delta f)=0 \tag{6.105}$$

根据上述假设,当 f_1 和 f_2 位于谐振特性线性区上时,式(6.105)中 $g(\Delta f_d+\Delta f)$ 可作如下近似

$$g(\Delta f_d\pm\delta f)=g(\Delta f_d)(1\mp\mu_f\delta f) \tag{6.106}$$

式中:μ_f 为鉴频器在 f_D 处附近的测频灵敏度。将式(6.106)代入式(6.105),解得

$$\Delta f_2 = \Delta f \frac{b^2}{1+b^2} \tag{6.107}$$

当 $b=0$ 即 $U_j=0$ 时，$\Delta f_2=0$，此时稳定点与 f_2 重合；当 b 趋于 ∞ 时，$\Delta f_2=\Delta f$，此时稳定点与 f_1 重合；若 $b=1$，$\Delta f_2=\Delta f/2$，正好跟踪在两频率的中心。当比值 b 改变时，跟踪点朝着功率比较大的那个源的频率方向移动。

由这种干扰方法可派生出速度波门闪烁干扰，或称带通逆变干扰。

速度波门闪烁干扰的工作原理与对角跟踪系统的闪烁干扰相似。

设有两个连续波或脉冲干扰机。一个发射频率低于接收的雷达的频率，另一个高于雷达频率，如图 6.37(a) 所示。如果两个频率与接收雷达频率之差位于速度跟踪系统的窄带放大器通带内，而两个干扰信号幅度按相反的规律作正弦变化，则变化速度接近于速度波门所能达到的最大速度，如图 6.37(b) 所示。当干扰信号的幅度比目标回波大得多时，速度波门跟踪干扰信号。由于速度波门在两个多普勒干扰频率之间来回摆动，使之无法连续地送出多普勒频率数据。

实现速度波门闪烁干扰的原理如图 6.38 所示。

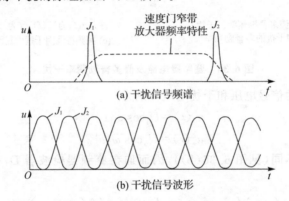

图 6.37 两干扰信号的频率关系和电压与时间的变化关系

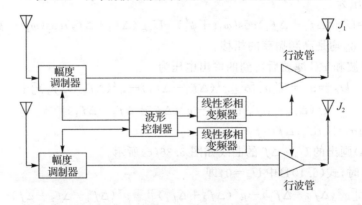

图 6.38 速度闪烁干扰的干扰机原理

两个行波管放大链分别接收雷达信号，并经行波管放大后输出。幅度调制由图 6.38 中的幅度调制器完成。而干扰机的输出 J_1 和 J_2 的频率则由天线移相变频器输出的周期锯齿波控制。当锯齿波为负斜率时，便产生高于输入频率的频率 f_2。波形控制器除了对正负斜率的锯齿波的线性移相变频器控制外，还产生正弦信号控制幅度调制器。

应当指出,这种干扰技术的实现必须事先通知雷达的速度波门带宽和速度波门的最大运动速度。

6.7　假目标干扰

6.6.2 小节讨论了对跟踪雷达的跟踪信道的干扰方法,这种干扰都是假定自动跟踪系统已经跟踪上目标后进行的。

欺骗干扰后的另一种主要类型是假目标。假目标就是用电的方法在雷达观察空域内产生假目标的效果,而不是以反射体的形式存在。虽然欺骗干扰总的效果都是产生假目标效应,但这里所述的假目标指的是为阻碍雷达检测和截获目标所用的假目标。假目标干扰的目的是使雷达无法在假目标背景中识别出真目标,导致目标分配系统的计算机饱和,或者使跟踪雷达错误地截获假目标,并对它进行跟踪。

根据产生假目标的效果或方法,假目标的基本类型有:① 影响雷达检测的欺骗假目标;② 对信号处理欺骗的假目标;③ 用导前干扰机产生的假目标。

6.7.1　影响雷达检测的假目标

从雷达信号检测原理可知,一般的雷达接收机的信号检测是以在接收机内部噪声中检测信号为基础的。根据接收机内部噪声平面设置一个门限 V_T,如果接收机的视频输出超过 V_T 则认为有信号,低于 V_T 则判为无信号。在自动检测雷达中,V_T 取决于虚警概率 P_{fa},即

$$V_T^2 = \frac{2\sigma^2}{L_n P_{fa}}$$

式中:σ^2 为接收机中放输出的内部噪声功率。而对于人工检测的雷达来说,视放输出通常接有限幅器。限幅电平是这样选择的:当无信号时,显示器上则看不到接收机内部噪声产生的尖头,即当接收机输入信号 R_s 大于接收机内部噪声功率 σ^2(中放通带内)一定倍数 K 时,信号才能被发现。

目标方向以波束最大值的方向表示。

雷达发现目标以上述两个特点构成了这类假目标欺骗的基础。

例如,为了在同一方向不同距离上产生假目标,可以采用应答式干扰机。接收到雷达信号后,将干扰机振荡器频率调谐到雷达频率上。接收一个脉冲后,经一定延时便重发一个或多个脉冲,产生不同距离上的假目标。又例如,要在不同方向上产生假目标,则可在雷达天线的旁瓣指向目标时,转发脉冲。也可同时实现不同方位不同距离上的欺骗。

为了使雷达无法识别假目标,假目标的特性参数必须与目标回波的特征参数相同。假目标必须满足下列条件:

① 假目标脉冲的幅度必须起伏,以便模拟目标相对于雷达各种姿态时产生的反射面起伏。

② 假目标相对雷达的距离必须变化,以模拟目标的运动特性。或者假目标的方位和距离按照某种航迹变化。

为了模拟目标航迹变化,在雷达天线的各次扫描过程中,假目标脉冲必须与雷达重复频率同步。如果雷达采用重频捷变方法抗干扰,对于迟后于真目标的假目标来说,这种抗干扰是无

效的。但对于导前于真目标的假目标，则可能导致干扰失效。

产生方位上欺骗假目标的方法称为逆增益调制（见图 6.39），产生干扰时的原理与倒相干扰（对圆锥扫描雷达干扰时）的原理相同。这种干扰可在很大的一个扇面内形成假目标。实际的雷达旁瓣电平要比主瓣电平低 20～40 dB，故在旁瓣方向上产生假目标所需功率相当大。

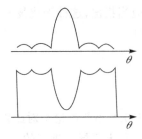

图 6.39　逆增益调制

6.7.2　对信号处理欺骗的假目标

当雷达采用线性调频、脉冲编码压缩、频率分集和频率捷变等抗干扰技术时，雷达必须对接收信号进行特殊的处理。由这些处理设备构成的电路称为信号处理信道。

例如，对于线性调频的脉冲压缩雷达来说，雷达发射的宽脉冲的载频线性递增或递减，如图 6.40(a) 所示，可由接收机对频率进行反变换的方法来实现，即对不同的频率，其延迟时间也不同，如图 6.40(c) 所示。最后，压缩成窄脉冲，如图 6.40(d) 所示。

对信号处理、欺骗的假目标，用来欺骗雷达的信号处理电路。它可以形成与回波信号相似的假目标，也可以使信号处理电路输出的回波信号消失。

如果干扰机接收雷达发射的线性调频脉冲后，测出脉冲内每一周的频率，然后对每周振荡延迟一个固定时刻发射，则经压缩后的脉冲，在时间上延后真目标一段时间，如图 6.40(d) 所示。

这种假目标的产生只有借助于计算机才有可能实现。计算机对接收脉冲的每个振荡周期进行取样，并以数字形式存储，经一定时间延迟后，取出存储的数据，经 D/A 变换恢复成和输入有相同脉宽、相同频率变化规律的干扰信号。

对线性调频雷达产生假目标的另一种方法是脉内调幅调频。其原理如图 6.41(a) 所示。

当干扰脉冲与雷达脉冲具有相同的频率调制时，压缩后的干扰脉冲和回波脉冲在时间上是重合的，干扰只能增强回波信号。如果干扰脉冲的频率相对于雷达脉冲频率有一个频率增量，则压缩后的脉冲将比回波提前出现或延后出现。提前或延后决定于雷达的频率变化规律及增量的极性。例如，雷达脉冲内的频率变化规律如图 6.41(b) 所示，它以正斜率变化，如果干扰脉冲内的频率增量也为正，则干扰脉冲导前于回波脉冲；反之则干扰脉冲迟后于回波脉冲，如图 6.41(c) 所示。

对接收机的雷达脉冲进行调幅，即将雷达脉冲分成许多窄脉冲，而每个窄脉冲内的频率增量不同，产生许多假目标的脉冲信号。为此，图 6.41(a) 中第一级行波管用来对输入信号产生频移，频偏大小决定于线性移相变频器输出的锯齿斜率和极性。移频后的信号加到幅度调制器上，在接收的雷达脉宽内产生一组脉冲，经末级脉冲行波管功放放大后，重发出去。为了使干扰脉冲的调制信号与雷达脉冲同步，接收的雷达信号经检波放大后加到波形产生器，产生调频用的锯齿波和调幅用的脉冲。

这种假目标信号在雷达接收机的信号处理电路中与雷达回波在时间上重叠。但当干扰脉冲幅度远大于目标回波时，真实目标回波将受到压制，信号处理电路输出的只是假目标信号。

应当指出，这种假目标与真目标的距离受雷达脉冲宽度的限制。

对于相位编码脉压雷达欺骗时，也可使用各种假目标。

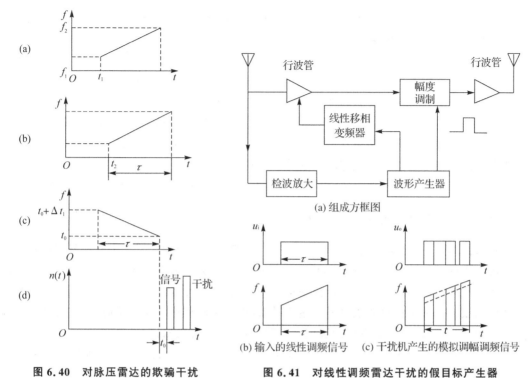

图 6.40　对脉压雷达的欺骗干扰　　　　　图 6.41　对线性调频雷达干扰的假目标产生器

相位编码雷达发射的宽脉冲中包含有若干短脉冲。短脉冲的相位是由伪随机码产生器输出的编码确定的。

伪随机码是周期重复的码,如果码的起始状态不同,压缩的结果也就不同。如果原码为0100111,压缩后主峰最大,旁瓣电平很低。若将源码中第二个码元作为新码的始态,即新码为1001110,压缩后主峰偏离,而旁瓣电平提高,如图 6.42 所示。若已知雷达发射的相位码结构,

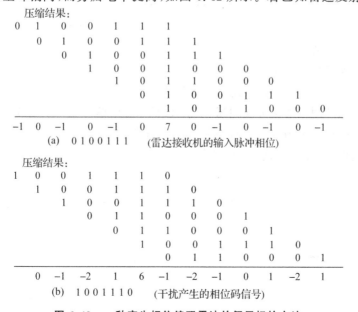

图 6.42　一种产生相位编码雷达的假目标的方法

可通过改变起始位方法产生新码。如果干扰功率大于回波功率,回波被抑制,则压缩滤波器输出的是具有错误距离信息的假目标信号。

对于某些相位编码脉冲压缩雷达欺骗干扰的原理的依据是:雷达接收回波信号时,必须对码元内的相位进行检波,以便识别脉内的编码。有的雷达将每个码元检测两次,以便得到可靠的指示。如果干扰设备接收雷达脉冲后,对每个码元进行检测,并把每个码元分成两半(相位+90°和相位-90°),并以高的干扰信号比转发回雷达。雷达接收此脉冲后进行双检测,其结果是每个码元宽度内的平均和为 0。雷达虽然也接收到目标回波,但由于干扰-信号比高。目标回波在到达相位检波器前就被抑制。这种干扰称为码元内相位干扰。

对于其他雷达的信号处理信道,也可用各种方法产生假目标。这里不再一一介绍。

6.7.3　导前干扰机产生的假目标

这是由投掷式干扰机转发接收的雷达信号产生的。前述两种假目标干扰都是装在目标上的干扰机产生的,而投掷式干扰则不同,干扰机用某种方法投放在目标飞机(军舰)和雷达之间。由于干扰机离雷达的距离小于目标到雷达的距离,因此干扰信号到达雷达的时间总是提前于目标回波。如果干扰机接收每一雷达信号后,以一定的程序转发一组脉冲,它可在雷达显示器上产生一系列假目标,使雷达无法识别真实目标而达到掩护目标的目的。

投掷式干扰机有很多优点:离雷达近;要求的干扰功率小;且能在目标回波到达前对雷达干扰,故投掷式干扰机也称导前干扰机。

导前干扰机除了脉冲工作外,也可发射连续的噪声干扰。由于干扰比目标回波提前到达雷达,因此在对频率引导时间要求非常苛刻的场合,导前干扰是一种有效掩护目标的方法。导前干扰的缺点是:① 干扰机停空的时间短,且难以供给大功率电源;② 干扰机只能一次使用,难以回收等。

习　题

1. 简述电磁欺骗的定义。
2. 简述欺骗性干扰的优缺点和分类。
3. 简述对雷达单脉冲角跟踪系统的干扰方法。
4. 设雷达单脉冲测向的两天线相隔 6 cm,该雷达发射信号频率 3 GHz,两天线接收目标回波信号的相位差为 37°,计算该回波信号的偏角 θ 值。
5. 思考为使雷达无法识别假目标,应如何设计假目标干扰。

第7章 电子防护

电子防护是电子战的重要内容之一,电子防护包括对敌方、己方和友方对我方电子设备和电子进攻手段进行的干扰和破坏进行防护。电子防护措施包括采用电子进攻手段或采取保护的技术与措施进行防护。电子攻击的手段都可以作为积极的防护措施,前面已经论述了很多,这里不再重复。本章主要从防护的技术角度进行论述。

7.1 概 述

7.1.1 电子防护的定义

电子防护的定义:为保护己方人员、设施或设备,免受己方、友方或敌方运用电子战而降低、削弱或摧毁己方战斗力而采取的行动。

电子防护包括电辐射控制、电磁加固、电子战频率兼容以及其他措施和电子技术或方式。

7.1.2 电子防护的内涵

电子防护是在敌方实施电子进攻的情况下,为保护己方的电子设备和系统发挥效能而采取的措施。它包括反电子侦察、反电子干扰、反摧毁——抗反辐射导弹、抗高能电磁波和强激光的烧毁。

1. 反电子侦察

反电子侦察是保守己方军事秘密,掩护主要军事目标和军事行动的关键。面对现代强大的电子侦察能力,应采取如下的一系列反侦察措施。

① 隐藏。采用隐身技术和大量的地下工事和民防设施,及时把重型的武器系统、雷达、通信设施搬进山洞或民用设施中,把部队分散隐蔽。

② 制造假目标。设置许多假阵地,使用淘汰雷达、通信台发射电波,欺骗敌军。制造假目标以迷惑卫星和飞机的侦察,使卫星和飞机难以区分目标。

在雷达附近设置雷达诱饵系统,诱骗敌方反辐射武器,使其失效。

③ 实施无线电静默。在空袭或某个战时实施无线电静默;关闭雷达和通信设备。在空袭过程中,也采取无线电静默。

④ 组织电子佯动。采用少量的车载雷达和通信设备适时佯动和机动,迷惑电子侦察。

⑤ 采用低截获概率雷达与通信及机动雷达与通信。采用低截获概率(LPI)雷达与通信发动机的雷达和通信台作机动,使侦察系统难以跟踪和定位。

2. 反电子干扰

反电子干扰是电子防御的核心。对敌方实施的电子干扰,如果不能及时采取有效的反干扰措施,就可能陷入雷达迷盲、通信中断、指挥失灵的局面,直接影响作战的进程和结局。例如,在美军攻击科索沃的战争中,南联盟采取了一系列的反电子干扰措施,主要有:

① 采用一些抗干扰能力强的电子设备。如苏联提供的"卡比纳 - 66"雷达，有比较好的抗干扰性能，在击落美军 F - 117 隐形飞机中发挥了重要作用。南军通信系统主要采用有线通信和短波跳频通信。

② 控制雷达开机时机，当战机来袭时，保持雷达静默；当飞机返航时，雷达迅速开机，对敌机实施攻击。

③ 经常改变雷达和通信设备的工作频率，躲开电子干扰。

④ 采用无线电静默，雷达关机，关闭无线电通信。

⑤ 利用提供的一些情报，缩短雷达开机时间。

3. 反摧毁

反摧毁是电子防御的一个关键，强大的实体摧毁能力给电子信息系统和设备造成巨大的威胁。主要采取以下一些反摧毁措施：

① 隐真示假。把雷达和通信设施藏进地洞或居民设施中，同时设置大量假阵地、假目标来诱惑敌人。例如：用淘汰雷达反射电波欺骗敌人；利用激光波束对烟雾的敏感性，经常点燃火堆或燃烧废旧轮胎，产生大量烟雾，使敌方的激光炸弹无法瞄准目标。

② 协同开机。当敌机实施密集空袭时，同时开启多部雷达，包括假阵地上的雷达，使敌机难以跟踪和瞄准，从而失去战机。

③ 采用一些电子干扰措施。及时投放银化尼龙丝、铝化玻璃丝和偶极子箔条等无源干扰器材，将来袭导弹或精确制导武器诱离预定目标，或者使其制导系统失灵。

4. 重视电子防御

在现代高技术战争乃至不久将来的信息化战争必须充分重视电子防御。

① 必须树立明确的电子防御观念。现代高技术条件下的局部战争中，电子对抗是一种重要的作战手段，夺取和保持战场的电磁优势不仅依靠积极的电子进攻，而且依靠积极的电子防御，各级指挥员要提高对电子防御的认识，无论平时和战时都要有明确的电子防御观念，加强电子防御的教育与训练。

② 加强对外军的研究，跟踪国外电子对抗新概念、新技术。特别是熟悉主要作战对象的电子进攻能力，为制定己方电子防御对策提供依据。

③ 依据未来高技术局部战争的要求，加强电子防御工作的组织和建设，统一领导，全面规划，平战结合，分级负责，积极协同，全面提高我军的电子防御能力。

④ 积极发展电子对抗新技术、新装备，不断提高雷达、通信设备和其他军用电子系统与设备的电子防御能力；建立和完善利用雷达、电子对抗侦察设备、光电侦察设备等组成的多平台、多传感器的情报保障体系。

⑤ 加强电子防御技术和战术的研究。目前，首先要加强下列几个方面的研究：雷达反干扰、抗反辐射导弹、抗电磁脉冲弹、石墨炸弹、抗巡航导弹以及对计算机病毒与黑客的防御等。电子对抗技术属高技术范畴，近年来不断出现新技术、新装备，例如：正在迅速发展的网络战、纳米电子战兵器等，将使未来的电子防御更加复杂，必须认真对待。

⑥ 电子防御必须与电子进攻紧密配合，也必须与其他的作战手段紧密配合，才能充分发挥作用。单纯依靠电子防御措施是不能战胜敌人的。

7.2 电子战隐身技术

在当代高技术蓬勃发展的推动下,各种雷达、电子侦察和光电侦察等目标发现系统得到新的发展,作用距离增大,探测能力迅速提高,以各种有源和无源探测系统构成的立体性综合探测系统,具有全天候、全高度和全方向的精确探测、截获、识别和定位突防目标的能力,它与C^4I军事信息系统和灵巧武器结合在一起,就会使飞机、舰艇、坦克等高价目标在瞬间被发现和遭受多层次的拦截打击。因此,在现代高度复杂的信息探测空间,如何提高突防目标的突防成功率和生存能力,已成为设计新一代作战平台和武器系统所面临的重大问题。近二三十年来,国外已围绕着这一课题进行了大量的研究。美国隐身飞机的研制成功就是这些研究的直接成果,被誉为革命性的军事航天技术。到目前为止,各国都在积极研制飞机、舰艇等隐身作战平台,研制活动十分活跃。例如,美国研制的 F‐117A 隐身战斗轰炸机已服役,并参与了海湾战争的空袭活动,B2、F22 隐身轰炸机/战斗机和"蒂尔Ⅲ"隐身无人侦察机均已进行试飞,2000 年投产和装备使用。美国、法国、瑞典的隐身舰艇已下水试航。越来越多的国家重视隐身武器的发展。21 世纪初,大量的隐身武器将应用于战场。隐身武器能从不同高度灵活多变地突破现代严密设防的战略战术防空网,对重要的军事设施和装备实施猛烈、突然、隐蔽和精确的打击,是 21 世纪信息化战场上的一支常规威慑力量。它的广泛使用必将改变现代防空系统的结构和性质,从而对国土防空提出了严重的挑战。因此,隐身武器一出现,就揭开了隐身与反隐身斗争的序幕,频域、时域、空域等反隐身技术的广泛使用是高技术战争的一个重要标志。从电子战领域看,隐身与反隐身能力也是拓宽电子战新军事能力的一个重要内容。

隐身技术是现代作战平台和攻击武器用以降低其自身的雷达、红外、可见光和声学等信号特征,使之难被探测、截获和识别的低可观测性技术的总称,亦称为隐身技术。图 7.1 所示为目前可能采用的各种隐身技术。隐身技术包含的内容极为广泛,凡是能够使目标不被探测设备所发现的技术都可称为隐身技术。鉴于以各种新体制雷达和光电设备构成的探测网和拦截网是突防飞机的主要威胁,因此本节主要是从电子战的观点来介绍目标发展较快的雷达隐身技术。

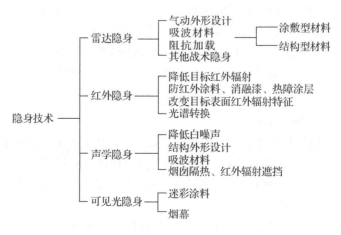

图 7.1 主要隐身技术

7.2.1 雷达无源隐身技术

雷达无源隐身技术是电子战中无源对抗技术的一种延展,它是通过研究目标形体对电磁波的反射或散射特性,找出能降低雷达接收的回波功率的最佳目标形体,以达到隐身目的的一种技术。由于这种雷达隐身本身并不发射电磁波,而是改变电磁波的散射、吸收和再辐射,从而大幅降低雷达接收机接收到的回波功率,使雷达难以发现目标,因此这些隐身技术通常称为雷达无源隐身技术。

根据经典的自由空间雷达方程可知,雷达的探测距离 R 与目标(飞机等)的雷达散射面积 σ 的四次方根成正比,即 $R \propto \sqrt[4]{\sigma}$,因此雷达隐身就是采用各种无源隐身技术降低目标的 σ 值,从而大大缩短雷达的探测距离。目标雷达散射面积 σ 定义为:单位立体角内雷达接收机接收到从目标反射回来的回波功率与雷达发射到目标上的功率之比,它与目标的外形、材料、雷达波的入射角、频率、极化形式等因素有关。因此减小目标 σ 值的有效方法,实质上就是通过目标外形电磁特性的合理设计、涂敷吸波材料、控制电磁波二次辐射等无源技术,最大限度地减小雷达接收机接收到的回波功率。

1. 隐身外形设计技术

目标外形设计是实现隐身目标无源隐身的主要技术,它是根据电磁场理论分析目标各种结构形状(如飞机机身、机翼、垂尾、座舱等)对雷达波的反射或散射能力,从中找出获得最小雷达散射面积 σ 的外形结构。因此隐身目标的外形设计技术实质上就是寻求降低目标对电磁波的反射或散射能力的一种技术。理论和实践证明,采用合理的外形设计,可把轰炸机的 σ 值减小到原来的 1/10～1/1 000,如美国的 B-52 的 σ 值为 100 m²,而隐身轰炸机 B-2 的 σ 值仅为 0.1 m²,隐身效果十分显著。

2. 吸波材料隐身技术

飞行器的气动外形设计与布局一般要受到空气动力学的限制,其对隐身效果的贡献仍然是有限的,因此为了达到较好的隐身效果,还必须配合使用吸波材料以吸收入射波,使 σ 进一步减小。目前采用的吸波材料有涂敷型和结构型两类。涂敷型吸波材料是由吸收剂(如羰基铁、石墨、导电纤维等)和黏合剂(如环氧树脂、氯丁橡胶等)按一定比例混合构成,通常涂敷在金属蒙皮、机翼前后缘、垂尾和进气道等强雷达波反射部位,以吸收雷达入射到目标上的电磁波,减弱其反射到雷达接收机的回波,从而减少 σ 值;结构型吸波材料是由非金属材料如环氧树脂、玻璃纤维等为基体,填充铁氧体、石墨、碳墨等吸波材料,做成蜂窝状、波纹状、夹层状和角锥状,用作飞机的机翼、水平安定面和发动机整流罩等,以降低飞机的 σ 值。

3. 控制电磁波二次辐射技术

控制电磁波二次辐射技术主要是采用阻抗加载技术,即在飞机的金属表面人为地开多条槽缝,并接入集中参数或分布参数负载,当受到雷达波照射时,它能产生一个与雷达回波频率相同、极化相同、幅度相等,但相位相反的附加电磁波,它在雷达探测方向与雷达回波叠加后相互抵消,从而降低飞机的 σ 值。

目前已服役和正在研制的几种隐身飞行器,采用以上各种无源隐身技术后可达到的隐身水平及其对雷达性能的影响分别列于表 7.1 和表 7.2 中。从表中可以看出,F-117A、F-22、B-1B 和 B-2 等战斗机和轰炸机采用无源隐身技术后,其雷达散射面积 σ 比非隐身设计时减少 20～30 dB,在其他参数不变的情况下,现代雷达对这些隐身飞机的作用距离 R 分别减小到原来的 32%和 18%,雷达的搜索区域分别减小到原来的 10%和 3%,雷达的搜索空域分别减小到原来的 3%和 0.6%。这些数据表明,现代单基地雷达对这些隐身飞机基本上都失效了,隐身效果非常显著。

7.2.2　雷达有源隐身技术

雷达有源隐身技术的基本点就是通过采用有源技术,人为地改变雷达目标的散射分布或改变雷达等效方向性函数,降低雷达接收的回波功率,达到隐身目的。其特点是:对目标外形结构不需要作较大的改动,同时有源系统的工作参数可根据需要灵活调整。目前正在研究的雷达有源隐身技术包括有源对消和人为盲区两种手段。表 7.1 所列为各种隐身飞行器的雷达散射面积(RCS)和隐身水平。表 7.2 所列为隐身技术对雷达性能的影响。

表 7.1　各种隐身飞行器的雷达散射面积(RCS)和隐身水平

飞行器类型	隐身飞行器	非隐身飞行器	
	雷达散身面积/m^2	雷达散射面积/m^2	隐身水平/dB
远程轰炸机 B - 1B	1	100(B - 52)	20
远程轰炸机 B - 2	0.1	100(B - 52)	30
战斗轰炸机 F - 117A	0.02	7(F - 111)	25
战斗机 F - 22(ATF)	0.05	4(F - 15)	19
战斗机 F - 16s(改造)	0.2～0.5	4(F - 15)	9～13
无人侦察机 CM - 30	0.001	0.2("侦察兵")	23
"飞鱼"反舰导弹	0.2	1～2(常规)	7～10
巡航导弹 ACM	0.001	1(AGM - 88B)	30

表 7.2　隐身技术对雷达性能的影响

雷达散射面积减小值/dB	隐身条件下雷达作用距离减小值 R/R^0	雷达搜索区域减小值 S/S^0	雷达搜索空域减小值 V/V^0
10	0.50	0.32	0.18
20	0.32	0.1	0.03
25	0.24	0.057	0.014
30	0.18	0.032	0.06
40	0.1	0.01	0.001

1. 有源对消技术

对于隐身飞机、军舰等复杂目标,其雷达散射面积 σ 及其散射分布取决于平台上各散射中心的雷达散射面积的相关和。在众多的散射中心中,对于特定的工作频率和入射角一般存在着若干个起主要作用的散射中心。因此,集中减少主要散射中心的雷达散射面积,就可有效地实现隐身的目的。有源对消技术就是通过有源系统产生一系列自适应的相干对消波,人为地改变目标的散射分布,以减小雷达方向的散射功率密度。其方法是:利用目标平台上的传感器

接收入射到目标的雷达信号，并把雷达信号的参数送到信号处理机进行处理，然后利用目标上的有源对消系统在雷达方向上发射一系列相干波信号，以建立一个人为的雷达散射面积 σ_1 并通过干涉效应与目标原来的雷达散射面积 σ_0 叠加，形成新的雷达散射面积 σ，控制有源对消系统的发射功率，使 $|\sigma_1|$ 和 $|\sigma_0|$ 的幅度相等，而相位 φ_0 和 φ_1 相反，从而有效地减小目标的雷达散射面积，降低雷达的探测距离。初步试验结果表明，利用这种有源对消技术可使雷达散射面积减小 19.2 dB，使雷达最大作用距离减小到原来的 1/3。

2. 人为盲区技术

人为盲区的原理与雷达存在的自然盲区现象相类似，但自然盲区（见图 7.2）是由于多径效应等因素使雷达发射的直接波 SP 与经地面反射的反射波 TP 相互抵消，从而在观察点 P 处产生盲区。这些盲区的形成与反射点的位置和反射性能密切相关，因而都是不可控制的。人为盲区是利用有源发射系统发射相干波信号，通过干涉效应改变雷达天线的方向性函数 F_t 和 F_r，使天线的波瓣发生分裂，从而在指定的目标区产生人为盲区，有效减小雷达照射功率密度和等效接收面积，从而缩短雷达的探测距离。其方法是：在雷达 S 和观察点 P 之间，人为地配置一个固定或运动的转发站 T（见图 7.2），该转发站把接收到的雷达波转发到观察点 P，它与雷达发射的直接波 SP 在 P 点叠加而构成总电场，在此总电场中有一个等效方向性函数，它与转发增益、转发天线方向性函数 F_t、雷达天线方向性函数 F_r 有关。因此，通过调整转发站的位置和转发角 ξ_1,ξ_2 等参数，即可使等效方向性函数接近于 0，从而在观察点 P 产生零值区而建立起人为照射盲区。其特点是转发站的位置、转发角可根据需要而变动，从而可任意地选定和改变人为盲区的范围，同时不需要掌握目标的散射特性和雷达接收天线的具体位置。因此，这种技术既可用于单基地雷达，又可用于双基地雷达；可用于简单目标，也可用于复杂目标。初步试验结果表明，利用人为盲区技术，可使雷达照射功率密度衰减约 40 dB，使雷达探测距离减少到原来的 1/10，产生了明显的隐身效果。

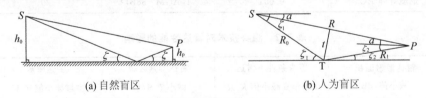

(a) 自然盲区　　　　　　　　　　　　(b) 人为盲区

图 7.2　自然盲区和人为盲区

7.2.3　红外、光电和可见光隐身

红外（IR）、光电（EO）传感器的性能日益优异意味着必须采取措施降低目标在红外、紫外（UV）和可见光频带内的特征。

主要的红外源有：发动机发热元件，主要是尾喷管、喷烟及高速飞行中由空气动力产生的热量。在低可观测飞机中，尾喷管及其他热部件必须屏蔽，同时屏蔽板和热元件一般通过供给其表面冲压冷空气来冷却，若可能应将排气隐藏在风道中，并且不能直接看到热涡轮元件，因为它们会形成强的雷达反射器。冷空气通常与喷流混合。羽烟应能迅速扩散形成大的表面积以便迅速冷却。直升机的废气也可以向上喷向螺旋桨以便迅速与冷空气混合。发热区的羽烟暴露给敌传感器或导弹寻的头的观察角应尽可能地小，应避免采用后燃室。如果空气动力热能对飞机的特征影响很大，有必要用飞机燃油来冷却停滞点。

可见光检测取决于飞机与其背景间的对比度。该对比度可通过采用适当有色涂层和回避使用发光的或在太阳下会反光的表面来降低。色彩的最佳选择依赖于飞机的功用和它可能作战的背景的性质。采用涂料是降低光学对比度的一种被动方法。一种更特别的方法是主动降低对比度。该方法是在第二次世界大战期间反潜艇和反水面军舰攻击时出现的。其设想是用亮度、颜色均可控的、尽可能地与天空背景匹配的灯来装备飞机,从而大大降低对比度进而缩短探测距离。问题是要提供必要的电力并遮盖飞机周围有效的方位角和仰角。已有报道说该技术可能已用于现代平台中。其他必须消除的明显特征是发动机喷流中的烟雾和生成的凝迹。现代发动机设计非常完善,而且通过在适当的高度工作来避免产生凝迹。

7.2.4　声学隐身

降低飞机、舰船、各种车的声学特征是十分重要的,尤其是对直升机而言。即便飞机已经实现了较低的雷达、红外和可见光隐身特征,但要想达到完全隐身,降低飞机声学特征也是设计中应考虑的一个重要因素。

7.2.5　隐身技术的影响

前面已论述了隐身的作战重要性和用来获得极低目标特征的一些技术。有效降低目标特征对未来电子战有重要影响。正如它们对雷达和 IR/EO 传感器工作有重要影响一样。一旦特定频谱内的目标特征被降低到使探测距离大大缩小的程度,则自卫对抗措施的使用就成问题了。ESM/ECM 系统通常在信号探测距离上比有源传感器有优势,且这种优势将随着目标特征截面积的减小而成比例增加。

举一个简单的例子:在常规雷达中,如果目标反射面积降低到 1%(20 dB),则雷达必须将目标上的能量增加 20 dB 以恢复其距离性能。对接收机灵敏度恒定的 ESM/ECM 系统来说,这将使 ESM 系统的探测距离增加 10 倍。除非当雷达探测到目标时雷达的某些特性改变了,且这种改变已肯定被目标鉴别出来,否则干扰就会面临困境,也就是说如果它没有被雷达探测到,再使用任何有源对抗措施反而会帮助雷达,即使只是指示出目标存在和攻击方向。另一方面,通过降低目标特征使得采用远距离干扰(SOJ)措施对抗单基地雷达较有吸引力的原因有两个:首先,因为一个给定电平的 SOJ 将为该支援飞机提供掩护,使对方的探测距离大大缩短,且给予对方较宽的目标方位和仰角覆盖范围;其次,因为探测隐身目标的固有困难可能会扰乱敌方防御或武器系统,使其将注意力集中在明显的 SOJ 上,而不管干扰机是在产生噪声还是假目标。

有效利用隐身技术的另一个结果是将更加重视诱饵的使用。随着目标特征的下降,对诱饵的 RF、IR 和 UV 功率输出特性的要求也降低了。同时,诱饵在导弹末端交战中作为假目标欺骗和制敌防空系统的有效手段更受欢迎。若诱饵从隐身飞机上发射,就必须确保敌传感器无法通过最初探测来推断出发射平台的位置。这就意味着这样的诱饵将由支援飞机发射,若由隐身飞机投放则诱饵本身需要有极小的特征且只有当诱饵与平台之间无遮挡时,才对雷达或其他传感器做出响应。当然,诱饵需要在其有效的有限时间内具有适当的动态特性。隐身技术也将增强箔条和 IR/UV 遮蔽干扰物的效果。

由于隐身技术在降低传感器、雷达和 IR/EO 系统的性能方面十分有效,设计者做了大量工作来探索恢复平衡的方法。例如:就雷达来说,两种有希望且可能广泛应用的技术将影响

EW。现在的雷达隐身技术依赖我们早先讨论过的两个主要策略：一是吸收或抵消目标处的雷达能量，二是使能量偏离照射雷达。随着频率的降低，要减小目标的反射面积越来越难，这可能使工作在低 VHF 或 HF 频段的雷达的应用更加广泛。ESM 系统需要覆盖这些频段并研制出合适的干扰机和诱饵。EW 设计者的主要问题是需要生产效率比较高的 HF 干扰机和诱饵。机载 HF 天线的增益无疑低于微波频段天线的增益，而就隐身飞机而言，要安装合适的干扰天线而又不会大大损害平台在其他频段内的反射面积特性是非常困难的，这会使有源转发式干扰机的设计复杂化。还需牢记的是，不管 VHF 和 HF 雷达采用的天线尺寸如何，它们都不是反辐射导弹的良好攻击目标。这些雷达可能用来探测隐身目标、然后引导工作在特征较低的频谱区域的其他传感器，使其破除目标的隐身特性，这样一来，这些传感器就没有必要进行扫描搜索，或者缩小了扫描范围从而增加从目标所接收的能量。因此，雷达向 HF 发展的结果就是扩展了 ESM 和干扰的频谱，同时愈来愈重视采用远距离支援干扰，这些 HF 雷达固有的宽波束使得运用远距离支援干扰更容易。

对付隐身技术的第二个策略就是采用双基地或多基地雷达。隐身目标往往设计成能将雷达能量尽可能地反射到远远偏离照射方向的形状。通过适当部署发射机和接收机的位置，多基地系统试图以此提高雷达的检测概率 P_d。如果事先不知道目标的大概位置，这就是隐身飞机的情况，多基地系统必须形成一个雷达探测网，或者被迫去搜索一个大空域且要设计得当。

7.2.6 利用电子战与隐身技术相结合来提高目标的突防能力

如上所述，目标采用各种无源隐身技术可得到明显的隐身效果。然而采用无源隐身技术的隐身目标造价高，携带武器量少，作战半径小，机动性能较差。同时由于受到空气动力学和吸波材料频带窄的限制，各种无源隐身技术只能在一定外形和频率范围内实现。因此在隐身技术远未达到高度完善的今天，采用电子战是保护隐身目标的一种有效手段。

图 7.3 所示为机载自卫干扰与隐身飞机相结合应用的情况。在有干扰的情况下，衡量隐身效果的标准是雷达的烧穿距离 R_b，这个距离与目标的雷达散射面积 σ 均方根成正比，而与干扰机的干扰功率密度 D_j 均方根成反比。根据雷达和干扰方程导出此烧穿距离公式，可计算出雷达探测距离减小量。例如当 σ 减小 20 dB（目前可实现值）时，有隐身无干扰情况下的雷达探测距离减小到原来的 32%，而采用自卫干扰与隐身相结合时，σ 减小 20 dB，使雷达烧穿距离减小到原来的 10%，即后者雷达探测距离减小到约为前者的 1/3。因而采用自卫干扰后，隐身目标的隐身效果显著提高。此外，当雷达烧穿距离 R_b 不变时，σ 减小 20 dB，自卫干扰功率密度 D_j 也减小 20 dB，这就可大大减小干扰机的体积、重量和电源要求，使载机可携带更多的攻击武器，提高载机的作战能力。美国利用系统工程的方法，对突防飞机损失率与突防距离的关系进行了对策研究，其结果如图 7.4 所示。图中表明，当突防距离为 200 n mile，无隐身和无干扰措施时，飞机损失率为 13%；有隐身无干扰措施时，飞机损失率为 4.5%；采用隐身和干扰相结合时，飞机的损失率仅为 2%。可见采用电子干扰与隐身技术相结合，就可使突防飞机实现全航程零损失率的安全突防。

图 7.3 隐身技术与自卫干扰相结合

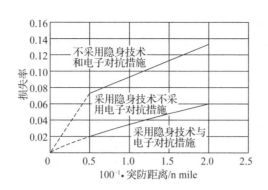

图 7.4　隐身技术与自卫干扰相结合时隐身飞机的突防距离

7.2.7　反隐身技术

反隐身技术是用于应对隐身目标的技术。尽管隐身目标采用隐身技术后可大大缩短雷达的探测距离,但到目前为止,要真正实现零信号特征的目标载体是不可能的。因此人们可以利用隐身目标的频域特征、时域特征、空间特征、极化特征以及随机特征来实现对隐身目标的探测、截获、跟踪、识别和攻击。其主要技术如下:

① 削弱敌方隐身目标的隐身能力,使其雷达散射面积 σ 难以降低到所要求的隐身水平,这类技术包括利用米波雷达、毫米波雷达和超宽带高分辨率成像雷达、逆合成孔径雷达等频域反隐身技术以及双基地和多基地雷达、雷达网和无源探测等空间反隐身技术。

② 提高雷达对隐身目标的发现能力,其中包括采用相控阵雷达、增加回波信号的相干积累时间、自适应频率接收和信号处理技术、新的信号检测技术以及正在发展的高灵敏度雷达和高功率微波雷达等。

③ 利用对机动辐射源的无源精密定位与攻击引导技术、分布式干扰技术、反辐射武器攻击以及高功率微波摧毁等电子战手段发现和攻击隐身飞机。

比较各种反隐身技术可以看出,随着各种新体制雷达的迅速发展,利用雷达来发现隐身目标具有很大的潜力。但是雷达是一种依靠发射电磁波照射目标进行探测的有源探测系统,它们存在着许多固有的弱点,如雷达本身要发射电磁波易被发现,易受杂波和多径效应的影响,目标识别能力差和易受反辐射武器攻击等。因此在未来复杂的隐身作战环境下,单靠雷达来发现隐身目标,其反隐身能力是有一定限度的。为了弥补雷达反隐身的缺陷,可利用电子战手段对付隐身目标。下面重点研究电子战反隐身技术。

1. 电子战对抗隐身飞机的可能性

隐身目标与其他高技术兵器一样具有明显的弱点,这就是它对军事电子信息技术的高度依赖性,因而不可避免地会存在大量的电磁辐射。例如:隐身飞机在飞行和突防过程中,必须利用搜索雷达和导航雷达进行目标搜索和导航定位;在低空或高空飞行时,必须要利用地形测绘和地形回避雷达;进入攻击阶段,隐身飞机极可能进行雷达大功率发射以烧穿对方的自卫或支援干扰机以及引导和控制火力攻击。这表明尽管隐身飞机采用电子支援侦察、红外和激光等无源探测传感器将逐渐增加,但在作战过程中雷达仍将是诸多传感器中的一个重要传感器。例如,美国 F - 22 隐身战斗机装有先进的有源相控阵雷达,B - 1B 隐身轰炸机装有 AN/APQ -

164 相控阵雷达，而 B－2 隐身轰炸机装有一种 AN/APQ－181 低截获概率雷达。因此，只要雷达一开机，现代高灵敏度快速反应的电子侦察接收机就能瞬时发现和识别隐身目标。

隐身飞机目前仍需要装备自卫干扰机以保护平台本身和提高隐身效果。例如，美国 F－22 战斗机将装备 INEWS 综合电子战系统，B－1B 和 B－2 隐身轰炸机将分别装备 ALQ－161 相控阵干扰机和 ZSR－2 有源干扰机。因此，利用无源探测定位系统就可对这些干扰源进行无源跟踪和定位，并引导防空武器进行拦截打击。

在未来复杂和多机群突防中，隐身飞机必须利用通信、导航、敌我识别等电子设备进行通信联络、导航和敌我识别，因此这些电子设备的电磁辐射就成为通信、导航与敌我识别综合对抗系统探测和干扰隐身目标的重要特征信号。

隐身飞机尽管采用了许多反红外隐身技术，但主要是抑制后向红外散射，而对其他方向很少采用隐身措施；隐身飞机在格斗状态时通常采用尾随方式，此时由于存在加力，燃烧室的出口温度将有较大的提高，起不到隐身的作用；隐身飞机蒙皮与空气摩擦会产生热辐射，其红外辐射波长处在 $8\sim14~\mu m$ 范围，可利用 $8\sim14~\mu m$ 碲镉汞探测器进行探测。因此，隐身飞机虽然采用了红外隐身技术，但由于操作员无法随意控制红外的辐射及散射，因而利用高灵敏度的光电探测设备仍有可能发现隐身飞机。

综上所述，由于隐身飞机要同时在雷达、通信、可见光、红外等多种信号特征都取得满意的隐身效果是很困难的，因此根据隐身飞机航空电子设备的特点，利用无源探测定位技术、大功率干扰或分布式干扰技术、反辐射武器攻击和定向能摧毁等多种电子战手段构成的综合电子战，是一种对付隐身飞机的有效反隐身手段。

2. 隐身飞机的发现和识别

由于隐身飞机具有隐蔽、突然的突防能力，因此对付隐身飞机的首要任务是在敌隐身飞机可能来袭的主要方向上，做到快速、准确、远距离发现和识别目标，以便为实施电子战和防空兵器拦截提供尽可能长的预警时间和必要的战术数据。多谱多传感器无源探测系统能够较好地完成这个任务。

多谱多传感器无源探测系统就是把多部雷达侦察、通信侦察、红外和激光搜索与跟踪等电子侦察和光电侦察传感器集成在一起，构成从射频到光电的全电磁频谱综合探测系统，通过多传感器信息数据融合，把来自各传感器的信息进行综合、过滤、相关和合成，构成更完整、更全面和更易于理解的新的有用信息内容，从而提高了系统对隐身目标的截获、识别和定位能力，其基本设想方案如图 7.5 所示。首先，各同类传感器分别截获隐身飞机上的雷达、通信和光电信号，并进行一级相关处理，提取和测量目标特征信息。由于同类传感器与其他传感器在时间和空间上相互独立，故所形成的目标信息都有自己的坐标系统。其次，把不同类传感器一级相关处理后的目标特征经一定排定后，组成数据流送到信息融合处理器进行二级处理，并在数据库的支持下对各传感器的辐射源参数处理结果进行关联、相关、跟踪、估值、分类，得到一个比较完善的跟踪文件，将它变换成态势评估图像送到指挥控制中心的显控台上进行显示，显示的内容包括背景、平台位置和属性、相关辐射源参数开窗显示、目标威胁等级和远方情报显示等。最后指挥控制中心根据态势显示图像判断隐身目标的存在，并在决策库的支持下做出反应决策和自动或人工执行对抗行动，其中包括有源射频对抗和无源射频对抗，有源光电对抗和无源光电对抗以及引导防空武器发射攻击等。指挥控制系统还应能根据作战要求，通过数据库对各传感器进行指挥控制。与雷达相比，这种多谱多传感器无源探测系统的优点如下：

① 系统本身只接收电磁信号而不发射电磁波,不会遭受对方的电子干扰和反辐射导弹的攻击,故隐蔽性好,生存能力强。

② 系统可对敌方发射的大功率辐射源和干扰源进行无源探测、跟踪和定位,并引导防空兵器攻击。在复杂的电子对抗环境中,这种无源探测、跟踪和定位对于提高反隐身的作战能力尤其重要。

③ 系统接收信号强,探测距离远(比雷达远 1.5～2 倍),覆盖空域大(约几十万平方千米),探测频域宽(短波、超短波、微波、毫米波,直至红外和激光),因而可在雷达作用距离之外先发现目标。只要隐身飞机有电磁辐射,就能用精确的到达角测量技术进行远距离截获,其探测能力不受隐身技术的限制,也不受高空、低空运动或固定目标的限制。

④ 采用全向宽开接收体制,探测时不需要进行搜索即可发现和截获来自任何方向的辐射源信号,故发现目标快、截获概率高,能迅速地向驾驶员发出威胁告警,也可快速地把截获、跟踪的目标信息报告给地面防空导弹网,使其有充分的时间做好开火准备。

⑤ 系统能对截获到的信号进行实时分析和快速处理,测出辐射源的主要参数(载频、重频、天线扫描形式等)并与数据库存储的文件进行比较,从而准确地测量敌辐射源的方位、估算其距离、测量其参数、识别其类型和特征,并由此推断出其相关平台的类型,甚至能判断出同一类平台中的不同机号、舰号,故目标识别能力强。

⑥ 系统与雷达配合,可为雷达指引方向,使其迅速捕获目标以及进行精确的测距和定位,再通过无源探测系统对目标的准确识别,两者互为补充,从而为辐射源探测提供距离、方位和目标识别三个精确参数,这种技术对于探测采用隐身技术的目标来说,尤其能提高探测能力。

⑦ 可把截获到的目标信息与雷达和其他探测系统截获到的信号通过多传感器信息融合和相关处理,以得出更完整和更准确的目标特性及威胁性质。

⑧ 光电侦察设备利用目标自身的热辐射和目标的光学散射实现对目标的探测,可获得目标的光谱特性和目标的图像,以及高精度方位角,能识别目标的形状和姿态并进行精确跟踪、估值。虽然探测距离较近,但只要合理配置,至少可探测低空飞行的隐身目标。

因此这种系统利用多传感器功能互补的特点,既扩大了频域和空间覆盖范围,又可从多方面获取隐身目标的特征,因而更易于发现单传感器无法探测的隐身目标,特别是无源多传感器探测系统与有源雷达探测跟踪系统综合在一起,构成有源和无源探测系统功能互补的综合性"全景"探测系统,就能保证在任何情况下都能有效地探测隐身目标。图 7.5 所示为无源多传感器综合探测系统。

显然,在未来隐身作战的电子对抗环

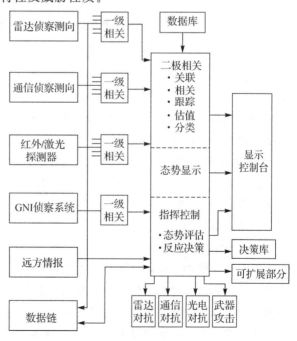

图 7.5　无源多传感器综合探测系统

境中,无源探测系统既能填补雷达的缺陷,又能与雷达相结合而提高反隐身能力。因此,无源探测定位的地位和作用更加突出,它将成为隐身作战环境中对付隐身目标的重要电子战手段。

3. 对隐身飞机的电子攻击

对隐身飞机的电子攻击是综合利用合理配置在地面和空中的大功率或分布式干扰系统、反辐射武器(含地空、舰空、空空反辐射导弹和无人机)和高功率微波武器等进攻性电子战系统,在多谱多传感器综合探测系统的引导下,干扰、致盲或烧毁隐身飞机上的电子装备和系统,从而粉碎隐身飞机的隐蔽突防(见图7.6)。

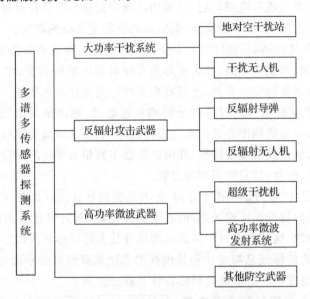

图 7.6 对隐身飞机的电子攻击手段

(1) 电子干扰

与普通电子干扰一样,把若干个大功率或分布式地面干扰站配置在敌机可能来袭的方向上,并由一个引导站进行控制和引导。干扰站应以雷达干扰机为主,合理配置通信、导航和敌我识别及光电干扰系统,以构成雷达、通信、导航、敌我识别、光电等的综合地面干扰站,对隐身飞机上的各种射频和光电电子设备实施有效的综合干扰。作战时,各干扰站在引导站的指挥下,与多谱多传感器探测系统密切配合,根据各种辐射源的性质实施灵活的干扰压制。

除了地面干扰站外,多谱多传感器探测系统还可将所获取的隐身飞机特征信息送到无人干扰飞机上,并飞临隐身飞机附近实施干扰,或将信息传送到空中及地面其他防空武器,实施多层次的拦截打击。

(2) 反辐射武器攻击

对隐身飞机的反辐射武器攻击大致可分为地面攻击和空中攻击两种形式。地面反辐射攻击是在战区内敌军隐身飞机可能来袭的主要方向上,合理配置多个地对空反辐射导弹发射车。当多谱多传感器探测系统获取隐身飞机的信息后,就把信息传送给各反辐射导弹发射车,并把攻击诸元的信息装入地空反辐射导弹,对准隐身飞机上的辐射源方向实施攻击。空中反辐射攻击主要是把多谱多传感器探测系统获取的信息,传送到空中盘旋待命带有反辐射导弹的飞机或反辐射无人机,并把攻击诸元的信息装入反辐射导弹中,然后引导这些飞机发射反辐射导弹或控制反辐射无人机进行攻击。

（3）定向能攻击

利用定向能武器攻击隐身飞机的方法,主要是利用高功率微波武器干扰、致盲隐身飞机上的电子设备烧毁微电子器件、集成电路、计算机芯片等,给隐身飞机上的电子设备造成永久性的损伤。亦可采用超强功率微波武器照射隐身飞机,破坏其吸波材料的分子结构而降低其吸波能力,提前引爆隐身飞机上的攻击武器引爆引信,直至破坏隐身飞机机壳。

通过以上多种电子战的综合应用,就可以提前发现隐身飞机,并引导各种电子战武器和防空武器实施多层次、多手段和多方位的拦击。因此,多谱多传感器综合探测系统与软硬杀伤结合的电子进攻系统所构成的综合电子战系统,是对付隐身飞机最有效的反隐身手段。

综上所述,由于隐身飞机对军事电子技术的严重依赖,使得电子战既能从战术上提高隐身飞机的隐身能力,又能以主动进攻的方式挫败隐身飞机的隐蔽突防。因此隐身与反隐身的斗争拓展了电子战的新的军事能力,并成为新概念电子战的重要作战领域之一。

就雷达而言,探测距离一般与雷达反射面积的四次方根成正比。因此,即使反射面积降低到 1/100 也仅使探测距离降低约 1/3。然而,隐藏飞机所需的干扰功率、箔条量或诱饵的体积与反射面积成正比,所以截面积的降低会提高 ECM 能力。同等重要的是较小的反射面积将由于 S/N 的降低而使雷达的跟踪精度降低。对于低空突防的一架飞机而言,减小了回波信号将使敌雷达的 MT1 性能的要求提高。如果回波信号下降足够多,则敌雷达可能只能间断地跟踪飞机从而使它不可能实施成功的交战,如果只是因为雷达是给出最远探测距离的传感器,且它不受昼夜的影响,受气候影响也很小,则降低 RCS 是隐身技术应用最优选的方法。其目的是使飞机甚至所有的目标尽可能让各种形式的探测难以察觉,因此设计者必须采取措施设法降低雷达的截面积,实现雷达隐身。

习　题

1. 简述电子防护的定义和内涵。
2. 简述雷达无源隐身技术和雷达有源隐身技术都包括哪几种。
3. 简述诱饵的分类。
4. 简述反辐射导弹诱饵的诱偏原理。

第8章 电子支援

电子支援(Electronic Support)是电子支援措施的简称,它是电子战的三大内容之一或者说是三大要素之一,是电子进攻与电子防护的技术支撑。只有电子支援措施得当,侦得敌方的有效信息,才能实施有效的电子进攻或电子防护。

电子支援是对有意电磁辐射源和无意电磁辐射源进行搜索、截获、识别和定位,以达到立即识别威胁的目的而采取的行动。

电子战支援包括战斗测向、战斗威胁告警。

电子支援的作用就是用侦察接收机侦察辐射的各种参数、定位,为电子进攻或电子防御提供技术支持。

侦察接收机在复杂的电磁环境中截获目标,对目标进行分选、识别,测试各种参数并进行测向和定位。

8.1 电子支援接收机的主要技术指标

8.1.1 覆盖频域与瞬时带宽

随着电子技术、雷达技术、通信技术的发展,电子系统的频域不断扩展,并且出现了频率捷变雷达、扩频通信、跳频通信,因此,电子支援侦察接收机必须覆盖范围非常大的带宽。一般要求覆盖 0.01~40 GHz,甚至零点几赫兹到 300 GHz,但覆盖全频段比较困难。根据用途不同可以分频段覆盖,最常用的频段是 0.01~40 GHz。

随着捷变频雷达技术发展,捷变带宽越来越宽,扩频通信、跳频通信频带也在不断扩展,因此要求电子战支援侦察接收机的瞬时带宽比较宽,一般为电子系统的中心频率的 10%,对雷达则要求侦察接收机瞬时带宽为:240~1 000 MHz,对通信设备则要求瞬时带宽为几千赫兹到 10 MHz。

8.1.2 电子支援侦察系统的灵敏度

低截获雷达与低截获通信系统的出现要求侦察系统必须有很高的灵敏度,才能探测脉冲压缩雷达或低副瓣雷达副瓣辐射的信号和低截获概率的通信信号,要求电子支援侦察系统对雷达信号的灵敏度为 -80 dBmW 以上,而且必须与脉冲压缩信号进行匹配,对通信信号的灵敏度为 -100 dBmW 以上。即电子支援侦察系统的灵敏度为:对雷达信号为 $\leqslant -80$ dBmW,对通信信号为 $\leqslant -100$ dBmW。

灵敏度是侦察系统最重要的技术指标,它是衡量系统质量的主要技术指标。

8.1.3 测角精度

测角精度与灵敏度是电子战电子支援侦察机两个最重要的技术指标,精密跟踪和无源定位都需要精确测向,在复杂电磁环境中利用精确测向识别目标是非常重要的环节。因此,测角精度是重要的技术指标。

要取得高的测角精度,就必须有高的角分辨力。但是电子战电子支援侦察接收系统一般都是宽频带甚至是超宽频带的,采用比幅或比相体制的测向,其测角精度在 $1\sim3$ (°)$/\sigma$,只有采用空间谱估计测向,其测角精度在 $0.5\sim1$ (°)$/\sigma$。空间谱估计本身测角精度比较高,但是由于受阵列流型、单元天线的位置误差、多路信道的不一致性影响,测角精度降低很多,一般只能做到 $0.5\sim1$ (°)$/\sigma$。

8.1.4　动态范围

动态范围是描述电子战电子支援接收机终端能正常工作所允许的最小输入信号到最大的输入信号的范围,是描述接收机功能的一个重要的技术指标。在当前复杂的电磁环境中,希望有更大的动态范围,以适应截获更多的目标。

动态范围分为瞬时动态范围和惯性动态范围。瞬时动态范围是指接收信号的时间 $\Delta t \rightarrow 0$ 时,所允许的动态变化范围即瞬态变化的范围;变化比较慢的动态范围(例如随距离变化的变化范围)称为惯性动态范围。一般来说,瞬时动态范围为 $50\sim60$ dB,惯性动态范围为 $60\sim80$ dB。

8.1.5　测频精度与频率分辨率

测频、测向是电子战电子支援侦察机两项最基本、最重要的任务,因此,测频、测角精度也是最基本、最重要的技术参数。频率又是信号最重要的参数,所以频率分辨率和测频精度也就非常重要了。

宽频带或超宽频带电子战电子支援侦察系统的频率分辨力:一般对雷达,为 $2\sim5$ MHz;对通信,为几千赫兹。测频精度:对雷达而言,一般为 $1\sim1.5$ MHz;对通信,为 $1.5\sim5$ kHz。

8.1.6　其他的技术指标

- 分选的信号密度:200×10^4 个脉冲/秒;
- 截获概率:30%~100%;
- 脉宽分辨力:20 ns;
- 到达时间(TOA)分辨力:30 ns;
- 幅度的精度:1 dB$/\sigma$;
- 适应信号的类型:常规脉冲、连续波等。

8.1.7　现代电子战支援侦察系统的基本组成及技术特点

电子战电子支援侦察系统对电子信号(雷达与通信)进行侦察,根据所测得的参数进行测向和定位,以给电子进攻或防护报警提供攻击或防护的参数与位置。因此,它包括天线、接收机、信号处理和显示四大部分。

现代侦察机将面临密集、复杂、交叠的信号环境。因此,它必须采用先进的天线接收系统和性能优良的数字或信号处理系统。图 8.1 所示为现代雷达侦察机的原理。

天线接收系统的作用是截获雷达信号和进行信号的变换。

截获信号必须同时满足四个条件:方向上对准、频率上对准、极化上对准和必要的接收机

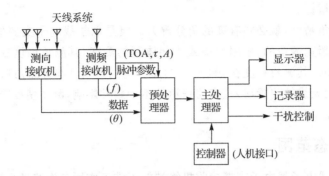

图 8.1　现代雷达侦察机的原理

灵敏度。现代侦察机应具有 100％ 的截获概率，因此，侦察天线多采用圆极化、全向（或半全向）的天线，整个天线接收系统应具有频域上的宽开性能（几个倍频程）。同时，接收系统还须将截获信号的参数（包括频率、方向、幅度、到达时间、脉冲宽度等）变换为数字信号并送至信号处理系统。

信号处理系统完成对信号的分选、分析和识别，信号处理系统通常由预处理机和主处理机（或称中央处理机）两部分组成。

有无分选能力是现代雷达侦察机与老式侦察机的主要区别。因为只有将各个雷达的信号从密集交叠的信号流中区分开来（分选出来），才能对信号进行分析和识别，所以分选能力也是现代雷达侦察机必须具备的一项基本要求。

预处理器面临的是从接收机送来的密集的（高数据率）信号，其通常采用高速工作的专用电路。通过预处理器的分选，将信号分选成具有相同参数的各个脉冲列，从而将接收机输出的高数据率（$10^5 \sim 10^6$ 个脉冲/秒）降低到主处理器可适应的数据率（约 10^3 个脉冲/秒）。

主处理器可采用通用的高速小型计算机，也可由多个微处理器构成。主处理器完成更为复杂的信号分选（例如对捷变频雷达信号的分选），还要将在预处理器中由于数据失真或丢失未能正确分选的信号重新组合起来再进行分选。主处理器的另一任务是将各种雷达的信号与数据库比较完成信号的识别，同时将各种雷达参数及处理结果送至显示器和记录器。

综上所述，现代雷达侦察机在电路上应能适应密集信号的接收；必须具有信号分选能力，应具有宽开、瞬时、精确测频能力；在方位上应具有全向、瞬时、精确测向能力。这正是本书将在后续各章要进一步研究的主要问题。

8.2　电子支援接收机灵敏度通用计算公式

讨论接收机的灵敏度，首先讨论接收机本身所具有的灵敏度，其次论述接收机对某种辐射源应具备的灵敏度。

8.2.1　接收机灵敏度通用计算公式

1. 热噪声和噪声系数

接收机一般包含把射频（RF）信号变换为视频信号的检波器。接收机灵敏度受到视频检波器特性或者接收机内部噪声的限制。如果视频检波器前面的射频增益足够高，则接收机灵敏度主要受接收机内部噪声电平的限制,反之灵敏度主要受检波器限制。

接收机的所有部件中电子热运动所产生的热噪声总是存在的。电阻 R 产生的噪声用一个噪声产生器与该电阻串联的电路来表示。当负载阻抗与功率产生器阻抗匹配时,就出现从发生器到负载的最大功率传输。有效功率是指送到匹配负载上的功率,接收机输入端上的有效热噪声功率可表示为

$$N_{i} = KT\Delta f_{n} \tag{8.1}$$

式中:K——玻耳兹曼常数,1.38×10^{-23} J/K;

　　　T——电阻 R 的温度,单位为绝对温度;

　　　Δf_{n}——接收机的噪声带宽,单位为 Hz;

　　　N_{i}——噪声功率,单位为 W。

接收机中的功率通常是低的,因而以毫瓦(mW)表示。另一种常用功率用分贝毫瓦(dBmW)表示,其定义为:$P(dBmW) = 10\lg P$。式中,等号右边的 P 是以毫瓦为单位的功率。当 $P = 1$ mW 时,$P(dBmW) = 0$。当 $P > 1$ mW 时,$P(dBmW)$ 为正值;当 $P < 1$ mW 时,$P(dBmW)$ 为负值。室温($T = 290$ K)的热噪声功率密度表示为

$$P = -174 \text{ dBmW/Hz}$$

或

$$P = -114 \text{ dBmW/MHz} \tag{8.2}$$

式(8.2)是将 K 值、T 值代入式(8.1)得到的。这两个数值经常用于确定接收机灵敏度。通常的做法是计算室温条件下的接收机灵敏度,因为接收机的灵敏度和虚警概率一般是通过在接收机输入端接上一个信号源或匹配负载来测量的。但是,如果接收机的输入是面向冷空的天线,则温度 T 可能低得多。实际上接收机的噪声功率总是远高于理想接收机的热噪声,因为噪声是从接收机中各部件引入的。噪声系数的定义为

$$F_{n} = \frac{N_{o}}{CN_{i}} = \frac{\text{实际接收机的噪声输出}}{\text{理想接收机在温度 } T \text{ 时的噪声输出}} \tag{8.3}$$

接收机的增益定义为

$$G = \frac{P_{o}}{P_{i}} \tag{8.4}$$

式中:P_{o} 和 P_{i} 分别为接收机有效输出和输入信号功率。把式(8.4)代入式(8.3),得到

$$F_{n} = \frac{P_{i}/N_{i}}{P_{o}/N_{o}} = \frac{\text{接收机输入信噪比}}{\text{接收机输出信噪比}} \tag{8.5}$$

由于输入信噪比(P_{i}/N_{i})总是大于输出信噪比(P_{o}/N_{o}),故 F_{n} 总是大于 1。噪声系数 F_{n} 可以用分贝表示为

$$F_{n}(dB) = 10\lg F_{n} \tag{8.6}$$

如果有 N 个放大器级联起来,则噪声系数可表示为

$$F_{n} = F_{1} + \frac{F_{2}-1}{G_{1}} + \frac{F_{3}-1}{G_{1}G_{2}} + \cdots + \frac{F_{N}-1}{G_{1}G_{2}\cdots G_{N-1}} \tag{8.7}$$

式中:$F_{1}, F_{2}, \cdots, F_{N}$ 分别代表第一级、第二级、……、第 N 级电路的噪声系数;$G_{1}, G_{2}, \cdots, G_{N}$ 分别代表第一级、第二级、……、第 N 级电路的额定功率增益。

(1) 超外差式接收机的噪声系数

超外差接收机的原理如图 8.2 所示。第一级馈线的插入损耗和失配损耗共约 3 dB,还包

括 3 dB 天线极化损失，故第一级总的损耗 $L_f = 6$ dB。因为馈线是无源网络，其噪声系数与总的损耗相等，即 $F_f = I_f$。预选器也是无源有耗网络，其噪声系数与插损相等，即 $F_P = L_P$（F_f 为噪声系数，F_P 也是噪声系数）。变频器（包括混频器和本振）虽属非线性网络，但仍为准线性网络，所以还可以用噪声系数的概念。检波器为非线性网络，噪声系数的概念对它不适用。根据级联电路的噪声系数公式(8.7)，可以导出超外差接收机的噪声系数公式

$$F_n = L_f \left\{ F_R + \frac{1}{G_R} \left[F_m L_P - 1 + (F_i - 1) L_P L_m \right] \right\} \tag{8.8}$$

式中：F_R 和 G_R 分别为第二级射频放大器的噪声系数和增益；L_f 为第一级馈线的总损耗；L_P 为第三级预选器的总损耗；F_m 和 L_m 分别为第四级变频器的噪声系数和总损耗；F_i 为中放的噪声系数。

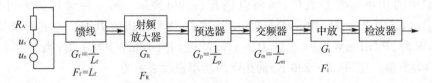

图 8.2　超外差接收机原理

如果低噪声射频放大器的增益 G_R 足够大，式(8.8)第二项可以略去，那么接收机总的噪声系数近似值为

$$F_n \doteq L_f F_R \tag{8.9}$$

如果没有低噪声射频放大器，导出的接收机总的噪声系数为

$$F_n = L_f L_P L_m (t_D + F_i - 1) \tag{8.10}$$

式中：$t_D = F_m G_n = F_m / L_m$ 为混频器的相对噪声温度，则

$$F_n(\text{dB}) = L_f(\text{dB}) + L_P(\text{dB}) + L_m(\text{dB}) + (t_D + f_i - 1)(\text{dB}) \tag{8.11}$$

（2）射频调谐式晶体视频接收机的噪声系数

射频调谐式晶体视频接收机的原理如图 8.3 所示。

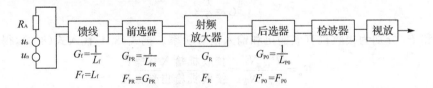

图 8.3　射频调谐式晶体视频接收机原理

通常射频放大器是低噪声放大器，用来减小微波检波器等后续电路的噪声对整机灵敏度的影响。前选器为带通滤波器，是用来抑制射频放大器外来互调干扰的，使接收机的无寄生动态范围扩大。射频放大器后面的后选器用来减小射频放大器的宽频带输出噪声。前选器和后选器是同步调谐的，它们共同用来提高接收机的射频选择性，选出有用信号抑制外来干扰。由式(8.7)推导出接收机线性部分总噪声系数

$$F_n = L_f + (L_{PR} - 1) L_f + (F_R - 1) L_f L_{PR} + \frac{(L_{P0} - 1) L_f L_{PR}}{G_R}$$

式中：L_f 为第一级馈线的总损耗；L_{PR} 为第二级前选器的总损耗；F_R 和 G_R 分别为第三级射

频放大器的噪声系数和增益;L_{P0} 为第四级后选器的总损耗。

整理后得出

$$F_n = L_f L_{PR}\left(F_R + \frac{L_{P0}-1}{G_R}\right) \tag{8.12}$$

如果 G_R 足够大,使 $F_R \gg \dfrac{L_{P0}-1}{G_R}$,则式(8.12)可简化为

$$F_n = L_f L_{PR} F_R \tag{8.13}$$

或

$$F_n(dB) = L_S(dB) + L_{PR}(dB) + F_R(dB) \tag{8.14}$$

2. 接收机通用灵敏度表达式

(1) 噪声温度

接收机中的噪声除了热噪声外,还包括有源器件产生的噪声,可以通过资用功率的概念将其等效为一个在接收机输入端具有温度 T_n 的热噪声源所产生的效果。根据资用功率公式

$$P_{nia} = KT_n\Delta f_n \tag{8.15}$$

则有

$$T_n = \frac{P_{nia}}{K\Delta f_n} \tag{8.16}$$

噪声系数 F_n 和噪声温度 T_n 都可以表征接收机的噪声特性,其间必然存在一定的关系。

在接收机输入端用资用功率计算噪声系数的表示式为

$$F_n = 1 + \frac{P_{nBia}}{P_{nAia}} \tag{8.17}$$

式中:P_{nAia} 为天线电阻在标准温度 T_0 时送到接收机输入端的资用噪声功率,即 $P_{nAia} = KT_0\Delta f_n$;$P_{nBia}$ 是接收机内部噪声换算到输入端的资用噪声功率。由式(8.17)可得

$$P_{nBia} = KT_n\Delta f_n = (F_n - 1)KT_0\Delta f_n \tag{8.18}$$

可得

$$T_n = (F_n - 1)T_0 \tag{8.19}$$

(2) 接收机通用灵敏度表达式

接收机灵敏度是指当接收机输出信噪比 P_{so}/P_{no} 为终端设备正常工作(识别信号)所必需的数值时,接收机应输入的最小信号功率 P_{min},故也称为最小可辨功率或最小门限功率。它表明,如果接收机输入端的信号功率比它低,则终端设备不能正常辨别出有用信号的存在。

当接收机检波前后带宽比 $\Delta f_R/\Delta f_V$ 和检波器工作状态确定之后,检波后的信噪比与检波前的信噪比之间就有一定的对应关系。因此,可以根据特定的检波后信噪比大小,提出对检波前的信噪比要求。一旦检波前信噪比确定之后,接收机的输入端最小门限功率也就确定了。为了方便分析,首先从检波前信噪比出发,推导出导引头接收机通用灵敏度表达式,然后再得到检波后信噪比与检波前信噪比之间的关系。

令检波前需要的最小信噪比为 D(也称为识别系数),则

$$\frac{P_{soa}}{P_{noa}} \geqslant D \tag{8.20}$$

由噪声系数公式

$$F_n = \frac{P_{st}/P_{ni}}{P_{so}/P_{no}}$$

得

$$D \leqslant \frac{1}{F_n} \cdot \frac{P_{soa}}{P_{noa}} \tag{8.21}$$

式中：P_{noa} 为接收机资用输入噪声功率，以 Δf_n 表示检波前线性电路的噪声带宽，对于多级电路近似等于检波前线性电路的半功率带宽 Δf_R，取 $P_{nai} = P_{r\,min}$，则式(8.21)取等号，可得出接收机通用灵敏度表达式

$$P_{r\,min} = KT_0 \Delta f_n F_n D \tag{8.22}$$

式(8.22)说明接收机灵敏度与接收机检波前线性电路带宽 Δf_n（即 Δf_R）、噪声系数 F_n 及检波前需要的最小信噪比 D 有关。应当注意，这种灵敏度通用表达式是在标准温度 T_0 和资用输出功率的条件下得出的。式中，Δf_R 单位为 Hz；F_n、D 为功率比。如 Δf_R 以 MHz 为单位，而 $KT_0 = 1.38 \times 10^{-23}\,\text{J/K} \times 290\,\text{K} = 4 \times 10^{-21}\,\text{J}$，则

$$P_{r\,min} = 4 \times 10^{-15} \Delta f_R F_n D\,(\text{dBW}) = 4 \times 10^{-12} \Delta f_R F_n D\,(\text{dBW}) \tag{8.23}$$

或

$$\begin{aligned}
P_{r\,min} &= [-144(\text{dBm}) + \Delta f_R(\text{dB}) + F_n(\text{dB}) + D(\text{dB})](\text{dBW}) \\
&= [-114(\text{dBm}) + \Delta f_R(\text{dB/MHz}) + F_R(\text{dB}) + D(\text{dB})](\text{dBmW}) \tag{8.24}
\end{aligned}$$

还应指出，灵敏度通用表达式(8.24)是在检波前信噪比为 D 的条件下得出的。但终端设备是在视频范围内工作的，它只能对视频信噪比提出要求。因此，实际接收机灵敏度总是根据视频信号噪声特性进行定义和测量的。信号和噪声同时作用于具有非线性特性的检波器之后，信噪比要下降，那么要得出灵敏度就需要找出在检波过程中信噪比的变化数值。

8.2.2 接收机对辐射源应具备的灵敏度

1. 简化的侦察方程

简化的侦察方程是指不考虑传输损耗、大气衰减以及地面（或海面）反射等因素的条件下导出的侦察作用距离方程。

侦察机和雷达的空间位置如图 8.4 所示。假设雷达发射机功率为 P_t，天线增益为 G_t，雷达与侦察机之间距离为 R_r，在接收点的雷达信号功率密度为

$$s = \frac{P_t G_t}{4\pi R_r^2}$$

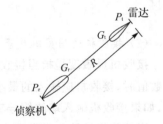

图 8.4　侦察机和雷达的空间位置

有效面积为 A_r 的侦察天线接收雷达信号的功率为

$$P_r = \frac{P_t G_t A_r}{4\pi R_r^2} \tag{8.25}$$

又因 $A_r = G_r \lambda^2/(4\pi)$（其中 G_r 为侦察天线增益，λ 为雷达工作波长），将 A_r 代入式(8.25)，可得

$$P_r = \frac{P_t G_t G_r \lambda^2}{(4\pi R_r)^2} \tag{8.26}$$

若侦察接收机的灵敏度为 $P_{r\,min}$，则

$$R_r = \left[\frac{P_t G_t G_r \lambda^2}{2(4\pi)^2 P_{r\min}}\right]^{\frac{1}{2}} \qquad (8.27)$$

$$R_{r\min} = \left[\frac{P_t G_t G_r \lambda^2}{(4\pi)^2 P_{r\min}^2}\right]^{\frac{1}{2}} \qquad (8.28)$$

从式(8.28)可以看出:侦察作用距离 R_r 与雷达有效辐射功率的平方根($\sqrt{P_t G_t}$)成正比,又与侦察系统灵敏度的平方根($\sqrt{P_{r\min}}$)成反比;对于给定的雷达,要增大侦察作用距离,就得提高侦察系统的灵敏度,即降低 $P_{r\min}$ 的取值。

2. 修正的侦察方程

修正的侦察方程是指在考虑传输线和装置的损耗(或损失)条件下的侦察方程。各种损耗(或损失)如下:

① 雷达发射机到雷达天线之间的损耗 $L_1 = 3.5$ dB。

② 雷达天线波束非矩形损失 $L_2 = 1.6 \sim 2$ dB。

③ 侦察天线波束非矩形损失 $L_3 = 1.6 \sim 2$ dB。

④ 侦察天线增益在宽频带内变化所引起的损失 $L_4 = 2 \sim 3$ dB。

⑤ 侦察天线与雷达信号极化失配损失 $L_5 \approx 3$ dB。

⑥ 从侦察天线处到接收机输入端的馈线损耗 $L_6 = 3$ dB。

⑦ 侦察接收机天线方向图归一化损耗因子 $F_r^2(\theta, \phi)$。

⑧ 输入到接收系统的信噪比或外部噪声 $F_a = S_i/N_i$。

前 6 项的总损耗(或损失)记为 $L = \sum_{i=1}^{6} L_i$,取值范围为 $16 \sim 18$ dB,于是修正后的侦察方程为

$$R_r = \left[\frac{P_t G_t G_r \lambda^2 F_r^2(\theta, \phi)}{(4\pi)^2 P_{r\min}/F_a}\right]^{\frac{1}{2}}$$

因而接收机对辐射源应具备的灵敏度可表示为

$$P_{r\min} = \frac{P_t G_t G_r \lambda^2 F^2(\theta, \phi)}{(4\pi)^2 R_r^2 LS/N} \qquad (8.29)$$

3. 侦察的直视距离

由于在微波频段以上,电波近似直线传播;同时由于地球表面弯曲所引起的遮蔽作用,故侦察机与雷达之间的直视距离受到限制,如图 8.5 所示。假设雷达天线高度为 H_1,侦察天线高度为 H_2,那么其间的直视距离为

$$R_S = \overline{A}\,\overline{B} + \overline{B}\,\overline{C}$$

简化可得

$$R_S = \sqrt{2R}\left(\sqrt{H_1} + \sqrt{H_2}\right) \qquad (8.30)$$

若考虑大气层所引起的电波折射,则直视距离有延伸作用,如图 8.6 所示。将地球曲率半径数值代入上式,可得

$$R_S = 4.1\left(\sqrt{H_1} + \sqrt{H_2}\right)$$

式中:R_S 以 km 为单位;H_1 和 H_2 以 m 为单位。

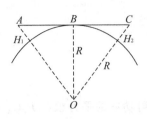

图 8.5 地球曲率对直视距离的影响

图 8.6 电波折射对直视距离的影响

8.2.3 电磁波传播效应

1. 衰减和反射

图 8.7 所示为影响接收机接收信号的主要因素。

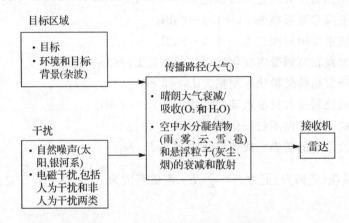

图 8.7 影响系统接收信号的主要因素

我们最关心传播路径(对于地基雷达主要是大气)上的衰减和反射(或散射)的影响,现在讨论如下。

(1) 大气衰减

辐射源工作频率和清洁大气中的水蒸气和氧气分子的共振频率相同或在附近时,就要造成辐射源能量的衰减。图 8.8 所示为大气对电磁能量的衰减。在 22.2 GHz 频率处,有一个水蒸气共振峰,另一个共振峰在 184 GHz 的毫米波区域内。由水蒸气造成的衰减,其大小取决于大气中随时间和地点而变化的水蒸气的含量。尽管在 22 GHz 的频率上只有 2.2 dB/km 的衰减,但吸收衰减却足以使工作在 24 GHz 的 K 波段雷达的探测性能恶化。当在第二次世界大战期间开始研制 K 波段雷达的时候,人们并没有认识到附近有吸收波段。为了避免这种问题的出现,最初的 K 波段被分成一个较低波段 Ku 和一个较高波段 Ka,详见表 8.1。氧分子在 60 GHz 和 118 GHz 处分别有一个共振。在 60 GHz 的频率上,16 dB/km 的衰减使得这个区域不能使用,除非是很短作用距离的雷达和工作在大气层外的雷达才利用这一频率。

大气衰减在通常的微波频率上对雷达性能的影响一般可忽略不计。大于 10 GHz,它的影响就开始变得越来越大了。在毫米波上要经受大的衰减,这就是为什么远距离探测雷达很少工作在 40 GHz 以上的一个最主要的原因。

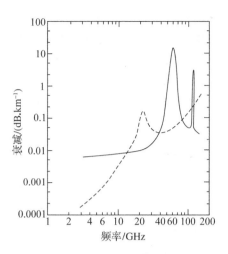

注:虚线表示含有 1% 水蒸气分子(浓度为 7.5 g/m³)的大气的吸收损耗,实线表示氧气的吸收损耗。

图 8.8　在 76 cm 汞柱大气压下,大气对电磁能量的衰减

表 8.1　35 GHz 和 94 GHz 窗口频段的大气和传播效应的一览表

参　　数		单程损耗/(dB·km⁻¹)	
		35 GHz	94 GHz
晴天的大气衰减		0.12	0.4
雨衰减/ (mm·h⁻¹)	0.25	0.07	0.17
	1.0	0.24	0.95
	4.0	1.0	3.0
	16.0	4.0	7.4
云衰减	雨云	5.14	35.04
	干云	0.50	3.78
雾衰减/ (g·m⁻³)	0.01(薄)	0.006	0.035
	0.10(厚)	0.06	0.35
	1.0(浓厚)	0.6	3.5
降雪时(0 ℃)		0.007	0.002 8

当衰减足够大时,在雷达方程中就得考虑它的影响,这时可在分子中插入一个倍乘因子 $\exp(-2aR)$(这里 a 是单位距离上的单程衰减系数,R 是雷达到目标的距离,经常用每单位距离的分贝数代替 a 来表示单程衰减,尤其是在作图时),这等价于数量 $4.34a$(这里的常量 4.34 表示自然对数到常用对数的变换)。

注意:如果每单位距离的衰减 a 不是常量,应该用 $\exp[-2a(R)dR]$ 来代替 $\exp(-2aR)$,积分界限从 0 到目标距离 R。

大气衰减随着海拔高度的增加而逐渐减小(海拔高度越增加,吸收电磁波的分子越少)。对于天线波束的某一仰角,需要考虑衰减随海拔高度的变化以确定沿传播路径总的衰减量。对于陆基雷达来说,天线指向地平线方向时衰减最大,指向天顶方向时衰减最小。例如:位于 22.2 GHz 的水蒸气吸收线上,当电磁波沿地平线(仰角为 0°)方向传播时,穿过对流层再反射回来这个过程中总的衰减为 80 dB，这是一个极大的数字；当能量沿天顶方向（仰角为 90°）传播时，穿过整个对流层的双程衰减只有 1.3 dB；若仰角大于 10°，总的衰减则小于 7 dB，因此当雷达在较高的仰角探测时，衰减不重要。图 8.9 给出了仰角为 0°和 5°时，大气中双程衰减的例子，衰减是距离和频率的函数。请注意，即使仰角为 0°时无衰减，由于多径造成的地平线方向上的零点也妨碍了在此角度上或此角度附近的电磁波的有效传播（在大气波导条件下或低频垂直极化波除外）。

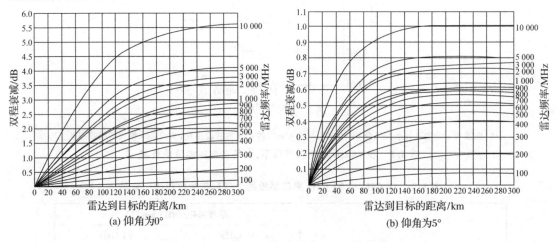

(a) 仰角为0° (b) 仰角为5°

图 8.9 双程大气衰减，它是距离和频率的函数

在毫米波频段，水蒸气和氧气的衰减影响要比微波频段严重得多，水蒸气和氧气之所以造成这么大的影响，是因为它们的分子具有极化结构。水蒸气是电极化分子，氧气是磁极化分子。在毫米波频段，这些极化分子与入射波的作用会产生比微波频段更强烈的吸收。吸收的强弱还与入射波环境的大气压力、温度以及海拔等有关。

大气中的悬浮微粒由于散射和吸收作用而产生的毫米波衰减，各自取决于微粒的大小、液体水容量、介电常数、温度和湿度。比较低的大气层中的毫米波吸收作用是自由分子与悬浮的粒子所造成的，如凝聚成雾和雨的水珠。在晴天的大气中，造成吸收的物质为氧气和水蒸气。

在毫米波频段，大气成分中的氧和水蒸气造成几个大气吸收的峰值，以及几个称为窗口的大气吸收极小的区域。图 8.10 所示为大气中氧气和水蒸气造成的水平传播衰减。由图可知，毫米波频谱可分为传播带和吸收带，其 4 个传输带在 24～48 GHz（衰减在 0.1～0.3 dB/km）、70～110 GHz（衰减范围为 0.3～1 dB/km）、120～150 GHz（衰减范围为 1～2.5 dB/km）、190～300 GHz（衰减范围为 2～10 dB/km）。因此，毫米波的传播窗口的标称工作频率为 35 GHz、95 GHz、140 GHz 和 220 GHz。大气损耗大的中心频率为 22 GHz、60 GHz、118 GHz 和 183 GHz。图 8.11 所示为大气、雨和雾引起的衰减与频率的关系曲线。

毫米波通过空中的微粒（灰尘、烟及战场的或自然的遮蔽物）会引起衰减，但毫米波探测器的传播效率比光-电探测器高。有文献证实，在战场上和自然环境中出现的悬浮在大气中的灰尘和烟的数量，在 140 GHz 以下所产生的衰减，实际上是难以觉察的。

（2）大气散射

在毫米波频段，雨的后向散射是可观的，它与发射信号的频率、极化、雨滴的数量和大小有关。因为很多雨滴都近似为球形，根据雨滴的直径和波长的比值，可能会有三种散射状态：雨

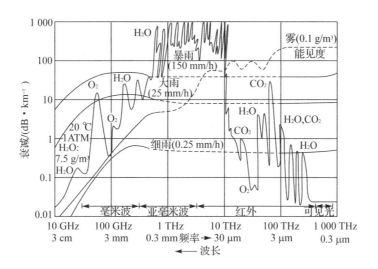

图 8.10　大气中氧气和水蒸气造成的水平传播衰减

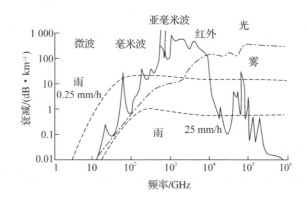

图 8.11　大气、雨和雾引起的衰减与频率的关系曲线

滴直径与波长的比值 (D/λ) 很小的瑞利(Rayleigh)区;D/λ 比值接近于 1 的振荡区;D/λ 比值很大的光学区。在瑞利区内,随着频率的增加,后向散射将急剧增加;在振荡区内,当频率有少量变化时,后向散射便会出现很大的变化;而在光学区内,后向散射便与频率无关,只跟雨滴的大小(横截面积)有关。图 8.12 所示为 BRL 和佐治亚技术研究所测得的雨中平均后向散射系数与降雨率和工作频率(9.375 GHz,35 GHz,70 GHz,95 GHz)的函数关系。由图可知,雨的后向散射会随着降雨率的增加而增加,而且在频率未达到 70 GHz 之前也会随着频率的增加而增加,但当频率高于 70 GHz 时,后向散射随频率变化的关系便会反过来。

图 8.13 显示了测得的降雪中的衰减与降雪率和工作频率(36 GHz,54 GHz,312 GHz)的函数关系。

在毫米波信号的传播路径中,由于相对于海拔高度的大气密度不均匀性还会引起折射,折射率的非均匀性还会引起某些传播相移,这种相移又会造成传播闪烁效应、到达角起伏和去极化等。然而,在毫米波频段,只有闪烁和到达角起伏比较重要。试验证明,闪烁效应对毫米波系统影响不大,只影响系统的极限性能,而大气扰动效应造成的到达角变化约为 0.35 mrad,这个数值与许多其他系统所要求的准确度约为同一水平。

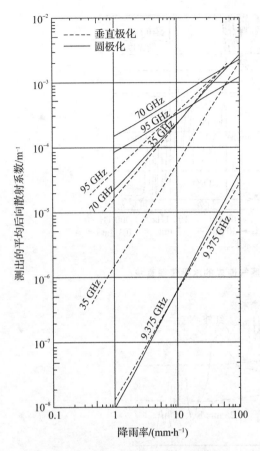

图 8.12　测得的雨中后向散射系数与
降雨率的关系(圆和垂直极化曲线)

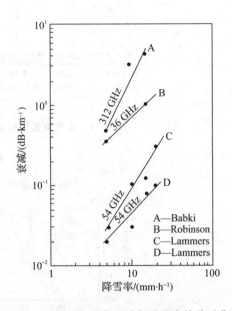

图 8.13　测得的降雪中衰减与降雪率的关系曲线

2. 外部噪声

电子战支援侦察系统的外部有若干个噪声源,它们随着频率的变化而变化。

人为噪声来自于机械或其他人造装置产生的若干噪声源,例如汽车点火、焊接机和微波炉等。显然,这种噪声的大小取决于存在的此类干扰源的数量。例如,工厂区产生的噪声比农场的多,城市里的人为噪声比乡下的多。

环绕地球的大气在任何给定时间都包含一定量的热能。这种热能使空气中的电子变暖,后者便产生一定量的热噪声。这种噪声被电子战支援侦查系统的天线获取后变成系统输入端的热噪声。与其他噪声源相比,这种形式提供的热噪声相对小些。

包括地球和太阳在内的宇宙中的能量源(恒星)也产生噪声。例如,天线指向一颗恒星,该恒星产生的相当大的宽带能量便被引入到系统中。这些噪声是宽带的,包含了占据相当一部分频谱的噪声能量。这种形式的噪声有时称之为银河噪声。

另一种主要的大气噪声由雷暴的闪电引起。该噪声在高频波段很普遍,并可以传播相当远的距离。每年有数千次雷暴产生,并伴有数量更多的闪电。因此,这类噪声是一个几乎处处存在的难题。

这些源产生的噪声量可以用如图 8.14 所示的数据作为任一给定条件下独有的噪声典型

值,图中噪声量随频率的变化很明显。出现的总噪声量以 kTB 乘一个倍乘因子来表示,则有

$$N_{total} = N \times N_{external} = kTBFN_{external}$$

$$\frac{N_{total}}{kTB} = FN_{external}$$

$$N_{total\,dBkTB} = 10\lg\frac{N_{total}}{kTB} = 10\lg F + 10\lg N_{external} = F_{dB} + N_{external\,dBkTB}$$

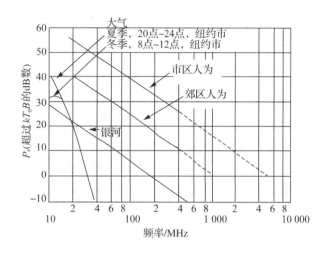

图 8.14　外部噪声量任一给定条件下独有的噪声典型值

因此,超过 kTB 的总噪声分贝数由噪声系数的分贝数加上相对于 kTB 的外部噪声分贝数给定。这就是图 8.14 中的纵坐标如此标注的原因。如图 8.14 所示,通常外部噪声随着频率的增加而减小,而且,这些源产生的噪声量由测量确定,而不是由试验测定,其大小还跟电子战支援侦查系统的工作环境有关。

正如电磁干扰可能成为系统的内部噪声源那样,它还可以成为系统有害的外部噪声源。电子战系统附近的系统可能辐射出扰乱该系统正常工作的信号,这可能成为电子战支援侦查系统一个相当严重的问题,因为这类系统相对于通信系统等来讲都是宽带的。宽带系统比起许多其他系统更易受较宽波段电磁干扰的影响。

电子战系统的有意干扰可以被认为是噪声而被同样对待。这种干扰有时用来遮蔽己方通信,使之不被敌方通信电子战系统截获,这是信息战(IW)的另一种形式,即电子防护(EP)。

(1) 大气吸收噪声

从黑体辐射理论可知,吸收能量的任何物体必再辐射出与其吸收的一样多的能量,否则其温度将升高,就像水蒸气和氧气也吸收(减弱)雷达能量。这部分吸收的能量必将作为热噪声的形式再辐射出来。若 L 表示雷达能量在大气中传播时的损失,T_a 表示吸收大气的周围能量对应温度,则再辐射能量的有效噪声温度可表示为 $T_e = T_a(L-1)$。就像大气衰减一样,大气吸收噪声只在较高的雷达频率上才予以考虑。

(2) 宇宙噪声

我们周围有来自银河系的宇宙辐射源、银河系外的辐射源和射电星的像噪声一样的持续的电磁辐射背景。随着频率的升高,宇宙噪声一般是降低的,在大于 UHF 的频率上,通常可忽略不计。宇宙噪声的大小和天线指向天球的位置有关,当指向银河系的中心时最大,当指向

银河系绕着转的极轴时最小。图 8.15 的左边部分示出了宇宙噪声引起的最大和最小光亮温度。光亮温度能影响系统噪声温度和电子战支援侦查系统接收机的灵敏度(尤其在较低频率时)。没有任何射电星的情况下,在宇宙起源即"大爆炸"时的背景宇宙噪声具有可期望的最低水平,它的值为 2.7 K。这个值很小,不会对接收机产生干扰。

如果接收天线波束直接对着太阳,太阳就是一个相对很强的噪声发射器。它可以被具有高旁瓣和高灵敏度接收机的雷达探测到。6 000 K 时的黑体辐射造成的太阳噪声最小。然而,太阳风暴(黑点和耀斑)引起的太阳噪声比平静的太阳噪声高好几个数量级。雷达星太弱不能算是严重的干扰源。射电星(结合灵敏的接收机)和太阳已经被用为大型天线波束指向(瞄准轴)的校准源。

(3) 大气噪声(雷达辐射引起)

一次雷击可辐射出相当多的射频噪声能量,特别是在低频。在任一时刻,在世界不同的地方,平均共有 1 800 次雷暴发生。这些雷暴可能使某个地方发生约每秒 100 次的雷击。所有雷击的综合影响提高了噪声谱密度,在广播频段和短波频段的噪声谱密度特别大。全世界雷击辐射造成的噪声称为大气噪声(不要和上面提到的由大气吸收造成的噪声相混淆)。大气噪声谱密度随着频率的升高而快速衰减,通常 50 MHz 以上就显得不重要了。因此,在电子战支援侦查系统设计时,大气噪声一般不予考虑,除非在 VHF 频段辐射源进行侦查才需要考虑大气噪声。

图 8.15 所示为雷达环境噪声的几种形式的组合。

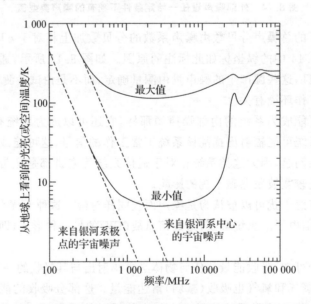

图 8.15　雷达环境噪声的几种形式的组合

(4) 人为噪声

人为噪声有许多可能来源:从发射机来的较高的谐波和其他偶然的辐射、汽车点火、电动剃须刀、动力工具、电动力库门的开启工具、日光灯、工业加工设备和动力传输线等。人为噪声在城市和工业区里要比在农村更普遍,它随着频率的升高而降低,且在微波频段一般可不考虑。不过,在 VHF 和 UHF 频段,人为噪声必须考虑。由于它随时间和空间的不同而变化,这种形式的噪声很难准确地定量描述。在 UHF 雷达频段,有资料指出商业区(工业区、大型购物中心、繁华的街道和高速公路)的人为噪声温度约为 500 K,住宅区(至少每英亩①两个居住单元且附近无高速公路)约为 200 K。在 VHF 和 UHF 频段,人为噪声随频率的立方成反比变化。

干扰和噪声也能从电磁频谱的其他各种雷达和通信中感受到。这些干扰源一般有别于人为噪声,通常认为是电磁兼容问题(EMC)。

(5) 组合图

由图 8.15 可知大气噪声和宇宙噪声在较低频段起主导作用,大气吸收噪声在较高频段起主导作用。最小噪声值出现在 1～5 GHz 处(L～C 波段)。由于人为噪声相对于工作在通常的微波波段的雷达而言是易变的,一般说来,也没有什么重要性,就没有包括在这个图内。不过,对工作在 VHF 或者较低频率上的雷达来说,人为噪声非常重要。

(6) 地球热噪声

一般认为地球温度为 290 K,因此它将辐射热噪声。如果天线波束指向地面,它将接收到一部分地球辐射的热噪声。接收机观测到的实际噪声温度取决于天线主波束是否全部用于观测地面还是只是一部分用于观测。辐射噪声的大小既依赖于地面辐射率又依赖于地面温度。因此,当地面辐射率小于 1 时(如果天线观测水面时将发生此情况),天线看到的亮度温度将比实际的温度低。地面热噪声(一般这些噪声只有几分之一的分贝的数值)只影响那些具有高灵敏度的接收机系统,而接收机很少有那么高的灵敏度,因此,地面辐射的热噪声通常不会干扰接收机。

3. 其他影响因素

(1) 接收机位置的选择

接收机尽量安装在环境噪声对其影响较小的位置。接收机位置的选择也取决于地形和来自地貌的后向散射原因造成的电子屏蔽(目标的朦胧或掩蔽)。当有严重的电子屏蔽和杂波回波或者安装位置必须高于可靠的检测低空目标时,知道地形如何影响地基雷达性能尤其重要。

第二次世界大战时期的对空监视雷达没有多普勒处理,所以很强的杂波回波使与杂波回波一起处在同一雷达分辨单元内的飞机目标不能被检测到。选择军用对空监视雷达位置时应选择那种能掩蔽雷达杂波回波的环境地形。实际上,地形经常被用来屏蔽杂波回波并且阻止杂波回波进入雷达接收机,以便接收机在没有杂波的情况下检测到高空飞行器。在第二次世界大战期间,这种方式非常有效,原因是重型轰炸机一般都在高空飞行。军用雷达的设计者采用把天线放置得尽可能高并且利用多普勒处理的办法,从固定杂波回波中分离出动目标。因此,地基军用防空系统的位置选择必须考虑当地地形,以便使由于地形屏蔽引起对低空目标探测距离减小。

选择民用空中交通管制雷达位置时,地形的影响是重要的一部分。为了在雷达安装前确定雷达位置处的特性,开发了计算机软件以提供地形及其对民用空中交通管制雷达影响的详细信息。这个称为雷达支持系统(RSS)的程序提供详细的信息,能使雷达设计者通过选择最佳雷达高度、最佳波束倾斜角、灵敏度时间控制(STC)特性,使特定位置的传感器的性能最优化,且可确定来自公路交通或者强杂波回波的虚警概率。雷达支持系统的输入包括可从美国

---

① 1 英亩≈4 046 平方米

地质勘探局(USGS)或者防御图绘制局的数据库中得到的数字地形模型,其高度分辨率是1 m,经纬度上的数据步进值是3 s。也有一些陆用和同一经度/纬度量化的USGS数据库,它以10种土地当中的一种来识别陆地,如城市、农业、森林、湿地、荒漠等。也包括能提供雷达阵地附近(例如机场)重要建筑物三维模型的建筑物数据库,并且包括每座建筑物的建筑可能使用的材料。雷达支持系统确定雷达视线上的能见度,屏蔽雷达的地域所有能见地形单元的雷达横截面积和对特别目标的发现概率等。

当雷达置于海岸之外时,类似的计算机模型和地形数据库已应用到军事地区陆上的情况。利用标准和非标准大气折射条件防御图的数字地形高度数据、传播程序及模型可确定地形和目标的能见度、杂波回波强度,并且绘制出像地图一样的能够显示环境如何影响雷达覆盖范围的结果图。

(2) 大气透镜效应损失

另一种对电磁波传播的影响为大气折射。随海拔高度而变的标准折射系数能使大气像负透镜的作用一样降低照射到目标的辐射能量密度,这种损失和辐射源的频率无关。和大气衰减不同,透镜效应损失在超出能够感觉到的大气之外的距离上继续增加,但是它渐近地接近一个极限值。对于表面折射系数为313的CPRL(中央无线电波传播试验室)指数大气来说,在200 n mile距离和0°仰角时损失小于1 dB,5°仰角时小于0.18 dB。在0°和5°仰角时,10 000 n mile距离对应的极限值分别为2.9 dB和0.27 dB。大气透镜效应损失是附加在大气衰减上的额外损失。它通常很小,可以忽略不计(除非在低仰角和远距离时)。

(3) 微波频段的电离层传播

电离层是上层大气部分被电离的区域,它通常延伸在海拔50~2 000 km的高度范围内。它是由从太阳射出的高能粒子使上层稀薄的大气被电离成离子态而形成的。由电离层引起的电磁波的折射和弯曲,使得对于无线电爱好者所熟知的短波(HF频段)能长距离传播。它也是HF超视距雷达能够探测2 000 n mile或更远的飞行器、舰船和弹道导弹的基础。对微波辐射,电离层一般被认为是透明的,但这不完全正确。在几个方面,电离层对通过它的微波的传播有害。

(4) 法拉第极化旋转

电磁波在电离态的媒质(电离层)和磁场(地球磁场)中传播时,要经历一个极化面旋转的过程,这就是著名的法拉第旋转。如果用陆基雷达来探测卫星和其他空间物体并且假设雷达使用的是线极化,回波信号的极化和发射波不同,这样会导致信号的能量损失。如果因为法拉第旋转而造成极化旋转90°,由于接收天线的极化和发射天线的极化垂直,接收到的信号为零(这里假设用同一天线接收)。极化旋转变化量和f^2成反比(f为雷达频率)。旋转量由电磁波传播路径上电离层的总的电子量确定,电子量又与雷达的位置、每天各个时段、各个季节和太阳黑子活动周期有关。当雷达波束指向北方或南方时,这种影响较大,而指向东方或西方时,影响最小(这里的方向是相对于地磁北极而说的)。

工作在UHF或者较低频率上的宇宙目标探测雷达也会遇到由于目标回波信号大的极化旋转而造成损失。对于这种遭受法拉第旋转效应的雷达,解决办法之一就是为了避免由法拉第旋转造成的信号能量损失而采用两个正交的线性极化(水平极化和垂直极化)接收。对每个极化接收信道的回波信号分别处理,然后合成。这种技术已经应用于UHF雷达对空间物体的探测,如BMEWS(弹道导弹的早期预警系统),AN/FPS-85空间监视雷达和"铺路爪"导弹警戒雷达。过去认为，L 波段雷达不会遭受足够的极化旋转，不需要用双极化接收；不过 L 波段的法拉第旋转有时过大，需要补偿。例如在 1 GHz 的频率上，单站雷达观测位于 30°仰角上的目标，最大单程极化旋转为 108°。法拉第旋转也能影响星载雷达观测地面目标。

(5) 其他的电离层影响

电离层将引入与频率平方成反比的时间延迟。在 1 GHz，据说最大延迟为 0.25 μs。还有波束的折射，吸收损失和引入宽带信号失真的色散。这些因素对于大多数穿过电离层的微波频段雷达的应用影响很小。有个重要的例子，为了避免当电波穿过电离层时由于色散造成的传播性能的降低，在微波雷达中必须实施补偿。例如，丹麦"眼镜蛇"高分辨 L 波段雷达中就采用了(1 175～1 375 MHz)这种补偿。

位于阿拉斯加 Aleutian 列岛最南端的 Shemya 岛上的丹麦"眼镜蛇"雷达，被设计用来收集苏联弹道导弹系统的情报信息。它的具有高距离分辨率的波形是具有带宽 200 MHz、时宽 1 000 μs 的线性调频脉冲信号。展宽脉冲压缩技术的应用，使距离分辨率达到 1 m 左右。信号穿过电离层传播的时间延迟与在 200 MHz 带宽的低频端和高频端的延迟时间不同。这种传播时间的不同，造成相位畸变和使压缩脉冲宽度展宽，除非采用补偿技术，通过预校正的发射脉冲与电离层引起的畸变倒置，获得必要的校正。除了对电离层进行校正外，由于在高分辨波形的 200 MHz 的带宽内多普勒频移也不同，对其也必须进行校正。

8.3　宽频带电子战电子支援侦察接收系统常用的几种灵敏度

对于连续波信号与脉冲信号，电子战支援侦察系统的灵敏度可通过不同角度来定义。最小可辨灵敏度运用于连续波信号；切线灵敏度适用于脉冲信号。此外，还有工作灵敏度和检测灵敏度，前者从提供处理机"干净"信号出发，采用信噪比准则进行定义，而后者从满足虚警概率和发现概率要求出发，采用概率准则进行定义。

8.3.1　最小可辨灵敏度

最小可辨灵敏度定义为：将连续波信号加进接收机的输入端，当输出功率等于无信号时噪声功率的两倍，此刻接收机输入端的信号功率称之为最小可辨灵敏度 P_{MDS}，即

$$P_{\text{MDS}} = P_{\text{st}}\big|_{10\lg(P_{(s+n)o}/P_{no})=3 \text{ dB}} \tag{8.31}$$

式中：P_{st}——接收点的信号输入功率；

　　　$P_{(s+n)o}$——视放输出端的信号加噪声功率；

　　　P_{no}——无信号时视放输出端噪声功率。

8.3.2　切线灵敏度

切线灵敏度定义为：若在某一输入脉冲功率电平作用下，接收机输出端脉冲上的噪声底部与基线噪声的顶部在一条线上(相切)，则称这个输入脉冲信号功率为切线灵敏度，如图 8.16 所示。不难证明：当输入信号处于切线信号电平时，接收机视频输出端信号与噪声的功率比为 8 dB 左右。

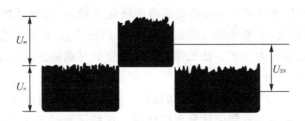

图 8.16　切线灵敏度波形图

8.3.3　工作灵敏度

工作灵敏度定义为：接收机的输入端在脉冲信号作用下，其视频输出端信号与噪声的功率比为 14 dB 时，则输入脉冲信号功率称之为接收机工作灵敏度，以 P_{ops} 表示。

8.3.4　检测灵敏度

在给定的虚警概率（接收机内部噪声超过门限引起的）条件下，获得一定的单个脉冲发现概率而需要的输入信号脉冲功率称之为接收机检测灵敏度。

最小可辨灵敏度和切线灵敏度用以比较各种接收机检测信号能力。工作灵敏度和检测灵敏度是实用灵敏度。

8.4　切线灵敏度分析与计算公式

侦察接收机和雷达接收机有两点明显的不同。第一，雷达接收机的检波前滤波器、检波后滤波器和信号处于准匹配状态；而对于侦察接收机来说，由于其侦收的是未知信号，检波前和检波后的滤波器都和信号处于严重失配状态，并且检波前滤波器的带宽 Δf_{R} 与检波后滤波器的带宽 Δf_{V} 之比不是确定的数值（雷达一律为 $\Delta f_{\text{R}}/\Delta f_{\text{V}}=2$）。第二，表现在接收机的体制上，雷达几乎都采用窄带超外差接收机，检波前有足够高的增益，检波器和视放的噪声特性对接收机的输出噪声影响可以忽略；而侦察接收机采用超外差接收机、晶体视频接收机及其变种接收机，有时检波前没有足够高的增益，检波器和视放的噪声特性对接收机的输出噪声有一定的影响。因此，必须重新推演侦察接收机的切线灵敏度公式。下面就以晶体视频接收机为例进行定量分析，再将结果推广到其他接收机。

晶体视频接收机如图 8.17 所示。图中 G_{R}，F_{R}，Δf_{R} 分别表示射频放大器的增益、噪声系数和 3 dB 带宽，G_{V}，F_{V}，ΔF_{V} 分别表示视放的增益、噪声系数和 3 dB 带宽。为简单起见，假设放大器的幅频特性呈矩形，且 $G_{\text{V}}=1$，检波器工作在平方律区域，则肖特基二极管的检波品质因数 M 为

$$M=\gamma/\sqrt{R_{\text{V}}} \tag{8.32}$$

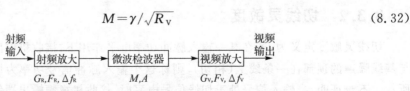

图 8.17　晶体视频接收机

A 是由 M 和 F_V 决定的常数

$$A = \frac{4F_V}{KT_0M^2} \times 10^{-6} \tag{8.33}$$

式中：K——玻耳兹曼常数（1.38×10^{-23} J/K）；

$\quad T_0$——室温（290 K）。

当信号和噪声同时作用于平方律检波器时，其输出包含有噪声自己的差拍分量、信号和噪声的差拍分量以及信号分量。视放输出的噪声功率谱由下式给出：

$$F(f) = \begin{cases} \dfrac{\gamma^2}{4R_V}[2W_o^2 \cdot (\Delta f_R - f) + 4P_{so}W_o], & 0 < f \leqslant \Delta f_R/2 \\[3mm] \dfrac{\gamma^2}{4R_V}[2W_o^2 \cdot (\Delta f_R - f)], & \Delta f_R/2 < f < \Delta f_R \end{cases} \tag{8.34}$$

式中：P_{so}——射频放大器的输出信号功率；

$\quad W_o$——射频放大器的输出噪声功率谱密度。

该视频噪声谱如图 8.18 所示。由图可以看出，在 $f = \Delta f_R/2$ 及 $f = \Delta f_R$ 点，频谱不连续，故应对 $\Delta f_V \leqslant \Delta f_R < 2\Delta f_V$ 和 $\Delta f_R \geqslant 2\Delta f_V$ 的情况分别进行讨论。

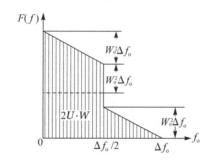

图 8.18　平方律检波器输出视频噪声谱

8.4.1　$\Delta f_V \leqslant \Delta f_R < 2\Delta f_V$

在此情况下，Δf_V 位于 $\Delta f_R/2$ 和 Δf_R 之间，视放将接收由信号和噪声差拍而产生的全部噪声，但只能部分地接收噪声各分量之间差拍而产生的噪声。由

$$P_V = \int_0^{\Delta f_V} F(f)\mathrm{d}f = \frac{\gamma^2}{4R_V}\left[\int_0^{\Delta f_V} 2W_o^2(\Delta f_R - f)\mathrm{d}f + \int_0^{\Delta f_R/2} 4P_{so}W_o\mathrm{d}f\right]$$

算得

$$P_V = \frac{\gamma^2}{4R_V}[2W_o^2\Delta f_R\Delta f_V - W_o^2\Delta f_V^2 + 2P_{so}W_o\Delta f_V] = (P_m)_1 \tag{8.35}$$

基线噪声功率为

$$(P_n)_1 = P_V|_{P_{so}=0} = \frac{\gamma^2}{4R_V}(2W_o^2\Delta f_R\Delta f_V - W_o^2\Delta f_V^2) \tag{8.36}$$

微波检波器和视放所产生的白噪声（包括热噪声和散粒噪声）功率为

$$P_V' = (F_V + t_D - 1)KT_0\Delta f_V$$

对于肖特基二极管，相对噪声温度 $t_D \approx 1$，代入上式，得

$$P'_V = KT_0 \Delta f_V F_V \tag{8.37}$$

视放输出的信号功率为

$$P_{SN} = \frac{\gamma^2}{4R_V} P_{so}^2 \tag{8.38}$$

在计算噪声功率时,除考虑射频放大器输入到检波器的噪声外,还应考虑检波器——视放的噪声,于是实际的基线噪声功率为

$$P_n = (P_n)_1 + P'_V = \frac{\gamma^2}{4R_V}(2W_o^2 \Delta f_R \Delta f_V - W_o^2 \Delta f_V^2) + KT_0 \Delta f_V F_V \tag{8.39}$$

抬高的噪声为

$$P_m = (P_m)_1 + P'_V = \frac{\gamma^2}{4R_V}(2W_o^2 \Delta f_R \Delta f_V - W_o \Delta f_V + 2P_{so}W_o \Delta f_R) + KT_0 \Delta f_V F_V \tag{8.40}$$

当接收机输入端的信号功率等于切线灵敏度时,$P_{si} = P_{so}/G_R = P_{TSS}$。于是

$$P_{so} = P_{TSS} G_R \tag{8.41}$$

噪声电压峰-峰值和噪声电压有效值之比为一个确定的常数 k_c(峰值系数)。假设基线噪声电压峰-峰值为 U_n,有效值为 U_{ne},抬高部分噪声电压峰-峰值为 U_m,有效值为 U_{me},则

$$\left. \begin{array}{l} U_n = k_c U_{ne} \\ U_m = k_c U_{me} \end{array} \right\} \tag{8.42}$$

而信号电压为

$$U_{SN} = \frac{1}{2}(U_n + U_m) = \frac{1}{2}k_c(U_{ne} + U_{me}) \tag{8.43}$$

又因功率和电压有效值之间有下列关系

$$\left. \begin{array}{l} U_{ne} = \sqrt{R_V P_n} \\ U_{me} = \sqrt{R_V P_m} \\ U_{SN} = \sqrt{R_V P_{SN}} \end{array} \right\} \tag{8.44}$$

将式(8.44)代入式(8.43)可得

$$P_{SN} = \frac{k_c^2}{4}(P_n + P_m + 2\sqrt{P_n P_m}) \tag{8.45}$$

若忽略 P_n 与 P_m 之间的差异,可得

$$P_{SN}/P_m = k_c^2 \tag{8.46}$$

对于白高斯噪声,k_c 取值范围为 $2.5 \sim 3$。以 $k_c = 2.5$ 计,则 $k_c^2 = 6.25 \approx 8$ dB。可见,处于切线状态的视频输出信号噪声功率比为 8 dB 左右。

将 P_n, P_m, P_{so} 代入式(8.45)得

$$\frac{\gamma^2}{4R_V}G_R^2 P_{TSS}^2 = \frac{k_c^2}{4}\left\{ \frac{\gamma^2}{4R_V}(2W_o^2 \Delta f_R \Delta f_V - W_o^2 \Delta f_V^2) + KT_0 \Delta f_V F_V + \frac{\gamma^2}{4R_V}(2W_o^2 \Delta f_R \Delta f_V - \right.$$

$$W_o^2 \Delta f_V^2 + 2G_R P_{TSS}W_o \Delta f_R) + KT_0 \Delta f_V F_V +$$

$$\left. 2\sqrt{\left[\frac{\gamma^2}{4R_V}(2W_o \Delta f_R \Delta f_V - W_o^2 \Delta f_V^2 + KT_0 \Delta f_V F_V)\right]\left[\frac{\gamma^2}{4R_V}(2W_o^2 \Delta f_R - W_o^2 \Delta f_V^2 + 2G_R P_{TSS}W_o \Delta f_R) + KT_0 \Delta f_V F_V\right]} \right\}$$

再将

$$\begin{cases} W_{\text{o}}\Delta f_{\text{R}} = KT_0 F_{\text{R}} \cdot G_{\text{R}}\Delta f_{\text{R}} \\ n = \Delta f_{\text{R}}/\Delta f_{\text{V}} \\ R_{\text{V}} = \gamma^2 M^2 \end{cases}$$

代入上式,并消去公因子 $\gamma^2/(4R_{\text{V}})$,得

$$P_{\text{TSS}}^2 = \frac{k_{\text{c}}^2}{4}\left\{(KT_0\Delta f_{\text{R}}F_{\text{R}})^2\left(\frac{2}{n}-\frac{1}{n^2}\right)+\frac{4KT_0\Delta f_{\text{V}}F_{\text{V}}}{M^2 G_{\text{R}}^2}+(KT_0\Delta f_{\text{R}}F_{\text{R}})^2\left(\frac{2}{n}-\frac{1}{n^2}+\frac{2P_{\text{TSS}}}{KT_0\Delta f_{\text{R}}F_{\text{R}}}\right)+\frac{4KT_0\Delta f_{\text{V}}F_{\text{V}}}{M^2 G_{\text{R}}^2}+\right.$$

$$\left. 2\sqrt{\left[(KT_0\Delta f_{\text{R}}F_{\text{R}})^2\left(\frac{2}{n}-\frac{1}{n^2}\right)+\frac{4KT_0\Delta f_{\text{V}}F_{\text{V}}}{M^2 G_{\text{R}}^2}\right]\times\left[(KT_0\Delta f_{\text{R}}F_{\text{R}})^2\left(\frac{2}{n}-\frac{1}{n^2}+\frac{2P_{\text{TSS}}}{KT_0\Delta f_{\text{R}}F_{\text{R}}}+\frac{4KT_0\Delta f_{\text{V}}F_{\text{V}}}{M^2 G_{\text{R}}^2}\right)\right]}\right\}=$$

$$\frac{k_{\text{c}}^2}{4}\left\{\sqrt{(KT_0\Delta f_{\text{R}}F_{\text{R}})^2\left(\frac{2}{n}-\frac{1}{n^2}\right)+\frac{4KT_0\Delta f_{\text{V}}F_{\text{V}}}{M^2 G_{\text{R}}^2}}+\sqrt{(KT_0\Delta f_{\text{R}}F_{\text{R}})^2\left(\frac{1}{n}-\frac{1}{n^2}+\frac{2P_{\text{TSS}}}{KT_0\Delta f_{\text{R}}F_{\text{R}}}\right)+\frac{4KT_0\Delta f_{\text{V}}F_{\text{V}}}{M^2 G_{\text{R}}^2}}\right\}^2$$

将式(8.33)代入上式得

$$P_{\text{TSS}}^2 = \frac{k_{\text{c}}^2}{4}\left\{\sqrt{(KT_0 F_{\text{R}})^2\left[\Delta f_{\text{R}}^2\left(\frac{2}{n}-\frac{1}{n^2}\right)+\frac{A\Delta f_{\text{V}}}{G_{\text{R}}^2 F_{\text{R}}^2}\right]}+\sqrt{(KT_0 F_{\text{R}})^2\left[\Delta f_{\text{R}}^2\left(\frac{2}{n}-\frac{1}{n^2}+\frac{2P_{\text{TSS}}}{KT_0\Delta f_{\text{R}}F_{\text{R}}}\right)+\frac{A\Delta f_{\text{V}}}{G_{\text{R}}^2 F_{\text{R}}^2}\right]}\right\}^2$$

(8.47)

由于信号与噪声差拍分量较之射频放大器、检波器及视放产生的噪声之和较小,即

$$\frac{2\Delta f_{\text{R}}^2 P_{\text{TSS}}}{KT_0\Delta f_{\text{R}}F_{\text{R}}} < \Delta f_{\text{R}}^2\left(\frac{2}{n}-\frac{1}{n^2}\right)+\frac{A\Delta f_{\text{V}}}{G_{\text{R}}^2 F_{\text{R}}^2}$$

再利用二项式展开,并取前两项作近似计算,得

$$P_{\text{TSS}}^2 = k_{\text{c}}^2\left\{(KT_0 F_{\text{R}})^2\left[\Delta f_{\text{R}}^2\left(\frac{2}{n}-\frac{1}{n^2}\right)+\frac{A\Delta f_{\text{V}}}{G_{\text{R}}^2 F_{\text{R}}^2}\right]+KT_0 F_{\text{R}}\Delta f_{\text{R}}P_{\text{TSS}}\right\}$$

经整理配方,最后得

$$P_{\text{TSS}} = KT_0 F_{\text{R}}\left(\frac{1}{2}k_{\text{c}}^2\Delta f_{\text{R}}+k_{\text{c}}\sqrt{2\Delta f_{\text{R}}\Delta f_{\text{V}}-\Delta f_{\text{V}}^2+\frac{A\Delta f_{\text{V}}}{G_{\text{R}}^2 F_{\text{R}}^2}}\right)\times 10^6 \text{ W} \qquad (8.48)$$

将高斯分布的峰值系数 $k_{\text{c}}\approx2.5$ 代入,作近似计算,得

$$P_{\text{TSS}} = KT_0 F_{\text{R}}\left(3.15\Delta f_{\text{R}}+2.5\sqrt{2\Delta f_{\text{R}}\Delta f_{\text{V}}-\Delta f_{\text{V}}^2+\frac{A\Delta f_{\text{V}}}{G_{\text{R}}^2 F_{\text{R}}^2}}\right)\times 10^6 \text{ W} \qquad (8.49)$$

或

$$P_{\text{TSS}}(\text{dBm}) = -114(\text{dBm})+F_{\text{R}}(\text{dB})+10\lg\left(3.15\Delta f_{\text{R}}+2.5\sqrt{2\Delta f_{\text{R}}\Delta f_{\text{V}}-\Delta f_{\text{V}}^2+\frac{A\Delta f_{\text{V}}}{G_{\text{R}}^2 F_{\text{R}}^2}}\right)(\text{dBmW})$$

(8.50)

8.4.2　$\Delta f_{\text{R}}\geqslant 2\Delta f_{\text{V}}$

在 $\Delta f_{\text{R}}\geqslant 2\Delta f_{\text{V}}$ 的条件下,由于 $\Delta f_{\text{V}}\leqslant\Delta f_{\text{R}}/2$,视频噪声只有一部分进入视放,即表示为

$$P_{\text{V}} = \int_0^{\Delta f_{\text{V}}}F(f)\text{d}f = \frac{\gamma^2}{4R_{\text{V}}}\int_0^{\Delta f_{\text{V}}}2W_{\text{o}}(\Delta f_{\text{R}}-f)\text{d}f+\int_0^{\Delta f_{\text{V}}}4P_{\text{so}}W_{\text{o}}\text{d}f$$

后续的计算过程与 $\Delta f_{\text{V}}\leqslant\Delta f_{\text{R}} < 2\Delta f_{\text{V}}$ 状态相同,故这里只给出最终结果

$$P_{\text{TSS}} = KT_0 F_{\text{R}}\left(6.31\Delta f_{\text{V}}+2.5\sqrt{2\Delta f_{\text{R}}\Delta f_{\text{V}}-\Delta f_{\text{V}}^2+\frac{A\Delta f_{\text{V}}}{G_{\text{R}}^2 F_{\text{R}}^2}}\right)\times 10^6 \text{ W} \qquad (8.51)$$

或

$$P_{\mathrm{TSS}}(\mathrm{dBm}) = -114(\mathrm{dBm}) + F_{\mathrm{R}}(\mathrm{dB}) + 10\lg\left(6.31\Delta f_{\mathrm{V}} + 2.5\sqrt{2\Delta f_{\mathrm{R}}\Delta f_{\mathrm{V}} - \Delta f_{\mathrm{V}}^2 + \frac{A\Delta f_{\mathrm{V}}}{G_{\mathrm{R}}^2 F_{\mathrm{R}}^2}}\right) \ (\mathrm{dBmW})$$

$$(8.52)$$

这就是侦察接收机切线灵敏度的通用计算公式。试验证明:对晶体视频接收机和超外差接收机,无论是平方律检波还是线性检波,该公式均具有相当高的准确度。在实际工作中,可根据具体情况简化。

8.4.3 在射频增益限制(欠增益)下

检波前增益不足,如不带射频放大器的晶体视频接收机,或射频放大器增益不高,以致 $\Delta f_{\mathrm{V}}/G_{\mathrm{R}}F_{\mathrm{R}} \gg (2\Delta f_{\mathrm{R}}\Delta f_{\mathrm{V}} - \Delta f_{\mathrm{V}}^2)$,式(8.50)和式(8.51)这两个通用计算公式可作如下简化:

当 $\Delta f_{\mathrm{V}} \leqslant \Delta f_{\mathrm{R}} < 2\Delta f_{\mathrm{V}}$ 时

$$P_{\mathrm{TSS}} = KT_0 F_{\mathrm{R}}\left(3.15\Delta f_{\mathrm{R}} + 2.5\sqrt{\frac{A\Delta f_{\mathrm{V}}}{G_{\mathrm{R}}^2 F_{\mathrm{R}}^2}}\right) \times 10^6 \ \mathrm{W} \tag{8.53}$$

或

$$P_{\mathrm{TSS}}(\mathrm{dBm}) = -114(\mathrm{dBm}) + F(\mathrm{dB}) + 10\lg\left(3.15\Delta f_{\mathrm{R}} + 2.5\sqrt{\frac{A\Delta f_{\mathrm{V}}}{G_{\mathrm{R}}^2 F_{\mathrm{R}}^2}}\right) \ (\mathrm{dBmW}) \tag{8.54}$$

当 $\Delta f_{\mathrm{R}} \geqslant 2\Delta f_{\mathrm{V}}$ 时

$$P_{\mathrm{TSS}} = KT_0 F_{\mathrm{R}}\left(6.31\Delta f_{\mathrm{V}} + 2.5\sqrt{\frac{A\Delta f_{\mathrm{V}}}{G_{\mathrm{R}}^2 F_{\mathrm{R}}^2}}\right) \times 10^6 \ \mathrm{W} \tag{8.55}$$

或

$$P_{\mathrm{TSS}}(\mathrm{dBm}) = -114(\mathrm{dBm}) + F_{\mathrm{R}}(\mathrm{dB}) + 10\lg\left(6.31\Delta f_{\mathrm{V}} + 2.5\sqrt{\frac{A\Delta f_{\mathrm{V}}}{G_{\mathrm{R}}^2 F_{\mathrm{R}}^2}}\right) \ (\mathrm{dBmW}) \tag{8.56}$$

在噪声限制下对于检波前增益很高的接收机,如超外差接收机、高 G_{R} 的晶体视频接收机,整机噪声则由检波前电路的噪声电平决定,应满足如下不等式:

$$\frac{A\Delta f_{\mathrm{V}}}{G_{\mathrm{R}}^2 F_{\mathrm{R}}^2} < 0.2(2\Delta f_{\mathrm{R}}\Delta f_{\mathrm{V}} - \Delta f_{\mathrm{V}}^2)$$

即

$$G_{\mathrm{R}} > \frac{2.24}{F_{\mathrm{R}}}\sqrt{\frac{A}{2(\Delta f_{\mathrm{R}} - \Delta f_{\mathrm{V}})}} \tag{8.57}$$

在此条件下,通用灵敏度公式可作如下简化:

当 $\Delta f_{\mathrm{V}} \leqslant \Delta f_{\mathrm{R}} < 2\Delta f_{\mathrm{V}}$ 时

$$P_{\mathrm{TSS}} = KT_0 F_{\mathrm{R}}(3.15\Delta f_{\mathrm{R}} + 2.5\sqrt{2\Delta f_{\mathrm{R}}\Delta f_{\mathrm{V}} - \Delta f_{\mathrm{V}}^2}) \times 10^6 \ \mathrm{W} \tag{8.58}$$

或

$$P_{\mathrm{TSS}}(\mathrm{dBm}) = -114(\mathrm{dBm}) + F_{\mathrm{R}}(\mathrm{dB}) + 10\lg(3.15\Delta f_{\mathrm{R}} + 2.5\sqrt{2\Delta f_{\mathrm{R}}\Delta f_{\mathrm{V}} - \Delta f_{\mathrm{V}}^2}) \ (\mathrm{dBmW})$$

$$(8.59)$$

当 $\Delta f_{\mathrm{R}} \geqslant 2\Delta f_{\mathrm{V}}$ 时

$$P_{\mathrm{TSS}} = KT_0 F_{\mathrm{R}}(6.31\Delta f_{\mathrm{V}} + 2.5\sqrt{2\Delta f_{\mathrm{R}}\Delta f_{\mathrm{V}} - \Delta f_{\mathrm{V}}^2}) \times 10^6 \ \mathrm{W} \tag{8.60}$$

或

$$P_{TSS}(\text{dBm}) = -114(\text{dBm}) + F_R(\text{dB}) + 10\lg(6.31\Delta f_V + 2.5\sqrt{2\Delta f_R \Delta f_V - \Delta f_V^2})(\text{dBmW}) \tag{8.61}$$

若 $\Delta f_R \gg \Delta f_V$，式(7.61)还可进一步简化为

$$P_{TSS} = KT_0 \Delta f_e F_R \times 2.5 \times 10^6 \text{ W} \tag{8.62}$$

或

$$P_{TSS}(\text{dBm}) = -114(\text{dBm}) + F_R(\text{dB}) + \Delta f_e(\text{dB/MHz}) + 4(\text{dB}) \tag{8.63}$$

其中

$$\Delta f_e = \sqrt{2\Delta f_R \Delta f_V} \tag{8.64}$$

Δf_e 称为有效噪声带宽，它等于 Δf_R 和 Δf_V 的几何均值。可见，只有在噪声限制下且同时满足 $\Delta f_R \gg \Delta f_V$，方存在有效噪声带宽。

8.5　工作灵敏度

8.5.1　接收机的工作灵敏度

利用前面导出的公式可以计算侦察接收机的切线灵敏度和工作灵敏度。工作灵敏度计算步骤如下：

① 确定常数 A。若 M 和 F_V 已知，可用式(8.33)算得，否则则由试验方法确定，具体做法如下：首先测得微波检波器的切线灵敏度，再利用下式算出 A 值。

$$P'_{TSS} = 2.5KT_0\sqrt{A\Delta f_V} \times 10^6 \text{ W} \tag{8.65}$$

或

$$P'_{TSS}(\text{dBm}) = -110(\text{dBm}) + 10\lg\sqrt{A\Delta f_V}(\text{dBm}) \tag{8.66}$$

② 判别限制条件。如果满足式(8.57)，说明接收机工作在噪声限制条件下，否则接收机处于增益有限条件下工作。

③ 确定 Δf_R 与 Δf_V 的相对大小，即

$$\Delta f_V \leqslant \Delta f_R < 2\Delta f_V \quad \text{或} \quad \Delta f_R \geqslant 2\Delta f_V$$

以确定计算所用的公式。

④ 若 $\Delta f_R \gg \Delta f_V$，又处于噪声限制状态，则可用式(8.62)计算 P_{TSS}。

⑤ 计算接收机的工作灵敏度。若检波器的输入信号-噪声功率比 $S_i/N_i \ll 1$，说明检波器处于平方律状态工作，则输出信号-噪声功率比 $S_o/N_o = (S_i/N_i)/2$，所以工作灵敏度为

$$P_{oPS} = P_{TSS}(\text{dBm}) + 3(\text{dB}) \tag{8.67}$$

若 $S_i/N_i \gg 1$，说明检波器处于线性工作状态，$S_o/N_o \approx S_i/N_i$，则

$$P_{oPS} = P_{TSS}(\text{dBm}) + 6(\text{dB}) \tag{8.68}$$

8.5.2　侦察系统灵敏度

侦察系统灵敏度为

$$P_{s\min} = P_{r\min}/G_r \tag{8.69}$$

或

$$P_{s\,min}(dBm) = P_{r\,min}(dBm) - G_r(dB) \tag{8.70}$$

式中：$P_{r\,min}$ 为接收机实际灵敏度，即工作灵敏度或检测灵敏度。

对于给定的侦察系统，只有当加到侦察天线处的信号功率大于系统灵敏度，即当

$$P_{s\,min} \leqslant \frac{P_t G_t \lambda^2}{(4\pi R_r)^2 L} \tag{8.71}$$

时，此信号才能被系统正常接收。

当接收机的实际灵敏度给定时，若要正常接收某一给定雷达信号，侦察天线增益必须满足下式：

$$G_r \geqslant \frac{(4\pi R_r)^2 \cdot L \cdot P_{r\,min}}{P_t G_t \lambda^2} \tag{8.72}$$

8.6 电子战电子支援接收系统的动态范围

电子战支援侦查接收机的动态范围是指终端能正常工作时输入端所允许的最小信号到最大信号的范围。它的大小是由战斗任务和所面临的复杂电磁和接收机的体制所决定的。

为了既能探测截获远距离或小功率的目标，又能探测近距离或大功率的目标，要求侦查接收机有高的灵敏度和很强的过载能力，即要有大的动态范围。

为了既能探测、截获幅度瞬时大范围变化的信号，又能探测、截获幅度大范围慢速变化的信号，要求系统既有大的瞬时动态范围，又有大的惯性动态范围。

侦查接收机中，非线性元器件将产生互调制，使信号失真，引起检测误差。因此侦查接收机不但需要大的线性动态范围，而且需要大的无虚假动态范围。

电子战电子支援侦察接收机包括角误差检测系统也包括测频系统，而且时间上重叠的多个强信号同时进入，特别是瞬时测频接收机，在整个频段范围内是敞开的，其有源器件必然产生非线性失真。因此接收系统必须有大的无虚假动态范围或大的线性动态范围。

常用的动态范围有：① 线性动态范围；② 无虚假动态范围；③ 瞬时动态范围。

8.7 线性动态范围

8.7.1 定 义

线性动态范围定义为：接收机输入端口输入的单频信号时，1 dB 压缩点对应的输入功率 $P_{1\,dB}$ 与最小可检测功率（即接收机灵敏度）之比，记作 M_{LDR}。用分贝表示式可写成

$$M_{LDR} = P_{1\,dB}(dBmW) - P_{r\,min}(dBmW) \tag{8.73}$$

线性动态范围主要用于描述侦查接收机工作在线性状态时所能处理的输入信号功率的范围。从式(8.73)可以看出，线性动态范围下限取决于接收机的灵敏度 $P_{r\,min}$，而上限则取决于接收机在 1 dB 增益压缩点处对应的输入功率。

M_{LDR} 主要用于表征对幅度测量的能力，也适用于表征对频率测量的能力。

8.7.2 1 dB 压缩点

为防止接收机产生虚假数据，接收机部件必须工作在线性状态。换句话说，输出信号幅度

必须与输入信号幅度呈线性。通常设计中使接收机中幅度测量电路不受这种限制。如果幅度以分贝为单位测量,则当输入信号增加 1 dB 时,输出信号也将增加 1 dB。这一结果如图 8.19 所示。

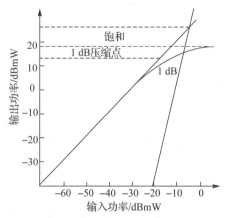

图 8.19　接收机增益的输入和输出信号关系

在图 8.19 中示出的接收机增益可用分贝表示为

$$G(\mathrm{dB}) = 10\lg(S_{\mathrm{o}}/S_{\mathrm{i}}) \tag{8.74}$$

或

$$S_{\mathrm{o}}(\mathrm{dBmW}) = G(\mathrm{dB}) + S_{\mathrm{i}}(\mathrm{dBmW}) \tag{8.75}$$

从式(8.74)可以看出,输出与输入呈线性关系。如果 X 和 Y 两个轴有相同的标度,则直线的斜率为 1。增益可以从两个轴标度的差读出。

但是,在接收机中,如果输入信号强度继续增加,接收机的某种部件(如放大器和混频器)会饱和。结果,接收机的输出就不再随输入信号线性增加。例如,当输入增加 1 dB 时,输出增加小于 1 dB,如图 8.19 所示。当接收机的输出偏离其线性区域 1 dB 时,对应的输入电平(或输出电平)就称为 1 dB 压缩点。图 8.19 中 1 dB 压缩点对应的输出约为 14 dBmW。这个定义通常不仅用在测量信号幅度的接收机中,而且用在线性器件中。

8.8　(单信号)无虚假动态范围

当一部接收机只给出输入信号的频率信息而不测量其幅度信息时,动态范围可以由其频率测量能力来确定。由于频率测量应用于侦察接收机的瞬时测频,而且是侦察接收机的主要性能,故动态范围通常是利用这种能力来确定的(即使接收机测量信号幅度)。在这种情况下,对同一接收机可以引用两种动态范围,一种与幅度测量能力有关,而另一种则与其频率测量能力有关。

动态范围的下限通常定义为最弱的信号功率,其中测量的频率误差处在某一预定的范围之内;动态范围的上限是最强的信号功率,其中测量的频率误差处在相同的预定范围之内。通过一部既测量输入信号的频率也测量其幅度的瞬时测频(IFM)接收机来解释动态范围。如果接收机可测量的输入信号为 −65～−10 dBmW,频率精度为 ±3 MHz,则一般认为该接收机的动态范围大小为 55 dB,虽然幅度测量电路可能只有 30 dB 的线性范围。为了避免上述例子的混淆,应给出接收机的两种动态范围。

后面将要讨论,某些接收机(例如晶体管视频和 IFM 接收机)一次只能测量一个信号的问题(即使其输入端有几个不同时到达信号)。在其他的接收机中,如果有同时到达的输入信号,则接收机会测量所有信号。如果只有一个输入信号,则具有测量同时到达信号能力的接收机应报出一个信号。但是,当接收机中某些线性部件被激励进入非线性区域时,则接收机的输入端上可能出现一些附加(虚假)信号。例如,一个混频器可能产生互调产物,而一个放大器在饱和时可能产生二次谐波。通常,接收机的动态范围被称为单信号无虚假动态范围。在此动态范围内,如果接收机的输入端出现一个信号,则接收机不会产生虚假信号。

8.9　瞬时动态范围

1. 针状波束与副瓣交替时引进的瞬时动态范围

当雷达环扫时,特别是边扫描边跟踪笔形波束雷达,其信号强弱变化非常快,脉冲与脉冲之间就有 30~50 dB 的变化。这时的增益控制应是瞬时的。因此侦察接收机的动态范围引进瞬时动态范围这个概念,瞬时动态范围用 $M_{\mathrm{LFDR_I}}$ 或 M_I 表示,这与上节中的双信号瞬时动态范围是不同的。

侦察接收机的瞬时动态范围,一般就是低截获概率(LPI)雷达主波束增益与超低副瓣增益之差,即

$$M_{\mathrm{LFDR_I}} = G_t - |G_t'| \,(\mathrm{dB}) \tag{8.76}$$

式中:G_t 为 LPI 雷达主波束增益;G_t' 为 LPI 雷达的副瓣增益;$M_{\mathrm{LFDR_I}}$ 的取值范围为 30~50 dB。

2. 双信号瞬时动态范围

如果接收机可以接收同时到达的信号,例如侦察系统的瞬时测频接收机,则同时到达的输入信号通常会相互干扰。假定两个信号的幅度不相同,一个强信号和一个弱信号。如果强信号驱动接收机进入非线性区域,它会压制弱信号。在这种条件下,两个信号幅度的测量都不精确。由于饱和效应,测得的两个信号的幅度都会小于实际值。如果抑制效应很强,接收机会失去弱信号。

双信号瞬时动态范围的定义是:接收机能够准确地测量两个同时到达的信号时,两个同时到达信号之间的最大幅度间隔,通常主要考虑信号的频率测量。因此,瞬时动态范围被认为是:接收机能够准确测量两个同时信号频率的情况下,两个同时到达信号之间最大幅度间隔。一般说来,接收机的瞬时动态范围是两个信号的频率间隔的函数。如果输入是脉冲信号,它们的频谱会在频域内扩展。例如,幅度为 A 和宽度为 T 的脉冲可以写成

$$\left. \begin{aligned} s(t) &= A, \quad -\frac{T}{2} < t < \frac{T}{2} \\ s(t) &= 0, \quad \text{其他} \end{aligned} \right\} \tag{8.77}$$

其傅里叶变换为

$$S(f) = \int_{-\frac{T}{2}}^{\frac{T}{2}} A \exp(-\mathrm{j}\omega t)\,\mathrm{d}t = AT\,\frac{\sin \pi f T}{\pi f T} \tag{8.78}$$

式中:f 为频率,$\omega = 2\pi f$,在 $A = 1$ 的情况下以分贝为单位画出的功率谱 $S(f)^2$ 如图 8.20 所示。当输入是两个同时到达脉冲,弱信号必须不被淹没在强信号的旁瓣中,否则接收机不能检测弱信号,因此,在计算瞬时动态范围时,输入信号的脉宽必须足够宽,使其不出现上述条件。通常用连续波或宽脉冲信号代替脉冲信号来计算瞬时动态范围。此外,两个信号之间的最小频率间隔必须大于接收机的频率分辨力;否则接收机不可能把它们区分开。

图 8.21 所示为瞬时动态范围的典型结果。由于在接收机中通常应用滤波器来分开频率相近的信号,故两个信号在频率上间隔越远,动态范围就越宽。当两个信号在频率上相近时,动态范围与频率的关系曲线类似于接收机中所用的滤波器形状。当两个信号在频率上间隔远时,滤波器的影响不再显示出来,并且动态范围大体上是一个常数,它是由接收机中所用的线性有源器件决定的。

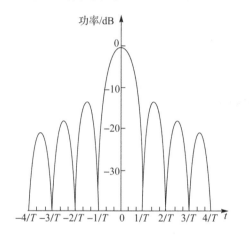

图 8.20　脉冲信号的功率谱

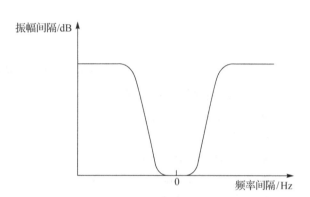

图 8.21　瞬时动态范围的典型结果

8.10　接收机动态范围的估算

前面我们讨论了放大器和混频器的增益压缩、互调失真、线性动态范围和无虚假动态范围等质量指标分析的全过程。由于接收机一般是由射频(和中频)放大器、混频器、检波器等含有非线性元件的两端口器件构成的,因此可以把一部接收机看成是一个含有线性元件的两端口网络。这样,前面对放大器和混频器性能特性的分析所得到的基本关系式同样可用于估算接收机的动态范围。例如,当测出接收机的整机最小可检测灵敏度 $P_{r\,\min}$(或噪声系数 F_n),1 dB 压缩点的输出功率 $P_{1\,dB}$,则接收机的线性动态范围可按下式计算:

$$M_{\mathrm{LDR}}(\mathrm{dB}) = P_{1\,\mathrm{dB}}(\mathrm{dBW}) - G(\mathrm{dB}) + 144(\mathrm{dBW}) - \Delta f(\mathrm{dB}) - F_n(\mathrm{dB})$$

式中:功率增益 G 为接收机的总增益;F_n 为接收机的总噪声系数,其值为

$$F_n = F_1 + \frac{F_1 - 1}{G_1} + \frac{F_2 - 1}{G_1 G_2} + \cdots + \frac{F_N - 1}{G_1 G_2 \cdots G_{N-1}}$$

式中:$F_1, F_2, \cdots, F_N$ 和 $G_1, G_2, \cdots, G_{N-1}$ 分别为接收机第一级、第二级等的噪声系数和功率增益。如果组成接收机的各级有源器件和互调截点值是已知的,则可用式(4.97)所表示的互调截点值级联公式计算出接收机的总的互调截点值 Q_{3T},则接收机无虚假动态范围可由下式

估算：

$$M_{SEDR}(\text{dB}) = \frac{2}{3}\left[Q_{3T}(\text{dBmW}) - G(\text{dB}) + 114(\text{dBmW}) - \Delta f_R(\text{dB}) - F_n(\text{dB})\right]$$

下面举例说明估算接收机动态范围的方法。设一个接收机前端的原理如图 8.22 所示。

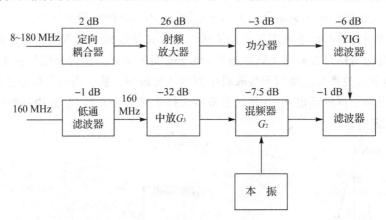

图 8.22 接收机前端的原理

接收机前端有关指标如下：

- 工作频率：8～18 GHz；
- 噪声系数：12 dB（最大）；
- 线性动态范围大小：70 dB；
- 无虚假动态范围大小：53 dB；
- 接收机前端总增益：40.5 dB；
- 中频频率：160 MHz；
- 中频带宽：1 MHz；
- 系统阻抗：50 Ω。

接收机动态范围估算的步骤如下：

① 根据式(8.22)计算接收机前端的最小检测灵敏度

$$P_{r\min} = -114(\text{dBmW}) + \Delta f_R(\text{dB/MHz}) + F_n(\text{dB}) = (-114 + 0 + 12)\text{dBmW} = -102 \text{ dBmW}$$

折算到射频放大器输入端的最小可检测灵敏度为

$$P_{r\min} = (-102 + 2)\text{dBmW} = -100 \text{ dBmW}$$

② 根据无虚假动态范围计算公式，计算三阶互调总截点值 Q_{3T}

$$Q_{3T} = \frac{2}{3}M_{SFDR} - |P_{r\min}| + G = 20 \text{ dBmW}$$

③ 选择接收机前端各组成部件的三阶互调截点值。根据前面的分析可以看出，接收机的无虚假动态范围主要取决于最后一级的动态范围，而且无虚假动态范围与三阶互调截点值呈线性关系。据此可选择最后一级中频放大器的三阶互调截点值等于接收机前端总的三阶互调截点值，即中频放大器的三阶互调截点值为 $Q_{33} = 20 \text{ dBmW} = 100 \text{ mW}$，选择其他两者的三阶互调截点值为

$$Q_{32} = 28 \text{ dBmW} = 630.957 \text{ mW} \quad （混频频级）$$

$$Q_{31} = 20 \text{ dBmW} = 100 \text{ mW} \quad （射频放大器级）$$

表 8.2 所列为接收机前端主要器件参考技术指标。

表 8.2 接收机前端主要器件参考技术指标

器件名称	频率/GHz	增益/dB	噪声系数/dB	1 dB 压缩点 /dBmW	三阶互调截点值 /dBmW
射频放大器	8～18	26	8	+10	+20
混频器	8～18	−7.5	6	+15	+28
中频放大器	0.16	32	1.5	+10	+20

④ 利用互调截点值的级联公式和图 8.22,计算接收机总的三阶互调截点值(输出)

$$\frac{1}{(Q_3)_T} = \frac{1}{(Q_3)_1 L_f G_2 G_3} + \frac{1}{(Q_3)_2 G_3} + \frac{1}{(Q_3)_3}$$

式中:L_f 为射频放大器到混频器之间的传输损耗,其值为 $L_f = -10\ dB = 0.1$,把以上有关数据代入后得

$$(Q_3)_T = 96.6\ mW = 19.85\ dBmW$$

⑤ 按 M_{SFDR} 计算公式,计算接收机前端的无虚假动态范围

$$M_{SFDR} = \frac{2}{3}(19.85 - 40.5 + 100)dB \approx 53\ dB$$

计算结果表明,根据表 8.2 所选器件的性能指标估算的无虚假动态范围,完全满足整机的技术指标要求。

⑥ 接收机前线性动态范围的估算:

已知接收机前端总的输出三阶截点值约为 20 dBmW,按实践经验得到,接收机 1 dB 压缩点比三阶互调截点值低 10～15 dB,即取 $P_{1\ dB} = (20 - 10)dBmW = 10\ dBmW$,故按线性动态范围计算公式估算其线性动态范围为

$$M_{LDR} = (10 - 40.5 + 100)dB = 69.5\ dB \approx 70\ dB$$

上述接收机前端实测的无虚假动态范围和线性动态范围分别列入表 8.3 和表 8.4 中。

表 8.3 接收机前端无虚假动态范围

f/GHz	F_n/dB	输入信号电平 /dBmW	抑制比/dB	$(Q_3)_T$/dB	M_{SFDR}/dB	原指标/dB
7.975	8.1	−40	−48	−16	59.9	53
8.025	9.1	−40	−60	−10	63.3	53
10	8.7	−40	−60	−10	63.5	53
14	11.8	−30	−48	−6	64.1	53
16	12	−30	−43	−9	62	53
18	13	−30	−47	−7	63	53

表 8.4　接收机前端线性动态范围

f/GHz	F_n/dB	$P_{r\,min}$/dBmW	输入信号电平/dBmW	M_{LDR}/dB	原指标/dB
7.975	8.1	−105.9	−24.8	81.1	70
8.025	9.1	−104.9	−15	89.9	70
10	8.7	−105.3	−15.2	90.1	70
14	11.8	−102.2	−15	87.2	70
16	12	−102	−17.9	84.1	70
18	13	−101	−19.7	81.3	70

注：以上数据为以输入端参量计算的结果，中频带宽 1 MHz，输入信号电平对应于 1 dB 压缩点。

习　题

1. 简述电子支援的定义和作用。
2. 简述电子支援侦察接收系统常用的灵敏度有哪些？它们的定义分别是什么？
3. 简述电子战电子支援接收系统的动态范围定义和分类。
4. 简述截获信号需要同时满足的条件。
5. 设接收机带宽为 20 MHz，噪声系数 10 dB，需要的最小信噪比为 13 dB，计算该接收机的灵敏度。
6. 假设雷达发射功率和天线增益已确定，思考如何提高侦察系统的作用距离？
7. 设雷发射功率为 50 kW，雷达天线增益为 30 dB，距离该雷达 50 km 处有工作频率为 2～18 GHz 的侦察机，接收天线增益为 0 dB，侦察机要侦察此雷达，计算该侦察机需要达到的灵敏度。
8. 设侦察机位于 8 000 m 高度的飞机上，该侦察机在侦察地面雷达。
   (1) 思考是否该侦察机的灵敏度越高，侦察地面雷达时的作用距离越远。
   (2) 假设地面有一雷达天线高度为 100 m，计算该侦察机与这个雷达的直视距离。

第9章 辐射源的频率测量方法

9.1 概 述

9.1.1 辐射源信号频率测量的重要性

电子支援侦察系统的使命在于测定辐射源的坐标和特征,而反映特征的各种信息包含在辐射源辐射的信号中。因此,必须对辐射信号进行分析和测量。

在现代电磁环境下,ESM 接收系统的输入一般是多部辐射源信号交叠在一起的信号流。该信号流通常由下式表示:

$$x(t) = \sum_{i=1}^{N} s_i(t, H_i) + n(t) \tag{9.1}$$

式中:$n(t)$ 为噪声;t 为时间;H_i 为第 i 个辐射源信号的参数集,它表示信号的频率、幅度等特征参数。

在辐射源的各参数中,频率参数是重要参数,它包括载波频率、频谱和多普勒频率等。其中主要是载波频率,因此,本章只讨论对辐射源信号频率的测量。ESM 接收机要探测辐射源信号,必须同时满足以下条件:信号有足够的功率电平;方向和频率瞄准;极化匹配一致。为了进行有效的电子攻击和防御,必须首先进行信号分选和威胁识别,辐射源信号频率信息是信号分选和威胁识别的重要参数。由此可见,测量辐射源信号载频频率非常必要。

9.1.2 对测频系统的基本要求

由于现代电磁环境是密集的、复杂的和捷变的信号环境,因而测频接收机必须满足下列基本要求。

1. 实时处理

对于测频技术来说,实时处理就是指瞬时测频。对于脉冲雷达信号来说,应在脉冲持续时间内完成测频任务。测频接收机要截获频率捷变信号、宽脉冲线性调频信号等扩频雷达信号,必须对其进行频域的实时处理。也就是说测频接收机应该是实时频谱分析器,应实现瞬时测频。为了实现这个目标,首先必须有宽的瞬时频带,如一个倍频程,甚至几个倍频程;其次要有高的处理速度,故应采用模拟处理或快速数字信号处理。

对信号处理的实时性直接影响到系统的截获概率和截获时间。ESM 系统的截获概率是指在给定时间内正确地发现和识别给定信号的概率。截获概率既与辐源的特性有关,又与ESM 系统的性能有关。如果接收空间与信号空间完全匹配,并能实时处理,就能获得全概率,即截获概率为 1,丢失概率为 0。全概率接收机是理想的 ESM 接收机。实际的 ESM 接收机,其丢失概率均大于 0,而截获概率则均小于 1。

频域的截获概率,即通常所说的频率搜索概率。对于脉冲雷达信号来说,根据给定时间不同,可定义为单个脉冲搜索概率、脉冲群的搜索概率以及在某一给定的搜索时间内的搜索概

率。单个脉冲的频率搜索概率为

$$P_{\mathrm{If}_1} = \frac{\Delta f_r}{f_2 - f_1} \tag{9.2}$$

式中：Δf_r——测频接收机的瞬时带宽；

$f_2 - f_1$——测频范围。

例如 $\Delta f_r = 5\ \mathrm{MHz}$，$f_2 - f_1 = 1\ \mathrm{GHz}$，则 $P_{\mathrm{If}_1} = 5 \times 10^{-3}$，可见是很低的。若能在测频范围内实现测频，即 $\Delta f_r = f_2 - f_1$，于是 $P_{\mathrm{If}_1} = 1$。

截获时间是指达到给定截获概率所需要的时间。它也与辐射源特性及 ESM 接收系统的性能有关。对于脉冲雷达信号来说，若采用非搜索的瞬时测频，单个脉冲的截获时间为

$$t_{\mathrm{If}_1} = T_r + t_{\mathrm{Ih}} \tag{9.3}$$

式中：T_r——脉冲重复周期；

t_{Ih}——ESM 系统的通过时间，即信号从接收天线进入到终端设备输出所需要的时间。

2. 有足够高的频率分辨力和测频精度

所谓频率分辨力是指测频系统所能分开的两个同向且同时到达信号的最小频率差。

对于传统的晶体视频接收机和窄带超外差接收机来说，其频率分辨力等于瞬时带宽。宽开式晶体视频接收机的瞬时频带与测频范围相等，因此该接收机对单个脉冲的频率截获概率虽为 1，可是频率分辨力却很低。而窄带扫频超外差接收机，瞬时频带很窄，对单个脉冲截获概率虽很低，然而频率分辨力却比较高。可见，传统的测频接收机在频率截获概率和频率分辨力之间存在着矛盾。

目前信号环境的信号日益密集，不仅在超外差接收机的频带内有可能同时出现几个信号，而且信号频率可能捷变。故传统的测频系统无法完成测频任务，这就迫切要求新型的测频接收机，使其既在频域上是宽开的，频率截获概率高，又要保持频率分辨力高。这样，虽然频域敞开，信号流密度很大，处理机负担过重，难以实时处理，但是由于接收机频率分辨力高，用信号的频率信息进行预分选，便可以稀释信号流。

所谓测频误差是指测量得到的信号频率值与信号频率的真值之差。测频误差越小，其测频精度就越高。

对于传统的测频接收机，最大测频误差主要由瞬时频带 Δf_r 决定，即

$$\sigma f_{\max} = \pm \frac{1}{2} \Delta f_r \tag{9.4}$$

可见，瞬时频带越宽，测频精度越低。对于超外差接收来说，它的测频误差还与本振频率的稳定度、调谐特性的线性度与调谐频率的滞后量等因素有关。

按起因，可将测频误差分为两大类：系统误差和随机误差。系统误差是由测频系统元器件局限性引起的，通过校正可以减小；随机误差是由随机因素引起的，可以通过多次测量取平均值的方法减小。

3. 具有检测和处理多种形式信号的能力

由于辐射源信号种类很多，大抵可以分为两类：脉冲信号和连续波信号。在脉冲信号中，有常规的低工作比的脉冲信号、高工作比的脉冲多普勒信号、重频抖动信号、各种编码信号以及各种扩谱信号，其频谱的旁瓣往往遮盖弱信号，并引起频率模糊问题，使频率分辨力降低。

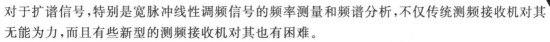

对于扩谱信号,特别是宽脉冲线性调频信号的频率测量和频谱分析,不仅传统测频接收机对其无能为力,而且有些新型的测频接收机对其也有困难。

连续波信号有非调频和调频两种。它们的共同特点是峰值功率低,比普通的脉冲信号要低 3 个数量级,这就对接收机的灵敏度提出了苛刻的要求。

4. 对同时到达信号应有良好的分离能力

对于脉冲信号来说,两个以上的脉冲前沿严格对准的概率是很小的,因而理想的同时到达信号实际没有意义。这里所说的同时到达信号是指两个脉冲前沿时差 $\Delta t < 10$ ns 或 10 ns$<$$\Delta t < 120$ ns,称前者为第一类同时到达信号,后者为第二类同时到达信号。由于环境的信号日益密集,两个以上信号在时域上重叠概率日益增大,则测频接收机对同时到达信号应能精确地分别测定它们的频率,而且不得丢失其中的弱信号。

5. 有足够高的灵敏度和足够大的动态范围

灵敏度是测频接收机检测弱信号能力的象征。正确地发现信号是测量信号频率的前提。要精确地测频,特别是数字式精确测频,被测信号必须比较"干净",即有足够高的信噪比。如果接收机检波前的增益足够高,灵敏度由接收机前端器件的噪声电平确定的,通常称之为噪声限制灵敏度。如果检波前的增益不够高,检波器和视放的噪声对接收机输出信噪比也有影响,这时接收机的灵敏度称增益限制灵敏度。

测频接收机的动态范围是在保证精确测频前提下输入信号功率的变化范围。在测频接收机中,被测信号的功率电平变化,会影响测频精度,信号过强会使测频精度下降,过弱则信噪比低,也会使测频精度降低。这种强信号输入功率和弱信号输入功率之比称为噪声限制动态范围。如果在强信号的作用下,测频接收机内部产生的寄生信号遮盖了同时到达的弱信号,这就会妨碍对弱信号的测频。强信号输出功率与寄生信号的输出功率之比称为瞬时动态范围。它的数值大小,也是测频接收机处理同时到达信号能力的一种度量。

6. 允许的最小脉冲宽度 τ_{min} 要尽量窄

被测信号的脉冲宽度上限通常对测频性能影响不大,而脉冲宽度的下限却往往限制测频性能。譬如,脉冲宽度越窄,频谱越宽,频率模糊问题越严重。脉冲宽度过窄,还会引起截获概率下降或输出信噪比下降等。

在实际工作中,上述各项要求可能彼此矛盾,必须根据战术要求统筹解决。在电子支援测频接收机中,着重强调测频的实时性、截获概率和频率分辨力;而情报系统则强调测频精度、测频范围以及对多种信号的处理能力。

9.1.3　测频技术的分类

由于信号频率的测量是在 ESM 接收机前端进行的,被测信号与干扰(噪声等)混杂着,故测频是一种对信号的预处理。雷达接收系统采用匹配滤波器对回波信号进行预处理,把被测信号和干扰分开。而在 ESM 系统中,侦收的是各种辐射源信号,彼此差别很大,对它们的先验知识比雷达更少,难以采用匹配滤波。尽管如此,ESM 接收系统为了从频域把各个辐射源信号从干扰中分离出来,也必须用滤波手段。因此测频接收机虽然千差万别,但归根结底,它们都是宽频域滤波器。若能把各种模拟信号处理技术与传统的测频接收机融为一体,就能研制出各种新型的测频接收机。测频技术的分类如图 9.1 所示。

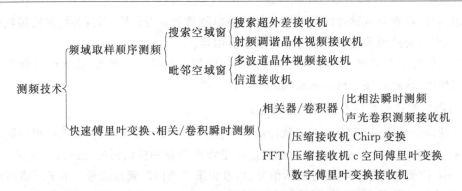

图 9.1　测频技术的分类

由图可以看出,一类测频技术是直接在频域进行的,称为频域取样法,其中包括搜索频率窗(搜索法测频)和毗邻频率窗(信道化测频)。搜索法测频是通过接收机的频带扫描,连续对频域进行取样,是一种顺序测频。其主要优点是:原理简单,技术成熟,设备紧凑。其严重缺点是频率截获概率和频率分辨力的矛盾难以解决。除此以外,其他各种测频方法均为非搜索法测频。由于它们能对频率覆盖范围内同时到达信号进行测频,故又称之为瞬时测频或单脉冲测频。

第二类测频技术不是直接从频域进行的,其中包括快速傅里叶变换和相关/卷积。这些后起之秀的共同特点是:既能获得宽瞬时频带,实现高截获概率,又能获得高频率分辨力,较好地解决了截获概率和频率分辨力之间的矛盾。由于对信号的载波频率测量是在包络检波器之前进行的,这就对器件的工作频率和运算速度提出了苛刻的要求。用模拟式快速傅里叶变换处理机构成测频接收机,其中有用 Chirp 变换处理机构成的压缩接收机、用建立在声光互作用原理上的空间傅里叶变换处理机构成的声光接收机。它们不仅解决了截获概率和频率分辨力之间的矛盾,而且对同时到达信号的分离能力很强。随着超高集成电路的进展,由数字式快速傅里叶变换处理机构成的高性能测频接收机将会诞生,它不仅能解决截获概率和频率分辨力之间的矛盾,对同时到达信号的滤波性能很强,而且测频精度将会更高,使用更加灵活,能够有力地推动对频域的信息资源的进一步开发。

在时域利用相关器或卷积器也可以构成测频接收机。其中利用微波相关器构成的瞬时测频接收机,它成功解决了截获概率和频率分辨力之间的矛盾,实现了单脉冲测频,故称为瞬时测频接收机。

9.2　频率搜索接收机测频

9.2.1　搜索式超外差接收机

搜索式超外差接收机的基本组成如图 9.2 所示。微波预选器从密集的信号环境中初步选出所需要的雷达信号并送入混频器,与本振电压差拍变为中频信号。再经过中放、检波器和视放,送给处理器,通过改变本振频率实现频率搜索。在搜索过程中,为了始终保持需要的信号频率 f_R 与本振频率 f_L 差一个中频 f_i,预选器必须和本振统调。

由于中频频率比射频频率低,可以得到良好的选择性和很高的放大量,因此,它的灵敏度高、选择性好;同时,中频信号保存了射频信号的频率和相位信息,幅度失真小,能检测宽脉冲线性调频信号和相位编码信号;中频可以降得很低,便于实现检波前记录,能够完整地保存雷达信号的信息。所以超外差接收机广泛用于精确频域分析、远距离侦察、高精度干涉仪测向等场合。超外差接收机的主要缺点是:存在寄生信道干扰;比晶体视频接收机复杂;其中窄带搜索超外差接收机搜索信号周期长,对于短时间出现的信号频率搜索概率低。

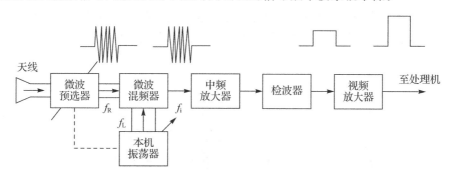

图 9.2　搜索式超外差接收机的原理

1. 寄生信道干扰及其消除方法

在混频器中,不仅有主信道,还存在很多寄生信道,可能造成测频错误。通常称这种干扰为混频器的寄生信道干扰或混频器的组合干扰。

如果在混频二极管两端存在另一个频率为 f_L 的幅度足够大的本振激励电压,那么在射频端口就可能有许多频率的信号与本振的基波或谐波差拍,产生中频信号,其一般关系如下:

$$f_i = m f_L + n f_R \qquad (9.5)$$

式中:f_i、f_L 和 f_R 分别为中频、本振频率和射频信号频率,m、n 为任意整数。在一般情况下,射频输入信号电平比本振激励电平低得多,所以只考虑其基波分量,即 $n = \pm 1$。混频器的各个信道如下。

(1) 本振基波混频信道

$m = 1, n = -1$,为主信道,即有用信号频率:

$$f_s = f_R = f_L - f_i$$

$m = -1, n = 1$,为镜像干扰信道,即镜频:

$$f_I = f_R = f_L + f_i$$

(2) 本振二次谐波混频干扰信道

$m = 2, n = -1$,为本振二次谐波下边带:

$$f'_{R(-)} = f_R = 2 f_L - f_i$$

$m = -2, n = 1$,为本振二次谐波上边带:

$$f'_{R(+)} = f_R = 2 f_L + f_i$$

(3) 本振三次谐波混频干扰信道

$m = 3, n = -1$,为本振三次谐波下边带:

$$f''_{R(-)} = f_R = 3 f_L - f_i$$

$m = -3, n = 1$,为本振三次谐波上边带:

$$f''_{R(+)} = f_R = 3 f_L + f_i$$

因本振四次以上谐波振幅很小，故略去。

（4）中频干扰信道

中频干扰信道是指那种不经过混频作用，而直接加到中放的射频干扰信号，即指射频与中频的频谱重叠的信号。

清晰起见，绘出主信道和各种寄生干扰信道的分布如图 9.3 所示。从中可以清楚地看出，中频信道和本振各次谐波信道距主信道较远，通过增强混频前射频电路的选择性便容易将其削弱和消除。而镜像信道距主信道最近（相距 $2f_i$），比较难以抑制和消除。

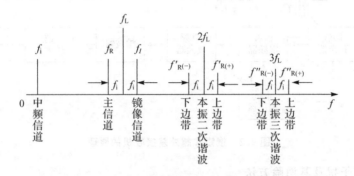

图 9.3　主信道与各种寄生干扰信道分布

在侦察接收机中，通常用镜像抑制比 d_{IS} 来衡量混频器（包括它前面的射频选择性电路）对镜像信道干扰的抑制能力。镜像抑制比定义为：保持射频输入信号幅度不变，由主信道输出的信号功率（或电压）与由镜像信道输出的干扰功率（或电压）之比，称为镜像抑制比，通常用分贝数表示即为

$$d_{IS}(dB) = P_{So}(dBm) - P_{Io}(dBm) \tag{9.6}$$

式中：P_{So}——混频器（包括中放）的主信道的中频输出功率；

$\quad\quad P_{Io}$——混频器（包括中放）的镜像信道的中频输出功率。

也可这样定义：保持输出幅度不变，镜像信道的输入射频功率 P_{Ii} 与主信道的输入射频功率 P_{Si} 之比。用分贝数表示即为

$$d_{IS}(dB) = P_{Ii}(dBm) - P_{Si}(dBm) \tag{9.7}$$

要保证镜像干扰不引起测频错误，必须有足够大的镜像抑制比，一般要求 $d_{IS} \geqslant 60\ dB$。消除镜频干扰的方法如下。

（1）提高射频电路的选择性，抑制镜像通道

① 预选器-本振统调。在搜索过程中，通过预选器跟随本振调谐（统调），始终保持预选器通带对准所需要侦收的频率，阻带对准镜频信道，实现单边带接收，与收音机原理相同。

② 宽带滤波器-高中频。用固定频率的宽带滤波器取代窄带可调预选器，同时提高中频，将镜像信道移入带通滤波器的阻带中，抑制镜频信号，保证单边带接收。这种方法用复杂中频电路的代价换得调谐电路的简化，特别是使接收机的带宽摆脱了窄带预选器的限制，可以构成宽带超外差接收机。

③ 镜频抑制混频器。它是一种双平衡混频器。在主信道上，两个混频器输出同相相加；在镜像信道上，两个混频器输出反相抵消，实现单边带接收。不过，在实际工作中，两个混频器的振幅和相位特性不可能完全一致，不能完全抑制镜像信道，镜像抑制比在 15～30 dB 之间。

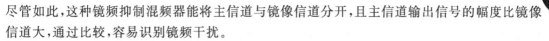

尽管如此,这种镜频抑制混频器能将主信道与镜像信道分开,且主信道输出信号的幅度比镜像信道大,通过比较,容易识别镜频干扰。

(2) 采用零中频技术

与采用高中频技术相反,把中频降到零,这样使镜像信道与主信道重合,变成单一信道。这种零中频技术使中频电路简单化(中放变成视放)。如果采用一对正交零中频混频器,还能对窄频谱信号实现检波前的记录,便于事后恢复原来信号,进行更为细致的分析。

(3) 采用逻辑识别

从图 9.3 中可以看出,主信道和镜像信道的信号,频率相差两倍中频且幅度相等。对于每个辐射源,在搜索过程中有两次接收,通过比较,若频差为 $2f_i$、幅度相等,则其中必有一个是镜像干扰。这个方法的缺点是不能实现单脉冲测频。

2. YIG 磁调滤波器基本工作原理

微波磁调滤波器的核心器件是单晶铁氧体钇铁石榴石材料(Yttrium Iron Garnet,YIG)做成的小球,故亦称 YIG 滤波器。这种滤波器与机械调谐滤波器相比,主要的优点有:调谐速度快;无机械转动部分;通常小球直径为 $0.3 \sim 2$ mm,频段范围在 40 GHz 以下,它的直径比波长小得多,属于集中参数谐振器,调谐范围宽,可达几个甚至十几个倍频程;线性度好,在 $\pm 0.1\% \sim \pm 0.2\%$ 范围内;无载 Q 值高,通常为几千,且在调谐过程中随频率增高而增高。其主要缺点有:存在动态磁滞频差和延时效应,且调谐速度越快,影响越大;通带内损耗比较大;对环境温度比较敏感,谐振频率随温度变化而变化,不过经过对温度稳定轴定向后,温度漂移可以大为减小。

YIG 滤波器的上述优越性能,使它在电子侦察系统中很快得到了广泛的应用。在射频调谐晶体视频接收机中,用作磁调滤波器。在超外差接收机中,除用作磁调预选器以外,还作为磁调本振的调谐元件。

YIG 带通滤波器的工作原理如图 9.4 所示。YIG 带通滤波器有两个耦合环,一个为输入环(在 Oyz 平面);另一个为输出环(在 Oxz 平面)。YIG 小球位于两个环的中心。外加的偏置磁场 H_0 与 z 轴重合。如果在输入环中接入一个射频信号源,环中有射频电流流过。假设

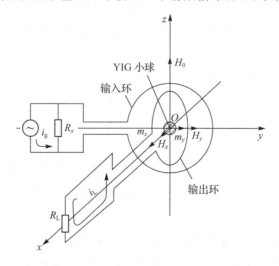

图 9.4　YIG 带通滤波器的工作原理

信号源 i_g 的频率与 YIG 小球的铁磁谐振频率一致,那么就会出现强迫振荡,小球受激而谐振,成为一个磁偶极子,它在自己四周空间里会产生圆极化射频磁场。其 y 轴方向上的分量就会在输出环中感应出电流 i_L,从而把射频能量传递到负载 R_L 上去。如果信号源频率与 YIG 小球的铁磁谐振频率不等,那么小球就不会受激励,在四周空间里就不会产生圆极化磁场。由于输出环与输入环彼此垂直,所以从理论上讲,两环之间就不可能有磁耦合存在(不考虑杂散耦合)。

3. 几种典型超外差接收机

(1)窄带 YIG 调谐

窄带 YIG 调谐的工作原理如图 9.5 所示。在接收机的工作波段内,窄带 YIG 预选器与 YIG 本振统调而实现顺序调谐,对每个分辨单元进行逐个侦察(被检测的信号将处于任一分辨单元之中),直到处理机不能分析被检测的信号为止,即停止扫频。这种接收机用相当长的搜索周期作为代价换取了高频率分辨力,降低了截获概率,但难以检测捷变频率信号和宽脉冲线性调频等扩频信号。它除具有频率分辨力高的优点以外,还具有灵敏度高,抗干扰能力强,输出信号流密度低,对处理机的处理速度可以放宽等优点。

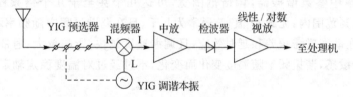

图 9.5 窄带 YIG 调谐搜索超外差接收机

图 9.6 所示为带射频放大器的 YIG 调谐超外差搜索接收机的工作原理。通常,射频放大器是宽带低噪声行波管放大器或微波晶体管放大器,用来减小混频器等后续电路的噪声对整机灵敏度的影响。射频放大器前面窄带带通滤波器的作用是用来抑制射频放大器外来的互调干扰,使接收机的无寄生动态范围扩大,通常称它为前选器。射频放大器后面窄带带通滤波器用来减小射频放大器的宽带输出噪声,从而使混频器输入端信噪比有较大的提高,通常称它为后选器。前选器和后选器同步调谐,它们共同用来提高接收机的射频选择性,选出有用信号以抑制外来干扰。

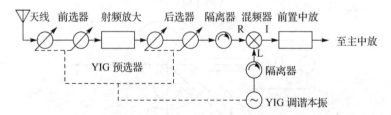

图 9.6 带射频放大器的 YIG 调谐超外差接收机的工作原理

(2)宽带 YIG 调谐

窄带 YIG 调谐超外差的射频带宽受到 YIG 调谐预选器带宽的限制,一般为 $20\sim60$ MHz,其具体值与 YIG 小球的级数有关。若采用掺锂 YIG 可将带宽提高到 $100\sim200$ MHz。再与带宽中放连用,便可构成 YIG 调谐带宽超外差接收机其工作原理如图 9.7 所示。与窄带 YIG

调谐接收机相比,它有如下优点:

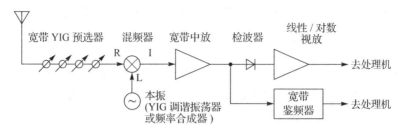

图 9.7　宽带 YIG 调谐超外差接收机的工作原理

① 能检测和识别宽带雷达信号,即频率捷变、宽脉冲线性调频以及相位编码信号。

② 由于采用大步快扫方式,只需经过少量展宽的频带台阶和跨过给定的侦察范围,从而缩短了总扫描时间。

③ 观测在特定威胁下已知的频率范围,对于每个威胁仅用几步,或只要一步便可。当搜索在特定频率范围内的威胁时,这种方法可以进一步缩短扫描时间。

对于窄带信号,经过幅度检波器和视放,送入处理机。对于宽频带扩谱信号须经过宽频带鉴频器,实现频率检波和相位解调,再经过视放,送入处理机。

（3）宽带预选超外差

若采用宽带预选滤波器-高中频,便可进一步展宽超外差接收的瞬时带宽,如图 9.8(a)所示。为了有效地抑制镜频干扰,中频频率 f_i 必须满足下式:

$$f_i > 0.5(f_2 - f_1) \tag{9.8}$$

式中:$f_2 - f_1$ 为接收机的侦察频段。

例如:$f_1 - f_2 = 1 \sim 2$ GHz(L 波段),$f_i > 0.5$ GHz;$f_1 - f_2 = 2 \sim 4$ GHz(S 波段),$f_i > 1$ GHz;其余以此类推。可见,随着侦察频段增宽,中频 f_i 越来越高。

为了使一部接收机覆盖更宽的频率范围,而又使中频频率适中,可以采用预选开关滤波器组,如图 9.8(b)所示。预选开并由本振同步控制,例如:当本振工作在某一频率范围时,通过

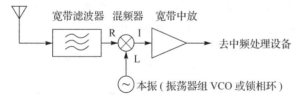

(a) 采用宽带预选滤波器–高中频

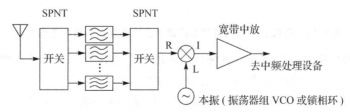

(b) 采用预选开关滤波器组

图 9.8　宽带预选超外差搜索接收机的工作原理

两个单刀 N 掷(SPNT)射频开关使相应的带通滤波器接入,且同时使其他滤波器断开。由于不采用 YIG 调谐,因而摆脱了它的调谐速度的限制,可以实现快速调谐。

9.2.2 射频调谐(RFT)晶体视频接收机

从工作原理来说,射频调谐晶体视频接收机是一种最简单的接收机,其工作原理如图 9.9 所示。首先,YIG 滤波器在侦察频段内调谐,选择所需要的信号,抑制不需要的信号和干扰;其选择过的信号被送入微波检波器,通过检波器晶体的非线性作用,取出信号包络,于是射频脉冲变为视频脉冲;然后,视频脉冲被加到视频放大器,经过放大后送入处理机。由于射频信号电平很低,检波器处于平方律区域(即平方律检波)。YIG 滤波器在调谐过程中,如发现了信号,则根据调谐线圈电流就可以读出被测信号的频率。

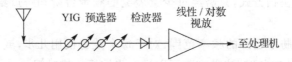

图 9.9 射频调谐晶体视频接收机的工作原理

在 RFT 晶体视频接收机中,内部噪声是由微波检波器和视频放大器产生的,因此,系统的灵敏度主要取决于检波器和视放。和普通微波滤波器相比,YIG 滤波器的插损比较大,在倍频程调谐范围内,每级插损约为 1 dB,若用四级,则总插损约为 4 dB。因此,YIG 滤波器对灵敏度也有一定的影响。

RFT 晶体视频接收机的频率分辨力由 YIG 滤波器瞬时带宽决定,它的瞬时带宽越窄,频率分辨力越高,而插损有所增加。它的测频精度不仅与 YIG 滤波器的瞬时带宽有关,而且还与 YIG 小球频率温度漂移、调谐的线性度及滞后效应有关。

为了克服上述射频调谐接收机灵敏度低的缺点,可以在微波检波器前加入宽频带低噪声射频放大器。如果要充分发挥射频放大器的作用,那么可以在射频放大器前、后加 YIG 带通滤波器,并且分别称为前选器和后选器,其工作原理如图 9.10 所示。由于低噪声射频放大器饱和电平比较低,所以在密集的信号环境中工作,就会产生互调干扰。若在射频放大器前加两级 YIG 前选器,就可以使调谐频带以外的信号衰减 50 dB。

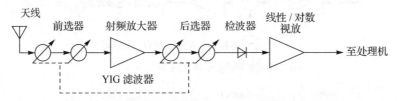

图 9.10 带低噪声放大器的射频调谐晶体视频接收机的工作原理

后选器的主要作用是消除宽带行波管放大器的噪声,例如,一个噪声系数为 7 dB、增益为 25 dB、频带为 4~8 GHz 的行波管,在没有后选器的情况下,它产生的带宽噪声功率为 −46 dBm。如果加两级带宽为 40 MHz 的后选器,那么其噪声功率就可下降 20 dB。这种接收机的前选器、射频低噪声放大器、后选器组成的组件是系统的核心。

综上所述,RFT 晶体视频接收机与搜索式超外差接收机相比,其优点为:技术简单、工作可靠、体积小、重量轻、成本低等;主要缺点是灵敏度较低,测频精度和频率分辨力也不高。

9.3　比相法瞬时测频接收机

从 9.2 节的讨论中可以看出,搜索接收机体制不能根本解决频率截获概率和频率分辨力/测频精度之间的矛盾。瞬时测频接收机就是为了解决这个矛盾而研制出来的测频接收机。它建立在相位干涉原理之上,所采用的自相关技术是波的干涉原理在电路中的具体应用。为此,首先讨论微波鉴相器(相关器)。

9.3.1　微波鉴相器

图 9.11 所示为一个最简单的微波鉴相器。它由功率分配器、延迟线、相加器以及平方律检波器构成。其作用是为实现信号的自相关算法,得到信号的自相关函数。具体过程如下:

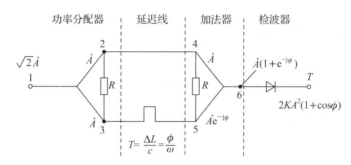

图 9.11　简单微波鉴相器

假设输入信号为指数函数

$$u_i = \sqrt{2}\dot{A} = \sqrt{2}Ae^{j\omega t} \tag{9.9}$$

功率分配器将输入信号功率等量分配,在"2"点和"3"点的电压均为

$$u_2 = u_3 = \dot{A} = Ae^{j\omega t} \tag{9.10}$$

"2"—"4"为基准路线。假设相移为 0,而"3"—"5"路线相对于"2"—"4"路线延迟时间为 $T = \Delta L/c$,于是 $u_4 = u_2$,而"5"点电压相对"3"点电压有一个延时

$$u_5 = u_3 e^{-j\phi} = Ae^{j(\omega t - \phi)} \tag{9.11}$$

式中:$\phi = \omega t = \omega \Delta L/c$;$\Delta L$ 为延迟线长度;c 为光速。经过相加器械,"6"点电压为

$$u_6 = u_4 + u_5 = Ae^{j\omega t} + Ae^{j(\omega t - \phi)} = Ae^{j\omega t}(1 + e^{-j\phi}) = Ae^{j\omega t}(1 + \cos\phi - j\sin\phi)$$

$$|u_6| = A[(1 + \cos\phi)^2 + \sin^2\phi]^{\frac{1}{2}} = \sqrt{2}A(1 + \cos\phi)^{\frac{1}{2}} \tag{9.12}$$

再经过平方律检波器,取其包络,并进行平方运算,输出视频电压为

$$u_7 = 2KA^2(1 + \cos\phi) = 2KA^2(1 + \cos\omega T) \tag{9.13}$$

式中:K 为检波效率,即开路电压灵敏度 γ,在平方律区域它是一个常数。

从式(9.13)可以看出,在检波器输出视频信号中,除直流分量以外,还包含了余弦信号的自相关函数 $\cos\omega T$。这就说明上述电路实现了自相关运算。

综上所述,不难看出:

① 要实现自相关运算,必须满足如下不等式:

$$T \leqslant \tau \tag{9.14}$$

即延迟时间 T 必须比信号的脉冲宽度 τ 短,否则不能实现相干。这就限制了延迟时间的上限 $T_{\max} = \tau$。

② 经过延迟线,把信号的频率信息变为相位信息,在后续的乘法运算中,再将相位信息变为振幅信息,因此,信号自相关函数的振幅是信号频率的函数,测得自相关函数振幅,便得到信号频率的信息。

③ 由于余弦信号的相关函数 $\cos \phi$ 为周期性函数,因此,只有在 $[0, 2\pi]$,$\cos \phi$ 及其正交函数 $\sin \phi$(即 $\cos \phi$ 经 $90°$ 相移)才可以共同单值地确定接收机的频率覆盖范围。余弦信号的自相关函数如图 9.12 所示。

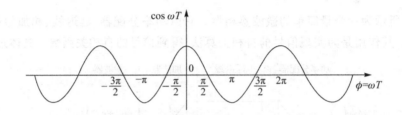

图 9.12　余弦函数的自相关函数

相移与频率之间为线性关系,如图 9.13 所示,即

$$\phi = 2\pi T f \tag{9.15}$$

于是

$$\phi_1 = 2\pi T f_1, \quad \phi_2 = 2\pi T f_2$$

那么,在接收机的瞬时频带 $f_1 \sim f_2$ 范围内最大相位差为

$$\Delta \phi = \phi_2 - \phi_1 = 2\pi T(f_2 - f_1) = 2\pi$$

所以

$$f_2 - f_1 = \frac{1}{T} \tag{9.16}$$

这就说明延迟线的长度限制了测频范围,要扩大测频范围只得采用短延迟线。

④ 余弦信号自相关函数的振幅与信号的输入功率 (A^2) 成正比。这样,输入不同的信号幅度会影响后续量化器的正常工作,使测频误差增大。因此,在鉴相器之前必须对信号限幅,保持输入信号幅度在允许的范围内变化。

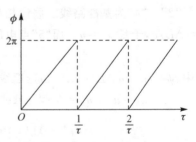

图 9.13　相移与频率之间的关系

⑤ 在检波器的输出信号中,不仅有交流分量(自相关函数部分),还有直流分量 $(2KA^2)$,必须设法将直流分量消除,否则鉴相器就不能正常工作。

从上述分析中可以看出,这种简单的鉴相器虽然能够实现将信号的频率信息变为相位信息,完成鉴相任务,但性能不完善,必须改进,才有实用价值。经过改进的实用微波鉴相器如图 9.14 所示,它由功率分配器、延迟线、$90°$ 电桥、平方律检波器和差分放大器组成(图上各点的电压表达式已经标出,读者根据对简单鉴相器的分析原理不难导出这些电压表达式)。

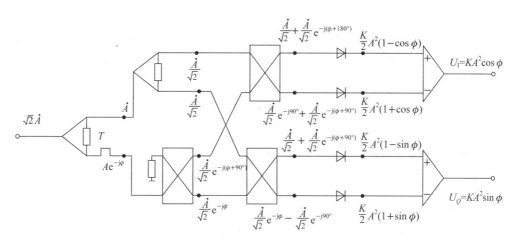

图 9.14　一种常用的微波鉴相器

这种实用的微波鉴相器输出为一对正交函数

$$\left.\begin{aligned}\dot{U}_I &= KA^2\cos\phi\\ \dot{U}_Q &= KA^2\sin\phi\end{aligned}\right\} \tag{9.17}$$

消除了妨碍鉴相器正常工作的直流分量,同时,$\dot{U}_I$ 与 $\dot{U}_Q$ 的合成矢量为用极坐标表示的旋转矢量,其模为

$$|\dot{U}_L| = |\dot{U}_I + \dot{U}_Q| = KA^2 \tag{9.18}$$

其相角为

$$\phi = \frac{2\pi}{\lambda_g}\Delta L = \frac{2\pi}{\lambda_g/c}\cdot\frac{\Delta L}{c} = 2\pi f T \tag{9.19}$$

式中:λ_g——延迟线的波导波长;c——光速;ΔL——延迟线长度;T——延迟线的延时;f——输入信号的载波频率。

可见,合成矢量的相位 ϕ 与载波频率 f 成正比,实现了频/相变换。正交函数的合成矢量如图 9.15 所示。

电角度 ϕ 在 360° 以外会出现相位模糊,因此要保持频/相单位变换,必须对电角度加以限制,使 $0\leqslant\phi\leqslant 2\pi$,于是电角变化为 $\Delta\phi=2\pi$。

将式(9.19)用增量表示为(T 保持不变)

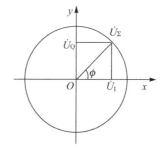

图 9.15　正交函数的合成矢量

$$\Delta F = \Delta\phi/(2\pi T) \tag{9.20}$$

式中:$\Delta F = f_2 - f_1$ 为侦察接收机的测频范围。将 $\Delta\phi = 2\pi$ 代入式(9.20)可得

$$\Delta F = \frac{1}{T} \tag{9.21}$$

可见,若将 $\dot{U}_I$ 与 $\dot{U}_Q$ 分别加到静电示波器的水平偏转板和垂直偏转板上,那么光点相对 x 轴的夹角则为 ϕ,使之能单值地显示出被测信号的载波频率,实现测频。同时,由于光点到原点的距离与被测信号功率(A^2)成正比,因此可用它指示信号的相对幅度,粗略估计出侦察机与雷达的距离。

这种模拟式比相法瞬时测频接收机的优点有:电路简单,体积小,重量轻;运算速度快,能实时地显示被测信号频率及粗略距离。可是,它也存在严重的缺点:测频范围小,测频精度低,同时二者之间的矛盾也难以统一;灵活性差,无法与计算机连用。因此,必须用数字式比相法瞬时测频接收机取代它。

在数字式比相法瞬时测频接收机中,首先要解决的问题是相位量化问题,下面就来讨论它。

9.3.2 极性量化器的基本工作原理

如前所述,鉴相器输出的被测信号自相关函数振幅包含了信号频率信息,要把这两个正余弦的模拟量转换成数字量,必须进行模/数转换。由于在瞬时测频接收机中的量化器要求在最小的脉冲宽度内完成模/数转换,所以一般不采用串行比较的量化方法,而必须采用瞬时并行比较方法。在并行比较的量化方法中,有并行幅度比较量化器和并行极性量化器两种,其中极性量化器比较简单,所以用得最多。下面介绍一下有关极性量化器的基本工作原理。

如果将正弦电压分别加到两个电压比较器上,输出正极性为逻辑 1,输出负极性为逻辑 0,这样的极性量化可将相位量化到 90°,把 360°范围分成 4 个区域,从而构成 90°量化器或称 2 比特量化器,如图 9.16 所示。

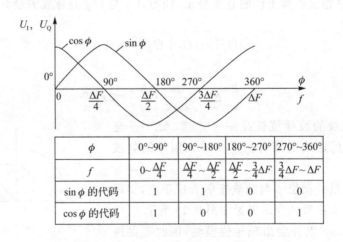

ϕ	0°~90°	90°~180°	180°~270°	270°~360°
f	$0 \sim \frac{\Delta F}{4}$	$\frac{\Delta F}{4} \sim \frac{\Delta F}{2}$	$\frac{\Delta F}{2} \sim \frac{3}{4}\Delta F$	$\frac{3}{4}\Delta F \sim \Delta F$
$\sin\phi$ 的代码	1	1	0	0
$\cos\phi$ 的代码	1	0	0	1

图 9.16 鉴相器输出的正/余弦视频电压及其量化器输出的代码表

从上面的编码过程得到一个启示:鉴相器直接输出的正弦电压和余弦电压其相位差 90°,采用极性量化将 360°(对应测频范围 ΔF)分成 4 个区间,那么如果将以上两正弦电压和余弦电压进行组合,再产生 2 个电压 $\cos(\phi-45°)$ 和 $\sin(\phi+45°)$,4 个电压彼此相位差为 45°,于是可以把 360°分成 8 个区间,形成 4 位代码,如图 9.17 所示。4 个函数的表达式如下:

$$U_{11}:A\sin 2\pi Tf$$

$$U_{12}:A\cos 2\pi Tf$$

$$U_{13}:A\sin 2\pi Tf + A\cos 2\pi Tf = \sqrt{2}A\sin(2\pi Tf + 45°)$$

$$U_{14}:A\sin 2\pi Tf - A\cos 2\pi Tf = \sqrt{2}A\cos(2\pi Tf + 45°)$$

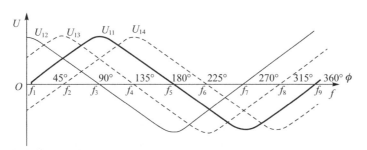

ϕ	0°~45°	45°~90°	90°~135°	135°~180°	180°~225°	225°~270°	270°~315°	315°~360°
f	$f_1 \sim f_2$	$f_2 \sim f_3$	$f_3 \sim f_4$	$f_4 \sim f_5$	$f_5 \sim f_6$	$f_6 \sim f_7$	$f_7 \sim f_8$	$f_8 \sim f_9$
U_{11}	1	1	1	1	0	0	0	0
U_{12}	1	1	0	0	0	0	1	1
U_{13}	1	1	1	0	0	0	0	1
U_{14}	0	1	1	1	1	0	0	0

图 9.17　3 比特量化器输入的 4 个模拟量及输出的代码表

为了进一步提高量化精度,可以利用 tan22.5°进行正弦和余弦之间加权相加、加权相减,从而得到另外 4 根模拟曲线,与构成 3 比特量化器的 4 个模拟量一起,共组成 8 个模拟量,这样就可把 360°分割成 16 个 22.5°的小区间,构成了 4 比特量化器,如图 9.18 所示。其中加权系数 $\alpha = R_1/(R_1 + R_2) = \tan22.5°$。以此类推,还可以构成 5 比特量化器和 6 比特量化器,与其相应的相位量化单元宽度为 11.25°、5.64°,这就对相位测量误差提出了苛刻要求。此时,5 比特需要 16 个模拟量,6 比特需要 32 个模拟量,可见高比特数的量化器电路十分复杂。

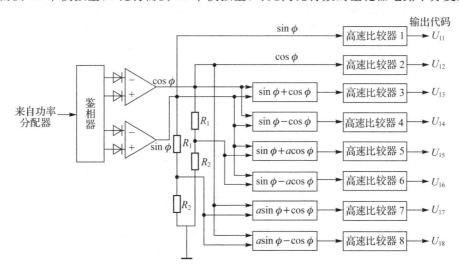

图 9.18　4 比特量化器构成原理

现在,再看看测频误差,从频率 f 和相位差 ϕ 之间的关系入手,即

$$f = \frac{\phi}{2\pi T} \tag{9.22}$$

式中:T——延迟线的延时。

频率增量为

$$\delta f = \frac{\Delta\varphi}{2\pi} \cdot \frac{1}{T} - \frac{\Delta T}{T}f \tag{9.23}$$

将 $T = \dfrac{1}{\Delta F}$ 代入上式,得

$$\frac{\delta f}{\Delta F} = \frac{\Delta\phi}{2\pi} - f\Delta T \tag{9.24}$$

从式(9.24)可以看出,引起测频误差的原因有两个:相位误差 $\Delta\phi$ 和延时误差 ΔT。若忽略由延迟线不稳引起的误差,则上式变为

$$\delta f = \frac{\Delta\phi}{2\pi}\Delta F \tag{9.25}$$

若假设 $\Delta F = 2$ GHz,以5比特相位量化宽度 $\Delta\phi$ 等于 $11.25°$ 计算相位误差,则得测频差 $\delta f = 62.5$ MHz。可见单路鉴相器不能同时满足测频范围和测频误差的要求。因此,必须将多路鉴相器并行运用,由短延迟线鉴相器确定测频范围,由长延迟线鉴相器确定测频精度。

9.3.3　多路鉴相器的并行运用

在实际工作中,对一个数字瞬时测频接收机既提出测频范围 ΔF 的要求,又提出频率分辨力 Δf 的要求,于是,便得知量化单元数 $n = \Delta F/\Delta f$。

极性量化器的作用是将一个视频信号周期化成若干个单元,例如:3比特量化器,将 $360°$ 量化成8个单元;4比特量化器,将 $360°$ 量化成16个单元。其余以此类推。

首先讨论两路鉴相器的并行运用,如图 9.19 所示。两路量化器均为3比特,而第二路延迟线长为第一路的4倍(即 $T_1 = T$,$T_2 = 4T$)。短延迟线支路为高位,必须单值测量,其不模糊带宽 $\Delta F = 1/T$。长延迟线支路为低位,由于延迟线增长了3倍,故在延迟线上有4个波长,每个周期量化成8个单元,那么共量化32个单元。每个单元宽度决定分辨力,即

$$\Delta f = \frac{\Delta F}{2^j} \tag{9.26}$$

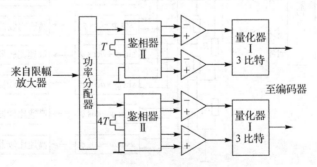

图 9.19　两路鉴相器的并联运用

式中:$2^j = 32 = 2^5 = 2^3 \cdot 4$(即 $j = 5$)。因此,对于多路(k 路)鉴相器的并行运用,上式可以改写为

$$\Delta f = \frac{\Delta F}{2^m \cdot n^{k-1}} = \frac{1}{2^m \cdot n^{k-1}T} \tag{9.27}$$

式中:m ——低位鉴相器支路的量化比特数,这里 $m = 3$;

n ——相邻支路鉴相器的延迟时间比,即 $n = T_2/T_1$,这里 $n = 4$;

k ——并行运用支路数,这里 $k = 2$。

在实际工作中,并行运用支路数不宜太多,否则体积过大,通常 k 取 3 或 4。最低位鉴相器支路量化比特数 m 不宜过大,否则鉴相器难以制作,通常 m 的取值范围为 4~6。相邻支路的延迟时间比也不宜取得过大,否则使校码难以进行,通常取 n 取 4 或 8。对于上述几个参数一般有两种取法:$m = 4$,$n = 4$,$k = 4$ 或 $m = 6$,$n = 8$,$k = 3$。这两种取法总量化单位数相等,为 1 024 个。

9.4　信道化接收机

信道化接收机是一种高性能电子战截获接收机,既能用于雷达信号的截获,也能用于其他电磁辐射源信号的截获。它截获概率高,灵敏度高,瞬时频带宽,动态范围大,具有处理同时到达信号的能力,既适合于截获常规信号,也适合于截获新型复杂型特殊信号。信道化接收机的主要缺点是设备量大,生产成本高,当侦察频率范围增大时尤其如此。

为了加宽接收机的射频覆盖范围,最简单的办法就是采用许多频率邻接的并行窄带接收机。输入信号将根据其频率通过相对应的某一滤波器,测量该滤波器的输出就可确定输入信号的频率。尽管这一设想是简单的,但由于需要大量的滤波器,故体积大且制作成本高。随着微波集成电路(MIC)和声表面波(SAW)滤波器相关技术的进展,信道化接收机的应用即将成为现实。既可以用外差式接收机作为信道,也可以用声光接收机或压缩接收机作为信道。

9.4.1　基本工作原理

信道化接收机是毗邻频率窗测频技术的具体实施。由于它对同时到达信号具有潜在的分离能力,故一直为人们所关注。要说明信道化接收机的工作原理,还得先从多波道接收机谈起。

多波道接收机是信道化接收机的先驱。它的工作原理很简单,请参考图 9.20(a)所示的多波道接收机的原理:天线侦收的雷达信号首先经过频率分路器,从频域将各个不同频率的信号分开,再把已分开的信号分别加到各路射频放大器上,最后由微波检波器取下包络,送入处理机。频率分路器的衰减特性如图 9.20(b)所示,它实质上是一个微波梳状滤波器。

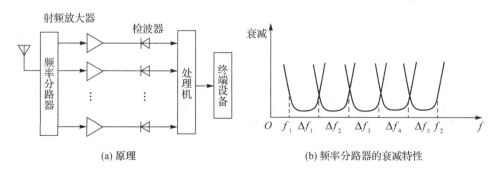

(a) 原理　　　　　　　　　　　(b) 频率分路器的衰减特性

图 9.20　多波道接收机原理

不难看出,多波道接收机是多路晶体视频接收机的并行运用。如果频率分路器的路数越多,则分频段越窄,频率分辨力和测频精度就越高。可是,在实际工作中,频率分路器的路数不能任意增多,且在微波领域无法获得频带极窄的信道。比如测频范围 $2\sim4\,\mathrm{GHz}$,分波段数为 20,频率分辨力为 $100\,\mathrm{MHz}$,最大测频误差为 $\pm50\,\mathrm{MHz}$,不能满足精确测频要求。如果在超外差接收机上进行多次频率分路,由于降低了频率而使分路容易实现。

从结构上考虑,信道化接收机有三种常用形式:纯信道化接收机、频带折叠信道化接收机以及时分制信道化接收机,现将它们的工作原理分述如下。

1. 纯信道化接收机

纯信道化接收机的原理如图 9.21 所示。首先用波段分路器将系统的频率覆盖范围分成 m 路,从各个波段分路器输出的信号分别经过第一变频器,将射频信号变成第一中频信号,各个本振频率不等,保持中频频率、带宽相等,各路中频电路一致。然后,各路中放输出经过检波

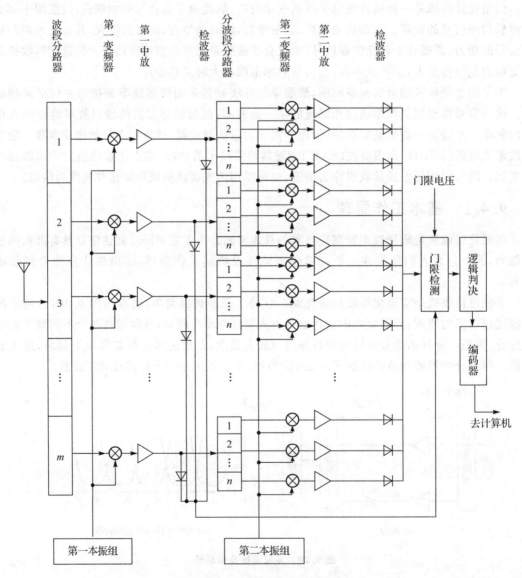

图 9.21 纯信道化接收机的原理

和视放,送入门限检测器进行门限判别,再输出给逻辑判决电路,确定信号的频谱质心即中心频率,最后送进编码器,编出信号频率的波段码字。与此同时,将各个波段的第一中频信号分别送往各自的分波段分路器去,再把每个波段 n 等分。每个分波段的信号经过第二变频器、第二中放、检波和视放,送往门限检测器、逻辑判决电路和编码器,编出信号频率的分波段码字。显而易见,若已知某一被测雷达信号频率的波段码字和分波段码字,其频率便可确知了。经过两次频率分路之后,接收机的频率分辨力为

$$\Delta f = \frac{f_2 - f_1}{mn} \tag{9.28}$$

如果测频精度仍不满足要求,还可以在各个分波段第二中放之后再加入 k 路信道分路器,这时接收机的频率分辨力可以得到进一步提高,其表示式变为

$$\Delta f = \frac{f_2 - f_1}{mnk} \tag{9.29}$$

假设测频范围为 $2 \sim 4\ \text{GHz}, m = n = 10, k = 5$,则 $\delta f_{max} = \pm 2\ \text{MHz}$,这样的测频精度可以用来对干扰机实现频率引导。

这种纯信道化接收机的优点是:频率截获概率为 1,并获得最高灵敏度。但是由于它共采用了一个波段分路器、m 个分波段分路器和 mn 个信道分路器,即总个数为

$$L = 1 + m + mn \tag{9.30}$$

对于上例,共用 111 个分频器,还要加上 10 路第一变频器、第一中放、检波、视放,再加 100 路第二变频器、第二中放、检波、视放以及其他附属电路。不言而喻,它的缺点是:体积、重量和消耗功率都变得很大,同时成本很高。

2. 频带折叠信道化接收机

频带折叠信道化接收机的工作原理如图 9.22 所示。当输入信号经波段分路器分成 m 路之后,将每路信号分别变频放大(即第一级变频放大,各路中频频率、带宽均相等),再一分为二,其中一路经过检波,送到门限检测电路去,用以识别信号所在的波段;另一路送入取和电路(折叠),经折叠之后,变为一路输出,送入分波段分路器再分成 n 路。其后,每路信号再经过第二级变频放大后又一分为二,一路经检波后送入门限检波器,用以识别信号所在的分波段,另一路送入信道分路器,将每个分波段分成 k 路。每个信道再经第三级变频放大和检波,送

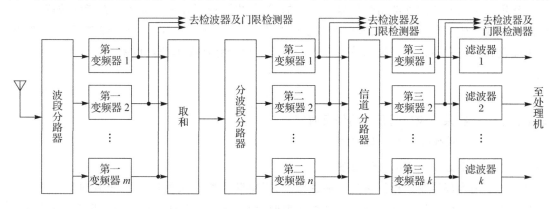

图 9.22　频带折叠信道化接收机工作原理

入门限检测器,用以识别信号的所在信道。门限检测器输出到逻辑判决电路,确定频谱质心,再经过编码,最后送入计算机进行信息处理和数据处理。

频带折叠信道化接收机仅采用 $n \cdot k$ 个信道,覆盖了与纯信道接收机相同的瞬时带宽,省去 $(m-1)nk$ 个信道。可是,同时由于 m 个波段的噪声也被折叠到一个共同波段中去了,故而使接收机的灵敏度变差。

3. 时分制信道化接收机

时分制信道化接收机的原理如图 9.23 所示。它的结构与频带折叠信道化接收机基本相同,只是用访问开关取代了取合电路。在一个时刻,访问开关只与一个波段接通,将该波段接收的信号送入分波段分路器和信道分路器,其他所有波段均断开,避免了因折叠而引起的接收机灵敏度下降。访问开关的控制有以下三种方式。

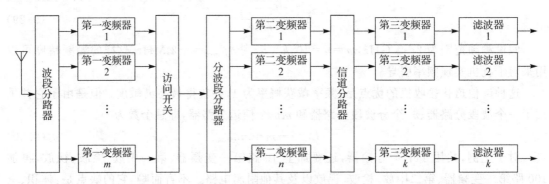

图 9.23 时分制信道化接收机原理

(1) 内部信号控制

输入信号经第一变频器和中放之后,在波段检波器中检波,用被检波的脉冲前沿将访问开关与该波段接通,于是信号便被送入分波段分路器。由于只能处理一个波段的脉冲,故降低了截获概率。虽然可以通过降低访问开关门限的方法可获得所需要的发现概率,以提高系统的截获概率来弥补上述缺陷,但是又引发了虚警概率提高的问题。虚警信号立即控制信道分路器使之接入无信号的波段,而置有信号的信道不管。同时,不能重点照顾威胁等级高的波段。

(2) 外部指令控制

作用于访问开关的外部指令可以是预编的程序,也可由操作人员插入。在指向波段,接收机的频率截获概率高,而其他波段频率截获概率为 0。为了获得一定的频率截获概率,控制指令可使接收机依次通过感兴趣的波段。一个波段的单个脉冲频率截获概率为

$$P_{\text{If}_1} = \frac{t_{\text{dw}_1}}{t_{\text{dw}\Sigma}} \tag{9.31}$$

式中:t_{dw_1} ——在某一段访问开关的停留时间;

$t_{\text{dw}\Sigma}$ —— 所有波段停留时间之和。

(3) 内部控制与外部控制相结合

通常采用内部控制。根据事先掌握的敌情,当突防飞机在某些区域可能遭到来自某些特定波段的地空导弹制导雷达或截击雷达的照射时,便可采用外部指令控制,保证优先截获这些威胁等级高的雷达。

9.4.2　信道化接收机几个主要指标的计算

1. 信道化接收机的灵敏度

图 9.24 所示的微波直接分路信道化接收机,对于某一信道来说可看作是直放式接收机,其灵敏度的理论值可用直放式接收机灵敏度的计算方法计算。

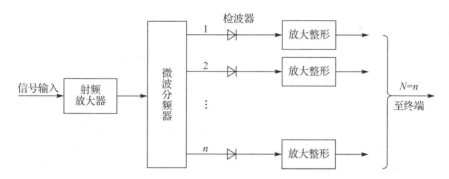

图 9.24　微波直接分路信道化接收机

下面讨论信道化接收机的灵敏度。

(1) 微波直接分路信道化接收机的灵敏度

图 9.24 所示的信道化接收机,其灵敏度的计算公式如下:

$$P_{\min} = KTB_1 F_1 X \tag{9.32}$$

式中:K 为玻耳兹曼常数,1.38×10^{-23} J/K;$T = 290$ K,是用绝对温度来表示室温;$KT = -144$ dBW/MHz;B_1 为射频带宽,单位 MHz;F_1 为射频放大器噪声系数。

$$X = \frac{k}{n}\left\{ 1 + \sqrt{\frac{2n}{k}\left[\left(1 - \frac{1}{2n}\right) + \frac{n}{2}D\right]} \right\} \tag{9.33}$$

式中:k 为视频信噪比;$n = \dfrac{B_1}{B_2}$,B_2 为视频带宽;$D = \left(\dfrac{2}{F_1 G_1 n}\right)^2 \dfrac{1}{KTB_2}\left(\dfrac{\sqrt{F_1 + t} - 1}{\beta\sqrt{R}}\right)^2$;$\beta$ 为检波晶体的短路电流灵敏度;R 为检波晶体的视频电阻;$\beta\sqrt{R}$ 称为检波晶体的品质因数;F_2 为视放的噪声系数;t 为检波晶体的噪声温度比。

对于肖特基二极管 $t = 1$,其他二极管由厂家给出。

当高放增益足够时(设计通常要满足此条件),式(9.33)中的 $D \to 0$。故式(9.33)简化为

$$X = \frac{k}{n}\left(1 + \sqrt{\frac{2n-1}{k}}\right) \tag{9.34}$$

以 2~4 GHz 的信道化接收机 XD-20 为例,计算其灵敏度。各参数取值如下:$B_1 = 100$ MHz(微波分路带宽),$B_2 = 10$ MHz;$F_1 = 6$ dB(包括电缆、接头损耗在内);$n = \dfrac{B_1}{B_2} = \dfrac{100}{10} = 10$;$k = 18$ dB 或 $k = 63$ dB;$X = \dfrac{63}{10}\left(1 + \sqrt{\dfrac{20-1}{63}}\right)$ dB ≈ 9.76 dB 或 $X = 3.65$ dB。

将上述有关值代入式(9.32),算出灵敏度为

$$P_{\min} = (-144 + 20 + 6 + 3.65)\text{dBW} = -114.4 \text{ dBW}$$

(2) 微波粗分路–中频细分路信道化接收机的灵敏度

这种类型的信道化接收机用外差式接收机灵敏度的计算方法计算。测量载频的射频带宽由中频细分路的带宽确定,若中频分路每路带宽为 20 MHz,则 $B_1 = 20$ MHz;此外,式(9.34)的形式变为

$$X = \frac{k}{2n}\left(1 + \sqrt{1 + \frac{8n}{k}}\right) \tag{9.35}$$

代入上述参数值,可算得 X 值为

$$X = \frac{63}{2 \times 2}\left(1 + \sqrt{1 + \frac{8 \times 2}{63}}\right)\text{dB} = 33.39 \text{ dB}$$

或 $X = 10.68$ dB。

由式(9.32)可得灵敏度为

$$P_{\min} = (-144 + 13 + 6 + 10.68)\text{dBW} = -114.3 \text{ dBW}$$

这是信道化部分,即测频接收支路的灵敏度。为了测量脉冲参数,需要从全频支路输出信号。全频支路是一个典型的直放式接收支路,它的射频带宽 $B_1 = 2\,000$ MHz;X 值由式(9.34)确定,此时 $n = \frac{2\,000}{10} = 200$,则有

$$X = \frac{63}{200}\left(1 + \sqrt{\frac{2 \times 200 - 1}{63}}\right) \text{ dB} = 1.1 \text{ dB} \quad 或 \quad X = 0.51 \text{ dB}$$

由式(9.32)可得灵敏度为

$$P_{\min} = (-144 + 33 + 6 + 0.51)\text{dBW} = -104.5 \text{ dBW}$$

2. 信道化接收机的三次截交点

截交点是衡量系统在多信号情况下互调性能的一个重要指标。单个强信号的幅度和相位非线性传输将产生交调(Cross Modulation),两个以上强信号的非线性传输将产生互调(Intermodulation)。交调是互调的一种特例。互调产物抑制不良会形成接收机的虚假响应,这在信道化接收机中特别敏感。

在研究接收机的互调特性时,最关心的是三次互调产物,因为三次互调产物落在信号通带之内,无法用滤波器将其滤除。

接收系统的传输特性可表示为

$$u_o = \sum_{n=1}^{\infty} k_n u_i^n = k_1 u_i + k_2 u_i^2 + k_3 u_i^3 + \cdots + k_n u_i^n \tag{9.36}$$

式中:k_n 是复数,实数部分影响振幅调制,虚数部分影响相位调制。

如果输入信号 u_i 由两个信号组成,幅度分别为 A_1 和 A_2,频率分别为 ω_1 和 ω_2,则方程式(9.36)中的三次项为

$$
\begin{aligned}
u_o t_3 &= k_3 (A_1 \cos \omega_1 t + A_2 \cos \omega_2 t)^3 \\
&= k_3 \left\{ \frac{1}{4} A_1^3 (\cos 3\omega_1 t + 3\cos \omega_1 t) + \frac{1}{4} A_2^3 (\cos 3\omega_2 t + 3\cos \omega_2 t) + \right. \\
&\quad \frac{3}{4} A_1^2 A_2 [2\cos \omega_2 t + \cos(2\omega_1 + \omega_2)t + \cos(2\omega_1 - \omega_2)t] + \\
&\quad \left. \frac{3}{4} A A_2^2 [2\cos \omega_1 t + \cos(2\omega_2 + \omega_1)t + \cos(2\omega_2 - \omega_1)t] \right\}
\end{aligned} \tag{9.37}
$$

可以看出式中 $2\omega_1-\omega_2$ 和 $2\omega_2-\omega_1$ 与 ω_1 或 ω_2 最接近。这就是所谓双频三次互调产物，其量级用三次截交点来表征。

接收机中产生互调的部件有射频放大器、混频器和频率分路器等无源部件。多个部件级联的系统其截交点由下式计算：

$$(\text{OIP}_{nt})^{\frac{(n-1)}{2}} = \sum_{i=1}^{x}\left[\text{OIP}_{ni}G_{(i+1,x)}\right]^{-\frac{(n-1)}{2}} \tag{9.38}$$

式中：OIP_{nt}——级联系统 n 次互调总输出截交点；

$\quad\text{OIP}_{ni}$——第 i 个部件互调输出截交点，$i=1,2,3,\cdots,x$；

$\quad G_{(i+1,x)}$——第 i 级以后部件的总增益，$i=1,2,3,\cdots,x$；

$\quad n$——互调产物的次数；

$\quad m$——级联部件的个数。

对于图 9.24 所示的微波直接分路信道化接收机，产生互调的部件只有射频放大器，因此，这种接收机的三次截点就是射频放大器的截交点。所使用的射频放大器为 WGF‑2040‑3C，其三次截交点的典型值为 20 dBm。

对于微波粗分路‑中频细分路信道化接收机，可以简化为 3 个部件级联的系统，如图 9.25 所示。

$\text{OIP}_{31}=20\text{ dBm}\qquad\qquad \text{OIP}_{32}=12\text{ dBm}\qquad\qquad \text{OIP}_{33}=30\text{ dBm}$

$G_1=65\text{ dB}\qquad\qquad\qquad G_2=-8\text{ dB}\qquad\qquad\quad G_3=-10\text{ dB}$

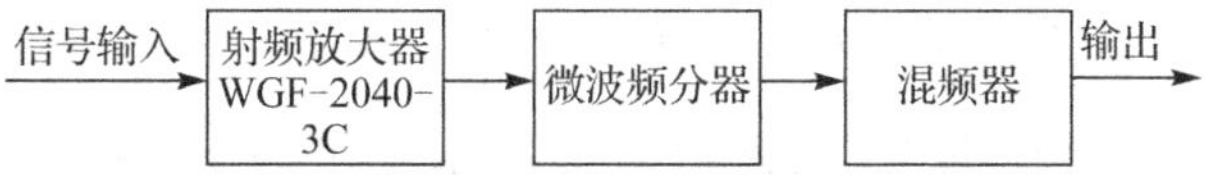

图 9.25　信道化接收机产生互调部分的简化

对于图 9.25 所示的系统，考虑三次截交点，式(9.38)简化为：

$$\frac{1}{\text{OIP}_{3T}}=\frac{1}{\text{OIP}_{31}\cdot G_2\cdot G_3}+\frac{1}{\text{OIP}_{32}\cdot G_3}+\frac{1}{\text{OIP}_{33}} \tag{9.39}$$

式中：$\text{OIP}_{31}=20\text{ dBm}=100\text{ mW}$；$\text{OIP}_{32}=\text{OIP}_{31}+G_2=20\text{ dBm}-8\text{ dB}=12\text{ dBm}=15.8\text{ mW}$；$\text{OIP}_{33}=30\text{ dBm}=1\,000\text{ mW}$；$G_1=65\text{ dB}=3.16\times10^6\text{ mW}$；$G_2=-8\text{ dB}=0.16\text{ mW}$；$G_3=-10\text{ dB}=0.1\text{ mW}$。

将上述参数代入式(9.39)，可得

$$\frac{1}{\text{OIP}_{3T}}=\left(\frac{1}{100\times0.1\times0.16}+\frac{1}{15.8\times0.1}+\frac{1}{1\,000}\right)\text{ mW}^{-1}=1.26\text{ mW}^{-1}$$

$$\text{OIP}_{3T}=0.794\text{ mW}=-1\text{ dBm}$$

即变频式信道接收机的三次截交点为 -1 dBm。

3. 信道化接收机的动态范围

接收机的动态范围分为单频无虚假动态范围和双频无虚假动态范围，前者主要取决于射频放大器的性能。好的射频放大器在输入信号变化 80 dB 的动态范围内，不出现由于交调或其他原因产生的虚假信号。WGF‑2040‑3 固态微波放大器已经做到了这一点，因此信道化接收机单频无虚假动态范围大小可以做到 80 dB。

现在考虑信道化接收机双频无虚假输出的动态范围，截点与互调抑制之间的一般关系

式为

$$OIP_n = \frac{R_n}{n-1} + P_0 \tag{9.40}$$

式中:n 为互调次数;R_n 为互调抑制比,单位是 dB;P_0 为以 dBm 表示的信号功率。对于双频二次互调,$n=3$,式(9.40)变为

$$OIP_{3T} = \frac{R_3}{2} + P_0 \tag{9.41}$$

式中:$R_3 = P_0 - P_{03}$,代入式(9.41)得三次互调产物 P_{03} 的 dBm 表示式为

$$R_{03} = 3P_0 - 2OIP_{3T} \tag{9.42}$$

用信号输入功率表示 P_0,则有 $P_0 = P_i + G_T$。且当 P_{03} 达到系统门限电平 P_t 时,$P_i \rightarrow P_{i\,max}$。将 $P_{i\,max}$ 和 $P_{03} = P_t$ 代入式(9.42)得

$$P_{i\,max} = \frac{1}{3}P_t + \frac{2}{3}OIP_{3T} - G_T \tag{9.43}$$

系统的门限电平 P_t 为系统灵敏度乘以系统总增益,用 dB 表示,则有 $P_t = P_{i\,min} + G_T$,或 $G_T = P_t - P_{i\,min}$;将 G_T 代入式(9.43),得

$$P_{i\,max} = \frac{2}{3}OIP_{3T} - \frac{2}{3}P_t + P_{i\,min} \tag{9.44}$$

用字母 D(dB)表示系统无虚假动态范围,则

$$D(dB) = P_{i\,max} - P_{i\,min} = \frac{2}{3}(OIP_{3T} - P_t) \tag{9.45}$$

XD - 100 在信道化接收机中,混频器后的门限电平为 $P_t = -50$ dBm,前面计算出 $OIP_{3T} = -1$ dBm,代入式(9.45)得

$$D(dB) = 32.7\ dB$$

在 XD - 20 中,产生互调的部件只有射频放大器,其三次截交点电平为 $OIP_{3T} = -20$ dBm,放大器后的门限电平为 $P_t = -20$ dBm,可算出无虚假的动态范围为 26.7 dB。

算出的无虚假动态范围不算大,但同时到达两个强脉冲信号的可能性很小,故在实际使用中够用。要进一步增大此动态范围,一方面要提高系统的三次截交点,这主要取决于低噪声微波晶体管的输出功率,另一方面是降低系统的门限电平 P_t,这可使 G_T 减小,因而增大了系统的动态范围。

4. 设计中的几个实际问题

前面的计算中,未考虑测频精度,因为它是个方法问题。此外,除了互调产生的虚假响应外,信道之间互相叠接以及非相邻信道之间隔离不良,也会产生虚假响应,这也是一个设计和调试中要解决的实际问题。下面讨论信道化接收机要解决的几个实际问题。

(1) 测频精度和 $2^N - 1$ 分路方法

信道化接收机的测频精度主要由输出信道的带宽决定,亦即由输出信道数的多少而定。设输入频带为 $f_1 \sim f_2$,信道总数目为 N,则输出信道的带宽为 $\Delta f = (f_2 - f_1)/N$。对于微波直接分路式信道化接收机来说,若微波频分器的分路数为 m,中频细分路数为 n,则 $N = m \cdot n$。

为了提高测频精度同时又不使信道数目太多,信道滤波器通常做成互相交叠的形式,如图 9.26 所示。

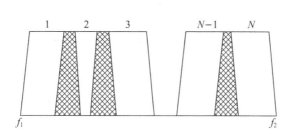

图 9.26　信道滤波器的交叠情况

图 9.26 中共有 N 个输出信道,网点区是相邻滤波器互相交叠的部分。这样,虽然只有 N 个输出信道,但通过滤波器的互相交叠,可以构成 2^N-1 个频区,每个频区的带宽为 $\Delta f = (f_2-f_1)/(2N-1)$。最大测频误差为输出带宽的 $\dfrac{1}{2}$,即: $\delta f_{\max} = \dfrac{1}{2} \cdot (f_2-f_1)/(2N-1)$。假设信号落在输出带宽各频率的概率相同,即信号频率是均匀分布的,则均方根测频误差为

$$\delta f_{\mathrm{rms}} = \frac{1}{2\sqrt{3}} \cdot \frac{f_2-f}{2^N-1} = \frac{\sqrt{3}(f_2-f_1)}{6(2^N-1)} \tag{9.46}$$

若 $f_2-f_1 = 2\,000$ MHz,$N=100$,则 $\delta f_{\mathrm{rms}} \approx 2.9$ MHz。

已有单位研制了 2～4 GHz 100 路信道化接收机,其实际测试的均方根测频误差为 2.6 MHz,与上述计算值接近,可见信道化接收机的测频精度可做得相当高。

(2) 虚假抑制问题

信道化接收机的输入口和输出口都是敞开的,在信号传输过程中产生的任何虚假信号和由于信道之间隔离不够产生的信号互串等都会形成测频错误、混乱和虚警,这是信道化接收机设计中的一个非常重要和较难解决的问题。

① 固态微波放大器产生的虚假信号。

信道化接收机对固态微波放大器的要求很严:不仅要求放大器具有高增益低噪声及输出的硬特性,而且要求放大器在大的输入动态范围内不能产生任何虚假信号。后一点在信道化接收机中特别敏感,因为任何虚假信号都会在不同的输出口与真信号同时输出,结果是一个输入信号表现为几个输出信号,形成严重的虚警。对于单口输出的接收机来说,即使有虚假信号,也可能在输出口上发现不了。因为虚假信号通常比真信号幅度要小,单口输出的接收机(这里主要是指比相法瞬时测频接收机)首先输出幅度大的信号,较小的虚假信号一般被自然略去或抑制,故信道化接收机要求固态微波放大器在大动态内不能产生任何虚假。

② 信道之间隔离不够产生的虚假。

输出信道滤波器的陡度取决于滤波器的级数,级数越多陡度越高。但是,随着滤波器级数的增多,不但插入损耗增大,而且调试越来越困难。特别是微波频分器不仅做不到陡度高,而且还有频率旁瓣。因此,当信号增大时,某一信道的信号可在若干频道有响应,这就形成虚假响应,如图 9.27 所示。

图 9.27 中信号频率为 f_s,当信号较小时,它只在第三个信道滤波器输出端有响应。当信号增大时,可依次在第四、第二、第五、第一个信道滤波器输出端有响应。这样,本来是第三频道带内的单一信号,结果形成五个(甚至更多的)信道输出的多频同时信号。

解决此问题的方法有两种:一种是比较的方法;另一种是限制信道滤波器输入信号动态的

方法。

比较方法如图 9.28 所示:固态微波放大器输出端接一个 -10 dB 的定向耦合器,耦合器的接通臂输出到微波频分器,其 -10 dB 耦合臂输出经检波视放后在比较电路中与信道信号进行比较。耦合臂输出信号电平相当于图 9.27 中的 P_b 电平线,视放后的信号用 B 表示,信道信号视放输出用 $A_1,A_2,\cdots,A_n$ 表示。

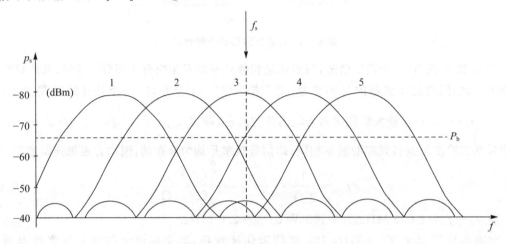

图 9.27　信道之间隔离不够产生的虚假

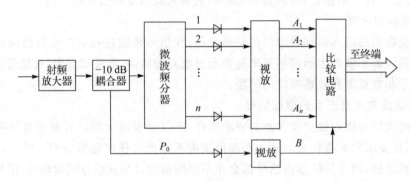

图 9.28　用比较的方法去除信道隔离不够产生的虚假

当 $A>B$ 时,比较电路有输出;当 $A\leqslant B$ 时,比较电路无输出。这样就保证了单一信号最多出现在相邻两个信道中,不会有两个以上信道输出单频信号。这种方法的优点是适应多信号的动态范围大一些的接收机,缺点是设备量大,因为每个信道都需要一个比较电路,B 信号也要分配到每个比较电路上。

第二种方法是频分器输入信号的动态范围限制到约 10 dB 的范围之内,使信道输出信号的最大值不超过图 9.27 中所示的 P_b 电平。这样,单一信号也不会在两个以上信道中产生输出。实现的方法是使频分器输入信号饱和或对其限幅,因而使信号电平限制在所期望的范围内。此法设备量小,但缺点是多频信号的动态范围小一些。

上述两种方法都可适用于中频细分路信道化接收机中。

③ 中频细分路信道化接收机中的本振隔离问题。

在中频细分路信道化接收机中,要使用多个本振和相应的混频器,这样某一路的本振通过混频器反串到微波频分器,然后从频分器的另一路作为信号输入到该路的混频器上,这种情况可用图 9.29 来说明。

设频分器输入频带为 2～4 GHz,输出第 i 路的频带为 2.4～2.6 GHz,其本振频率 $f_{L^i}=2.8$ GHz,则中频为 400～200 MHz。第 m 路的频带为 2.8～3.0 GHz,其本振频率 $f_{L^m}=2.6$ GHz,则中频为 200～400 MHz。f_{L^m} 通过 m 路混频器反串到微波粗频分器再进入第 i 路,因为 $f_{L^i}-f_{L^m}=200$ MHz,因此它可出现在第 i 路中频细分路中。设 f_{L^m} 的功率为 5 dBm,混频器的本振口到射频口之间的隔离约为 25 dB(好的混频器隔离可达 30 dB

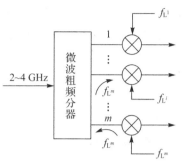

图 9.29　本振互串情况

以上,一般水平的为 20～25 dB),微波粗频分器的反向隔离较小,一般为 10 dB 左右,因而 f_{L^m} 到达第 i 路混频器输入端的电平为 $(5-25-10)$ dBm $=-30$ dBm,而从混频器输入端看进去的灵敏度一般为 -50～-40 dBm,因此,它可以产生输出响应。

由于本振是连续波,两个连续波信号混频产生的中频信号也是连续波,可用视放中隔直流电容将其输出去除。解决的办法是提高混频器本振端到射频器的隔离,比如将隔离提高到 40 dB 量级,但这是很困难的。此外,可在混频器射频输入端加隔离器,这也相当于加大了混频器的本振口到射频口的隔离。这比较容易做到,缺点是又增加了微波器件,使接收机的体积和成本增大。每个混频器射频口没有必要都加隔离器,设计时可事先计算出哪些混频器射频输入端需加隔离器;也可在调试中发现哪路存在问题,就在哪路加隔离器。因为隔离器的成本较高,故在接收机中要尽可能少用。

(3) 中频细分路信道化接收机的中频选择

中频选择受两个主要因素的制约:第一个因素是要避开混频器和中放饱和时产生的谐波响应,这就要求中频选得尽可能高些,但是中频选得越高,中频细分路滤波器就越难制作;第二个制约因素是中频细分路滤波器要在现有的工艺水平下制作出来,无论是用声表面波器件还是用分立元件制作,都存在频率高了难于制作的问题。

从减少混频器和本振的数量来说,中频带宽希望选得尽可能宽一些,但为了避开谐波响应,中频带宽不能超过倍频程。假定选取中频为 120～220 MHz,这样 120 MHz 的二次谐波为 240 MHz,已在 220 MHz 的上限中频之外了,故避开了二次以上谐波;而且在这样的中频上,中频细分路频分器也容易制作,但中频带宽只有 100 MHz,要覆盖 2～4 GHz 带宽,就需要 20 路混频器和相应的本振,设备量过大了。若取 220～420 MHz,同时避开了二次以上谐波,而中频带宽已达 200 MHz,只需 10 路混频器和本振。220～420 MHz 的中频,制作中频细路分器有一定难度,但是目前工艺水平还是可以制作出来的。当然,中频选得再高些,还可增加中频带宽,但中频细路分器的制作就更加困难了。因此,从目前条件看,选 220～420 MHz 中频比较适宜。

(4) 信道化接收机脉冲参数的输出

信道化接收机输出信道的序列号代表了输入频带内某个小频带的具体频率值,即某个输出信道有信号时,根据该输出频道的序号就可知道输入信号的载频值。如果要测量该信号的脉冲参数,如脉冲宽度、脉冲重复周期,就需把该信号的视频脉冲不失真地送到终端测量器。这有两个问题:第一,不可能每个信道都配一个脉冲参数测量器,可根据载频码(频道序号)来接通共用的脉冲参数测量器,这就需要换接时间,因而可能漏掉信号;或把所有输出信道的视频输出合起来,共用一部脉冲参数测量器,这可能要造成波形失真,而且电路也较多。第二,信道输出的脉冲波形本身就严重失真,因而测量脉冲宽度的误差很大。信道输出波形失真的原因如下:因为脉冲信号占据一定的频谱宽度,脉冲越窄信号占据的频谱就越宽。当信号频率落在相邻信道的交界处时,脉冲信号的频谱被分隔在两个信道中,每个信道中的脉冲都失去一部分频谱,因而两个信道中的脉冲波形都有较大的失真(见图 9.30),信道数越多,信道带宽越窄,信道交接处就越多,波形失真的概率也就越大,且输入脉冲宽度越窄,占据频谱宽度越大,失真的概率就更大。

正确测量脉冲参数的方法如图 9.30 所示。

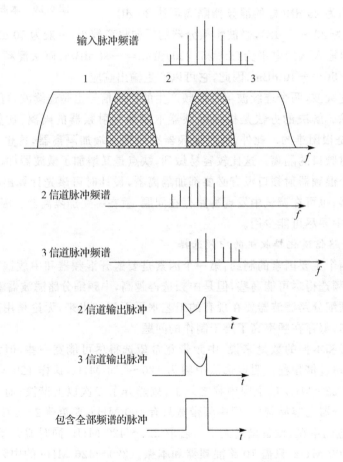

图 9.30 输入脉冲频谱被两个信道分隔的情况

信号通过固态微波放大器后用 3 dB 定向耦合器(也可用功率分路器)将其分为两路:一路送至信道化部分,以载频码(即频道序号)的形式送至终端;另一路经检波视放后送出脉冲参数至终端,这一路称为全频信号路。固态微波放大器没有信道频谱分隔而使波形失真问题,故它可完好地把脉冲信号送至终端,而信道化部分虽有波形失真,但并不影响载频码的正确测量,因为载频码只由信号的有无形成,不管波形的好坏。

脉冲参数测量也从图 9.31 中的 B 信号引出,但 B 信号灵敏度低,在灵敏度有余量的情况下可用此信号。为获得尽可能高的灵敏度,还需要增加分路,构成脉冲参数测量的信号。

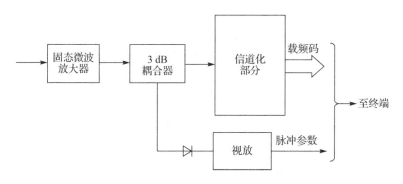

图 9.31　信道化接收机脉冲参数的输出

(5) 信道化接收中应用声表波器件是比较好的方法

声表面波滤波器组的最大优点是体积小,便于大量生产。它的缺点是插入损耗大,一般要 20 dB 左右,这样就要加中放来补偿它的损耗,而且输出还需要加匹配电路。另外,声表面波还存在三次渡越信号,要解决三次渡越信号,还需再加辅助电路。这样,它本身的体积虽小,但加上这些附加电路,体积能比分立元件频分器小多少还有待实践证明。

声表面波滤波器组除插损大外,频率做高也有一定困难。我国有几个单位已研制声表面波滤波器组,我国有可能将 $220\sim420$ MHz 分为 20 路,每路带宽为 10 MHz(声表面波滤波器组信道之间是相接的,故不能用 2^N-1 分路法)的声表面波滤波器组投入使用。

习　题

1. 简述测频技术的分类有哪些。
2. 简述信道化接收机的定义和主要指标。
3. 论述信道化接收机的工作原理。
4. 分析信道化接收机输出脉冲波形失真的原因,并给出解决措施。

参考文献

[1] 石海. 新概念武器概述[J]. 外军电子战,2000(1):47-48.

[2] 司锡才,赵建民. 宽带反辐射导弹导引头技术基础[M]. 哈尔滨:哈尔滨工程大学出版社,1996:1-25.

[3] 侯印鸣. 综合电子战[M]. 北京,国防工业出版社,2000:119-131,384-402.

[4] 田原. 信息化战争的开端——海湾战争背景述评[J]. 军事文摘,2024(3):63-68.

[5] Sebastian Sarbu. INFORMATION WARFARE IN THE INFORMATION AGE[J]. Annals-Series on Military Sciences,2016(8):46-51.

[6] Guttieri Karen. ACCELERATE CHANGE:OR LOSE THE INFORMATION WAR[J]. A Journal of Strategic Airpower & Spacepower,2022(1):91-105.

[7] 司锡才. 反辐射导弹防御技术导论[M]. 哈尔滨:哈尔滨工程大学出版社,1997:1-26.

[8] 石海. 粒子束武器[J]. 外军电子战,2000(4):48-49.

[9] 石海. 等离子体武器[J]. 外军电子战,2001(2):48-49.

[10] 赵鸿燕,周丽. 国外高功率微波武器发展研究[J]. 航空兵器,2023(4):42-48.

[11] 林承平. 雷达对抗原理[M]. 西安:西北电讯工程学院出版社,1985:227-354.

[12] (美)D. 柯蒂斯. 施莱赫. 电子战导论[M]. 中国人民解放军总参部第四部,译. 北京:解放军出版社,1988:440-445.

[13] (英)Adrian Graham. 通信、雷达与电子战[M]. 汪连栋,申绪涧,曾勇虎. 等译. 北京:国防工业出版社,2013:254-261.

[14] (美)David L. Adamy. 电子战原理与应用[M]. 王燕,朱松,译. 北京:电子工业出版社,2017:342-363.

[15] (英)苏 罗伯逊. 实用电子侦察系统分析[M]. 常晋聃,王晓东,甘荣兵,译. 北京:国防工业出版社,2022:37-38,70-73.

[16] 赵国庆. 雷达对抗原理(第二版)[M]. 西安:西安电子科技大学出版社,2012:143-144,178-179.